电子技术基础

庞雅丽　张晓帆　李焱◎编著

清华大学出版社
北京

内 容 简 介

本书是面向普通高等学校计算机类专业"电子技术基础"课程的教材,在介绍电路分析和模拟电路基础知识和分析方法的基础上,系统介绍数字电路的基础知识、基本分析方法和设计方法。

全书由电路与电子学基础知识、数字逻辑基础、集成逻辑门、组合逻辑电路、触发器、时序逻辑电路、可编程逻辑器件和电路仿真软件的应用共 8 章组成。第 1~7 章均附有小结和习题,并附有习题参考答案。

本书力求叙述简明扼要,通俗易懂,理论知识与实际应用紧密结合,可作为高等院校计算机类、电子信息类专业的教材,也可供其他理工科专业学生或相关专业技术人员参考选用。

本书封面贴有清华大学出版社防伪标签,无标签者不得销售。
版权所有,侵权必究。举报: 010-62782989, beiqinquan@tup.tsinghua.edu.cn。

图书在版编目(CIP)数据

电子技术基础/庞雅丽,张晓帆,李焱编著. —北京: 清华大学出版社,2021.11(2024.12重印)
ISBN 978-7-302-59235-8

Ⅰ. ①电… Ⅱ. ①庞… ②张… ③李… Ⅲ. ①电子技术—高等学校—教材 Ⅳ. ①TN

中国版本图书馆 CIP 数据核字(2021)第 191854 号

责任编辑: 郭 赛 常建丽
封面设计: 杨玉兰
责任校对: 李建庄
责任印制: 曹婉颖

出版发行: 清华大学出版社
网　　址: https://www.tup.com.cn, https://www.wqxuetang.com
地　　址: 北京清华大学学研大厦 A 座　　邮　编: 100084
社 总 机: 010-83470000　　邮　购: 010-62786544
投稿与读者服务: 010-62776969, c-service@tup.tsinghua.edu.cn
质量反馈: 010-62772015, zhiliang@tup.tsinghua.edu.cn
课件下载: https://www.tup.com.cn, 010-83470236

印 装 者: 三河市君旺印务有限公司
经　　销: 全国新华书店
开　　本: 185mm×260mm　　印　张: 15　　字　数: 365 千字
版　　次: 2021 年 11 月第 1 版　　印　次: 2024 年 12 月第 3 次印刷
定　　价: 45.00 元

产品编号: 091044-02

前言

随着计算机类专业的发展和教学改革的不断推进,不少院校将计算机相关专业的三门必修电路类课程"电路分析基础""模拟电子技术基础""数字电子技术基础"合并为一门课程——"电子技术基础",并且一般开设在第一学年,相应的教学时数也进一步缩减。与此同时,该课程又是重要的专业基础课,其重要性不仅体现在为后续课程的学习建立电路与电子技术基础知识,更体现在要培养和发展学生的计算机系统能力。

本书以应用和实际问题为背景,面向问题求解和系统能力训练,主要的特点体现在:

(1) 内容编排适应计算机类专业课程体系对电子技术基础的内容覆盖面和教学时数调整要求。本书按照电路分析是基础、模拟电子技术是桥梁、数字逻辑电路是重点的指导思想,以必需、够用的原则对教学内容进行了取舍、调整,最终由三者共同形成了一个有机整体。全书内容可在80课时之内完成教学。

(2) 强调在自主实验环境下的实践能力培养。"电子技术基础"是一门实践性很强的课程,而传统的实验一般在实验室以实验箱操作的方式进行教学,这种形式的实验存在的不足是:一方面学生在实验中经常会碰到参数不易控制、元件调换不便、难以进行设计型和综合型实验的问题,另一方面也不便于学生在课外进行自主实验。为此,本书设计了基于Proteus ISIS软件进行电子线路设计与仿真实验的内容,在课程教学中注重发挥实验仿真的作用,引导学生提前通过软件仿真对实验内容进行预习,并对课后作业进行仿真验证,从而使得电子技术学习内容更加生动、直观,有助于激发学生的学习兴趣和探索、创新精神。

(3) 关注对学生进行问题求解方面的素质培养。本书在知识点讲述过程中,引导学生建立对基本概念的系统理解,开拓学生的开放性思维,有意识地培养学生用不同方法或不同思路来解决同一个问题的能力,提高学生的综合素质。

全书共8章：第1章主要介绍电路分析和模拟电子技术的基本知识，同时为数字电路的学习奠定基础；第2～7章是数字电子技术基础，主要介绍数字逻辑电路的基本知识和基本理论、逻辑门电路、组合逻辑电路、触发器、时序逻辑电路、可编程逻辑器件等；第8章通过实例介绍Proteus在数字电路仿真实验中的应用。

本书的参考教学时数为80学时左右。对其中8～12学时的仿真实验内容，可根据教学安排的具体情况进行增删。

本书第1、2、7、8章由张晓帆编写，第3、4章由庞雅丽编写，第5、6章由李焱编写。

由于编著者水平有限，书中难免存在错误或不足之处，在内容的取舍上也难免存在考虑不周之处，恳请读者批评指正，以便再版时修正。

编著者

2021年8月

目录

第1章 电路与电子学基础知识 ... 1

1.1 电路基础 ... 1
1.1.1 电路分析中的基本概念 ... 1
1.1.2 基本电路元件 ... 3
1.1.3 基尔霍夫定律及其应用 ... 6

1.2 半导体器件 ... 8
1.2.1 PN结 ... 9
1.2.2 半导体二极管 ... 12
1.2.3 双极型晶体管 ... 13

1.3 晶体管基本放大电路简介 ... 17
1.3.1 基本共射极放大电路 ... 17
1.3.2 基本共集电极放大电路 ... 22

本章小结 ... 24
习题 ... 26

第2章 数字逻辑基础 ... 29

2.1 数制与码制 ... 30
2.1.1 数制 ... 30
2.1.2 带符号数的代码表示 ... 35
2.1.3 几种常用的编码 ... 37

2.2 逻辑代数 ... 43
2.2.1 逻辑代数的基本概念 ... 43
2.2.2 逻辑代数的定理和规则 ... 49

2.3 逻辑函数的化简 ... 57
2.3.1 代数化简法 ... 57
2.3.2 卡诺图化简法 ... 60

本章小结 ... 65
习题 ... 66

第3章 集成逻辑门 68

3.1 概述 68
3.1.1 逻辑门和集成电路 68
3.1.2 数字集成电路的分类 69
3.2 半导体器件的开关特性 70
3.2.1 二极管的开关特性 70
3.2.2 三极管的开关特性 71
3.2.3 场效应管的开关特性 73
3.3 简单的逻辑门电路 76
3.3.1 二极管与门 76
3.3.2 二极管或门 77
3.3.3 三极管非门 78
3.4 TTL门电路 79
3.4.1 TTL与非门电路 79
3.4.2 集电极开路门（OC门） 84
3.4.3 三态输出门（TS门） 86
3.5 CMOS门电路 87
3.5.1 CMOS反相器 87
3.5.2 其他类型的CMOS门电路 88
3.5.3 CMOS集成逻辑门 90
本章小结 91
习题 91

第4章 组合逻辑电路 94

4.1 概述 94
4.1.1 组合逻辑电路的特点 94
4.1.2 组合电路逻辑功能的描述 95
4.2 组合逻辑电路的分析 95
4.3 组合逻辑电路的设计 99
4.3.1 组合逻辑电路的一般设计方法 99
4.3.2 设计举例 101
4.4 常用中规模组合逻辑电路 103
4.4.1 加法器 103
4.4.2 编码器 108
4.4.3 译码器 112
4.4.4 数据选择器和数据分配器 118

4.5　组合逻辑电路中的竞争-冒险 ………………………………………………… 124
　　　　4.5.1　竞争与冒险 ………………………………………………………… 124
　　　　4.5.2　竞争-冒险现象的判断 ……………………………………………… 125
　　　　4.5.3　冒险现象的处理方法 ……………………………………………… 126
　本章小结 ………………………………………………………………………………… 128
　习题 ……………………………………………………………………………………… 129

第 5 章　触发器 ………………………………………………………………………… 131

　　5.1　概述 …………………………………………………………………………… 131
　　5.2　基本 RS 触发器 ……………………………………………………………… 131
　　　　5.2.1　基本 RS 触发器的逻辑结构和工作原理 ………………………… 131
　　　　5.2.2　基本触发器功能的描述 …………………………………………… 133
　　5.3　同步触发器 …………………………………………………………………… 135
　　　　5.3.1　同步 RS 触发器 …………………………………………………… 135
　　　　5.3.2　同步 D 触发器 ……………………………………………………… 136
　　　　5.3.3　同步触发器的触发方式和空翻问题 ……………………………… 137
　　5.4　主从触发器 …………………………………………………………………… 137
　　　　5.4.1　主从触发器基本原理 ……………………………………………… 137
　　　　5.4.2　主从 JK 触发器及其一次翻转现象 ……………………………… 138
　　　　5.4.3　常用主从触发器芯片 ……………………………………………… 140
　　5.5　边沿触发器 …………………………………………………………………… 141
　　　　5.5.1　维持阻塞 D 触发器 ………………………………………………… 141
　　　　5.5.2　边沿 JK 触发器 …………………………………………………… 142
　　　　5.5.3　常用边沿触发器芯片 ……………………………………………… 142
　　5.6　触发器的类型及类型转换 …………………………………………………… 143
　　　　5.6.1　RS 触发器 ………………………………………………………… 143
　　　　5.6.2　JK 触发器 ………………………………………………………… 144
　　　　5.6.3　D 触发器 …………………………………………………………… 144
　　　　5.6.4　T 触发器 …………………………………………………………… 145
　　　　5.6.5　触发器的类型转换 ………………………………………………… 146
　　5.7　集成触发器的脉冲工作特性和动态参数 …………………………………… 147
　本章小结 ………………………………………………………………………………… 148
　习题 ……………………………………………………………………………………… 148

第 6 章　时序逻辑电路 ………………………………………………………………… 151

　　6.1　概述 …………………………………………………………………………… 151
　　　　6.1.1　时序逻辑电路的特点 ……………………………………………… 151
　　　　6.1.2　时序逻辑电路的功能描述方法 …………………………………… 152

6.1.3　时序逻辑电路的分类 ·· 152
6.2　时序逻辑电路的分析方法 ··· 153
　　6.2.1　同步时序逻辑电路的分析 ·· 153
　　6.2.2　异步时序逻辑电路的分析 ·· 157
6.3　时序逻辑电路的设计方法 ··· 160
　　6.3.1　同步时序逻辑电路的设计 ·· 162
　　6.3.2　异步时序逻辑电路的设计 ·· 166
6.4　常用中规模时序逻辑器件及应用 ··· 169
　　6.4.1　寄存器和移位寄存器 ··· 169
　　6.4.2　计数器 ··· 175
　　6.4.3　序列信号发生器 ··· 189
本章小结 ·· 190
习题 ··· 191

第7章　可编程逻辑器件 ·· 195

7.1　概述 ··· 195
　　7.1.1　PLD 的发展 ·· 195
　　7.1.2　PLD 的一般结构 ··· 196
　　7.1.3　PLD 的电路表示法 ··· 197
7.2　低密度可编程逻辑器件 ·· 198
　　7.2.1　可编程只读存储器 ··· 198
　　7.2.2　现场可编程逻辑阵列 ·· 202
　　7.2.3　可编程阵列逻辑 ·· 204
　　7.2.4　通用阵列逻辑 ··· 206
　　7.2.5　高密度可编程逻辑器件 ··· 209
　　7.2.6　可编程逻辑器件设计过程 ·· 209
本章小结 ·· 209
习题 ··· 210

第8章　Proteus 在数字电路仿真实验中的应用 ································· 212

8.1　概述 ··· 212
8.2　电路设计与仿真的基本过程 ··· 216
　　8.2.1　一个简单的演示电路 ·· 216
　　8.2.2　周期为 1s 的时钟信号发生器 ·· 221
　　8.2.3　同步五进制加法计数器 ··· 223
8.3　综合举例 ·· 224
　　8.3.1　主要器件功能 ··· 225
　　8.3.2　基本功能设计 ··· 226

第1章 电路与电子学基础知识

电路是一个广泛的概念,一般包括电路分析、模拟电路和数字电路三方面的内容,这三部分内容构成一个有机的整体。电路分析和模拟电路中的基础知识和分析方法,也是进一步学习和掌握数字电子技术必备的基础。本章首先介绍一般电路的分析方法,在此基础上讨论半导体器件的性质及其基本放大电路。

1.1 电路基础

电器的种类繁多,其应用更是深入到生活、生产和科研的各个方面。为了对电路进行分析、计算,必须把实际的电器部件近似化、理想化,用一个足以表征其主要特性的"模型"来表示。根据实际的电器部件抽象而成的模型有纯电阻、纯电容、纯电感等理想元件,这样就可画出由这些理想元件构成的电路图,然后根据电路的基本规律对其进行分析研究。

1.1.1 电路分析中的基本概念

1. 电流

(1) 定义

电荷的定向移动形成电流。单位时间内通过导体路径中某一横截面的电荷量叫作电流,即

$$i(t) = \frac{dq(t)}{dt}$$

习惯上把正电荷运动的方向规定为电流的方向。上式中电荷的单位是库仑(C),时间的单位是秒(s),电流的单位为安培(A)。

(2) 电流的参考方向

在实际求解电路的过程中,需要引入参考方向的概念。参考方向就是在分析电路时任意假定的一个电流方向,当电流的真实方向与参考方向一致时,电流为正值,否则为负值。这样,在指定参考方向的前提下,结合电流的正负值就能够确定电流的实际方向。

电流的参考方向一般直接用箭头标记在电流通过的路径上。换句话说,电路图中标

注的电流方向都指参考方向。

2. 电压

（1）定义

电路中单位正电荷由 a 点转移到 b 点时电场力所做的功就是 a、b 两点之间的电压，即

$$u(t) = \frac{\mathrm{d}w(t)}{\mathrm{d}q(t)}$$

式中，功的单位为焦耳（J），电压的单位为伏特（V），电荷的单位为库仑（C）。

电压也可用电位差表示，即

$$u = u_a - u_b$$

式中，u_a 和 u_b 分别为 a、b 两点的电位。两点之间电压的实际方向是从高电位指向低电位。如果取 b 点为参考点（0 电位点），a 点到 b 点的电压即为 a 点的电位值。

（2）电压的参考方向与关联参考方向

与电流一样，同样需要指定一个电压的参考方向（也称参考极性）。当参考方向与实际方向一致时，记电压为正值，否则，记电压为负值。这样，在指定电压参考方向，对电路进行分析计算后，依据电压的正负，就可以确定电压的实际极性。

在进行电路分析时，既要为通过元件的电流指定参考方向，有时也需要为该元件两端的电压指定参考方向，彼此是完全独立的。但为了方便，我们常采用关联的参考方向，即对于某一电路元件而言，取电流的参考方向与电压的参考方向（"＋"极到"－"极的方向）一致，换句话说，电流与电压的参考方向一致。

例 1-1 电路如图 1-1(a)所示，图中标出了电流的参考方向。已知电流 $I_1 = -2\text{A}$，$I_2 = -4\text{A}$，$I_3 = 5\text{A}$；若以 d 为参考点，则电位 $U_a = 4\text{V}$，$U_b = -5\text{V}$，$U_c = -3\text{V}$。

（1）求电流 I_1、I_2、I_3 的实际方向和电压 U_{ab}、U_{bd}、U_{cd} 的实际极性。

（2）若欲测量电流 I_1 和电压 U_{cd} 的值，则电流表和电压表应如何接入电路？

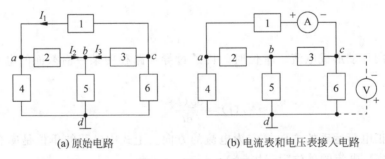

(a) 原始电路   (b) 电流表和电压表接入电路

图 1-1 例 1-1 电路图

解：(1) 在指定了电流参考方向后，结合电流值的正负就可判断其实际方向。已知 I_3 为正值，表明该电流的实际方向与它的参考方向一致；而 I_1 和 I_2 为负值，表明它的实际方向与指定的参考方向相反。

$$U_{ab} = U_a - U_b = 4\text{V} - (-5)\text{V} = 9\text{V}$$

$$U_{bd}=U_b-U_d=-5\text{V}-0\text{V}=-5\text{V}$$
$$U_{cd}=U_c-U_d=-3\text{V}-0\text{V}=-3\text{V}$$

$U_{ab}>0$，电压实际方向由 a 指向 b，或者 a 为高电位端，b 为低电位端；$U_{bd}<0$，表明电压实际方向与参考方向相反，即 d 为高电位端，b 为低电位端；同理，$U_{cd}<0$，c 点为低电位端，d 点为高电位端。

（2）测量直流电流时，应将电流表串联接入被测支路，使实际电流从电流表的"＋"极流入"－"极流出。测量直流电压时，应把电压表并联接入被测电路，使电压表"＋"极与被测电压的高电位端连接，"－"极与低电位端连接，如图 1-1(b) 所示。

1.1.2 基本电路元件

1. 电阻元件

电阻是体现对电流的阻碍作用的元件。电流流过电阻就必然要消耗能量，电阻元件是一种耗能元件。如果线性电阻元件的电阻为 R，电阻元件两端的电压 u 与通过的电流 i 为关联参考方向，则它们之间的关系用欧姆定律表示为

$$u = Ri$$

式中，R 为电阻，单位为欧姆（Ω）；i 为流过该电阻的电流，单位为安培（A）；u 为该电阻元件两端的电压，单位为伏特（V）。

如果电压与电流的参考方向为非关联的，则欧姆定律应写为

$$u = -Ri$$

元件端电压与流经它的电流之间的关系称为伏安关系。伏安关系可以用来表征元件的外特性。根据伏安特性的不同可以将电阻分为如下几种，如图 1-2 所示。

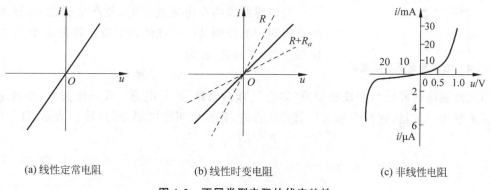

(a) 线性定常电阻　　　　　(b) 线性时变电阻　　　　　(c) 非线性电阻

图 1-2　不同类型电阻的伏安特性

2. 电容元件和电感元件

（1）电容

电容器是一种能聚集电荷的部件。电荷的聚集过程也是非电场力做功的过程，在这个过程中非电场力所做的功等于电容器中所储存的能量。因此，可以说电容器是一种能

储存电能的部件。理想电容器元件简称为电容元件,在电路图中用如图 1-3 所示的符号表示。

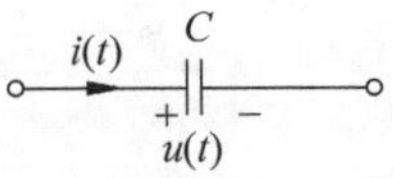

注意:

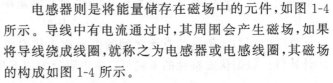

图 1-3　电容元件的符号

📖 我们总是把时间 t 时储存在电流 $i(t)$ 参考方向所指的极板上的电荷叫作电容器所储存的电荷 $q(t)$。电容元件的参数为电容量,简称电容,用 C 表示,即

$$C = \frac{q(t)}{u(t)}$$

在国际单位制中,电容的单位为法拉(F),电荷的单位是库仑(C),电压的单位是伏特(V)。

由 $i(t)=\dfrac{\mathrm{d}q(t)}{\mathrm{d}t}$ 和 $q(t)=Cu(t)$ 可以得到

$$i(t) = \frac{\mathrm{d}q(t)}{\mathrm{d}t} = \frac{\mathrm{d}Cu(t)}{\mathrm{d}t} = C\frac{\mathrm{d}u(t)}{\mathrm{d}t}$$

该式说明流过电容的电流与电容两端电压的变化率成正比,所以电容既是储能元件,又是一种动态元件。

电容在某一时刻的储能只取决于该时刻的电容电压值,即

$$w_C = \frac{1}{2}Cu^2(t)$$

(2) 电感

电感器则是将能量储存在磁场中的元件,如图 1-4 所示。导线中有电流通过时,其周围会产生磁场,如果将导线绕成线圈,就称之为电感器或电感线圈,其磁场的构成如图 1-4 所示。

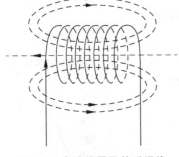

图 1-4　电感线圈及其磁通线

当电感线圈中有电流流过时,便产生磁通 Φ,磁通 Φ 在线圈中与线圈的一些线匝相交链。若磁通 Φ 与 N 匝相交链,则磁链 Ψ 为

$$\Psi = N\Phi$$

当元件周围的媒质为非铁磁物质(如空气)时,磁链 Ψ 与电流 i 成正比关系,也就是说约束关系为一常量,这种电感元件就是线性的,该常量叫作电感,用符号 L 表示,即

$$\Psi = Li$$

或

$$L = \frac{\Psi}{i}$$

在国际单位制中,电感的单位为亨利(H),磁链及磁通的单位为韦伯(Wb)。习惯上将电感元件也称为电感,在电路图中用图 1-5 所示的符号表示。

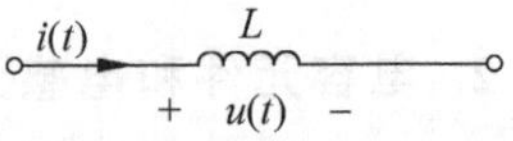

图 1-5　电感元件的符号

根据电磁感应定律,感应电压等于磁链的变化率,即

$$u = \frac{\mathrm{d}\Psi}{\mathrm{d}t}$$

由此，我们可以得出线性电感的电压 u 与电流 i 的关系为

$$u = \frac{\mathrm{d}Li}{\mathrm{d}t} = L\frac{\mathrm{d}i}{\mathrm{d}t}$$

上式说明电感两端的电压与流过电感的电流变化率成正比，电感也是一种动态元件。电感又是储能元件，在某一时刻的储能只取决于该时刻的电感电流值，即

$$w_L = \frac{1}{2}Li^2(t)$$

3. 独立电源和受控电源

电源可分为独立电源和受控电源。独立电源的作用是为电路提供能量，它的电压或电流是一定的时间函数。而受控电源的电压或电流受到其他电压或电流的控制，其作用是表述电路中不同地方的电压、电流之间的相互关系，是一种抽象的模型。为方便起见，将"独立电压源"和"独立电流源"分别称为"电压源"和"电流源"，而对于非独立的电压源或电流源，则用受控源来说明。

（1）电压源

如果一个二端元件在任一电路中，该元件的两端能保持规定的电压 $u_S(t)$，则此二端元件就称为理想电压源。与电阻元件不同，理想电压源的电压与电流并无一定关系。它有两个基本性质：

① 它的端电压是定值或是一定的时间函数 $u_S(t)$，与流过的电流无关；

② 流过它的电流不是由电压源本身就能确定的，而是由与之相连接的外部电路来决定。

理想电压源的符号及其直流情况的伏安特性如图 1-6 所示。其中图 1-6(a)所示的符号常用来表示直流理想电压源，特别是电池，长线段代表高电位端，即正极，短线段代表低电位端，即负极。理想的电压源实际上是不存在的，它总是有一定的内阻。在实际中，我们可以用一个理想电压源 U_S 和内阻 R_S 相串联的模型来等效实际的电压源。

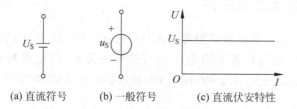

(a) 直流符号　　(b) 一般符号　　(c) 直流伏安特性

图 1-6　理想电压源

（2）电流源

如果一个二端元件接到任一电路后，由该元件流入电路的电流能保持规定值 $i_S(t)$，则此二端元件称为理想电流源。它具有两个基本性质：

① 它的电流是定值或是一定的时间函数 $i_S(t)$，与端电压无关；

② 它的端电压不是由电流源本身就能确定的，而是由与之相连接的外电路来决定。

理想电流源的符号与伏安特性如图 1-7 所示。

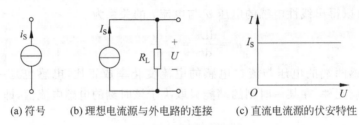

(a) 符号　　(b) 理想电流源与外电路的连接　　(c) 直流电流源的伏安特性

图 1-7　理想电流源

理想电流源是不存在的。实际的电流源可以用一个理想电流源 I_S 和内阻 R_S 相并联的模型来表征,内阻 R_S 表明了电源内部的分流效应。

(3) 受控电源

受控源的控制量(输入)可以是电压或者电流,受控量(输出)也可以是电压或者电流。因此,共有 4 种受控电源类型,分别是电压控制电压源(VCVS)、电流控制电压源(CCVS)、电压控制电流源(VCCS)和电流控制电流源(CCCS)。4 种受控源如图 1-8 所示。

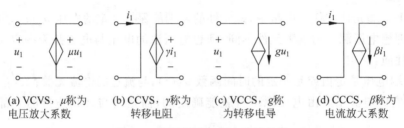

(a) VCVS,μ 称为　　(b) CCVS,γ 称为　　(c) VCCS,g 称　　(d) CCCS,β 称为
电压放大系数　　　　转移电阻　　　　为转移电导　　　　电流放大系数

图 1-8　理想受控源的电路图符号

在模拟电子技术中主要用到两种受控源模型：电流控制电流源(三极管等效模型)和电压控制电流源(场效应管等效模型)。

1.1.3　基尔霍夫定律及其应用

基尔霍夫定律是 1845 年由德国物理学家(G. R. Kirchhoff)提出的,该定律阐述了集总参数电路各节点电压之间和各支路电流之间的约束关系,是电路理论的最基本定律。基尔霍夫定律包括基尔霍夫电流定律(KCL)和基尔霍夫电压定律(KVL)。

1. 基尔霍夫定律

(1) 几个电路基本术语

支路：电路中的每一条分支都称为支路。

节点：电路中三条或三条以上支路的连接点称为节点。

回路：电路中由两条以上支路构成的任一闭合路径称为回路。

网孔：内部不含有其他支路的回路称为网孔。

(2) 基尔霍夫电流定律

基尔霍夫电流定律(KCL)：在电路的任一节点,各支路电流的代数和总等于零。

$$\sum_{k=1}^{n} i_k = 0$$

注意:

📖 若支路 k 的电流参考方向指向节点 n,则在上述求和式中取"+";若支路 k 的电流参考方向背向节点 n,则在上述求和式中取"-"。

该定律也可表述为:在任一时刻,流入一个节点的电流总和等于从这个节点流出的电流总和。

对于图 1-9,根据基尔霍夫定律可得出

$$i_1 + i_2 + i_3 - i_4 - i_5 = 0$$

上式也可以写为

$$i_1 + i_2 + i_3 = i_4 + i_5$$

KCL 是运用于电路的节点,但我们也可以将其推广,运用到电路中的一个封闭面上。对于一个封闭面而言,基尔霍夫电流定律仍然是成立的。

(3) 基尔霍夫电压定律

基尔霍夫电压定律(KVL):任意时刻绕任意一个回路一周所有支路电压的代数和总是为 0。

$$\sum_{k=1}^{l} u_k = 0$$

列回路电压方程时,要给回路先指定一个绕行方向。若支路 k 的电压参考方向与回路 l 的绕行方向一致,则在求和式中取"+";若支路 k 的电压参考方向与回路 l 的绕行方向相反,则在求和式中取"-"。

回路 l 如图 1-10 所示,按图中的绕行方向,各支路电压满足的 KVL 方程为

$$u_1 - u_2 + u_3 - u_4 - u_5 + u_6 = 0$$

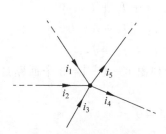

图 1-9 电路中的一个节点

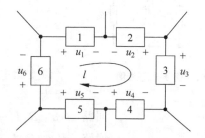

图 1-10 电路中的一个回路

2. 基尔霍夫定律的应用

例 1-2 如图 1-11 所示的电路,已知 $U_S = 10V$,$I_S = 5A$,$R_1 = 5\Omega$,$R_2 = 1\Omega$。求电压源 U_S 的输出电流 I 和电流源 I_S 的端电压 U。

解:(1) 在图中标出 R_1 支路电流参考方向,回路 l_1、l_2 的绕行方向。对回路 l_1 应用 KVL,可知 $U_{ab} = U_S = 10V$,因此有:

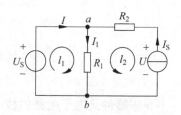

图 1-11 例 1-2 电路图

$$I_1 = \frac{U_{ab}}{R_1} = \frac{10}{5}\text{A} = 2\text{A}$$

对于节点 a，写出 KCL 方程，可求得电压源 U_S 的输出电流为

$$I = I_1 - I_S = 2\text{A} - 5\text{A} = -3\text{A}$$

对回路 l_2，写出 KVL 方程

$$R_2 I_S + R_1 I_1 - U = 0$$

因此电流源 I_S 的端电压为

$$U = R_2 I_S + R_1 I_1 = 5\text{V} + 10\text{V} = 15\text{V}$$

直接从两类约束（元件伏安特性和基尔霍夫定律）出发，以支路电流为待求量，通过两类约束列写关于支路电流的代数方程组，求解得到支路电流后，再通过元件特性，确定各支路电压。

设电路具有 N 个节点、B 条支路，具体求解过程如下：

① 列出电路节点的 KCL 的 $N-1$ 个方程。如果有 N 个节点，任意的 $N-1$ 个节点是独立的，剩余一个节点是非独立的。

② 在电路中列出 $B-N+1$ 个独立回路的 KVL 方程。如果每一个回路中至少一条支路在别的回路中没有出现过，则这些回路就是彼此独立的。所有网孔构成一组独立回路。

③ 联立求解①、②列出的 B 个方程。

例 1-3 电路如图 1-12 所示，已知 $R_1 = 4\Omega$，$R_2 = 20\Omega$，$R_3 = 3\Omega$，$R_4 = 3\Omega$，求电阻 R_4 中的电流 I_4。

解：电路含有 4 个节点、6 条支路，根据图中各支路电流、电压的参考方向，列出节点 a、b、c 的 KCL 方程为

节点 a：$I_1 + I_3 + I_E = 0$

节点 b：$I_1 - I_2 - 1 = 0$

节点 c：$I_2 + I_4 + I_E = 0$

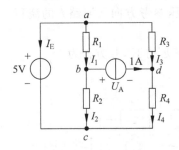

图 1-12 例 1-3 电路图

以支路电流为变量列出 $6-4+1=3$ 个回路的 KVL 方程为

回路 $abca$：$R_1 I_1 + R_2 I_2 - 5 = 0$

回路 $adba$：$R_3 I_3 - U_A - R_1 I_1 = 0$

回路 $bdcb$：$U_A + R_4 I_4 - R_2 I_2 = 0$

解上述方程组，得

$$I_4 = \frac{4}{3}\text{A} \approx 1.33\text{A}$$

1.2 半导体器件

半导体器件是电子电路的核心。半导体器件自诞生后，经历了分立元件、集成电路、大规模集成电路和超大规模集成电路的发展历程。最基本的半导体器件就是晶体二极

管、双极型晶体管(又称三极管)和单极型晶体管(又称场效应管)等。

1.2.1 PN 结

1. 半导体

物质按导电性能分为导体、绝缘体和半导体。常见导体一般为铜、铝、铁等金属。绝缘材料一般为惰性气体和高分子物质(如橡胶、塑料等)。半导体的导电特性介于二者之间,而且具有独特的性质。

半导体有热敏、光敏和掺杂等导电特性。

热敏性:当环境温度升高时,导电能力显著增强(可做成温度敏感元件,如热敏电阻)。

光敏性:当受到光照时,导电能力明显变化(可做成各种光电元件,如光电电阻、光电二极管、光电三极管等)。

掺杂性:往纯净的半导体中掺入某些杂质,导电能力明显改变(可做成各种不同用途的半导体器件,如二极管、三极管和晶闸管等)。

1) 本征半导体

完全纯净的、结构完整的半导体称为本征半导体。常用的半导体材料是硅和锗,它们都是四价元素,在原子结构中的最外层轨道上有 4 个价电子。将纯净的半导体经过一定工艺过程制成单晶体,它们的单晶体具有金刚石结构,每一个原子与相邻的 4 个原子结合,它们正好处于正四面体的中心与顶点的位置。在晶体中,每个原子外层的 4 个价电子分别与相邻的 4 个原子组成共价键而形成稳定的结构,如图 1-13 所示。

在热力学温度为 0K 且无外界激发的条件下,价电子具有的能量无法冲破共价键的束缚。这时,本征半导体中没有自由电子,半导体不导电。在一定温度时,价电子获得能量,一部分价电子摆脱共价键的束缚而成为自由电子,同时在原来所在的共价键中留下空位,称为空穴。我们可以把空穴理解成带正电荷的粒子,如图 1-14 所示。

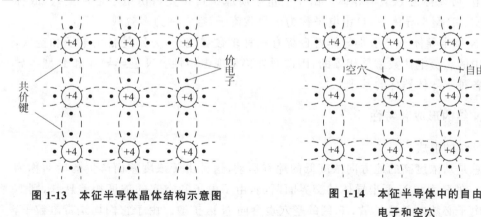

图 1-13 本征半导体晶体结构示意图　　图 1-14 本征半导体中的自由电子和空穴

在外电场的作用下,一方面自由电子产生定向移动,形成电子电流;另一方面,价电子也按一定方向依次填补空穴,可形象地认为空穴产生定向移动,同样会形成电流。把半导体中的自由电子和空穴统称为载流子。

需要注意以下两点：

① 本征半导体中载流子的数目相对于原子总数很少；

② 本征半导体中载流子浓度受温度的影响很大，温度每升高10℃左右，其浓度约增加一倍。

2）杂质半导体

(1) N型半导体

在本征半导体中掺入微量的五价元素，如砷或磷，可使半导体中自由电子浓度大大增加，形成N型半导体。

掺入本征半导体中的五价杂质原子代替了原来晶格中的某些硅（锗）原子。由于杂质原子最外层有5个价电子，因此它与周围4个硅（锗）原子组成共价键时，还多余一个价电子。多余的一个价电子只受自身原子核的束缚，因此，它只要得到较少的能量就能成为自由电子。显然，掺入五价元素的杂质半导体中自由电子浓度远大于空穴浓度，主要靠自由电子导电，所以称为N型半导体。由于五价杂质原子能够施放出自由电子，故称为施主杂质。

N型半导体中自由电子浓度远大于空穴浓度，称为多数载流子；空穴称为少数载流子。N型半导体中多数载流子（自由电子）浓度取决于掺杂浓度，多数载流子的浓度越高，导电性能就越强。

(2) P型半导体

在本征半导体中掺入微量的三价元素，如硼或镓，可使半导体中空穴浓度大大增加，形成P型半导体。

掺入本征半导体中的三价杂质原子代替了原来晶格中的某些硅（锗）原子，由于杂质原子的最外层只有3个价电子，当它和周围的硅（锗）原子组成共价键时，在缺少电子的地方将形成一个空穴。显然，这种杂质半导体中空穴的浓度远大于自由电子浓度，主要靠空穴导电，所以称为P型半导体。由于三价杂质原子可接受自由电子形成空穴，故称为受主杂质。P型半导体中，自由电子称为少数载流子，空穴称为多数载流子。

虽然N型半导体与P型半导体各自都有一种多数载流子，分别是自由电子和空穴，但半导体中的正负电荷数总是相等的，因此对外仍呈现电中性。N型半导体和P型半导体是构成各种半导体器件的基础。

2. PN结的形成和特性

1）PN结的形成

物质总是从浓度高的地方向浓度低的地方运动，这种由于浓度差而产生的运动称为扩散运动。在P型和N型半导体的交界面两侧，由于电子和空穴的浓度相差悬殊，则N区的自由电子必然向P区扩散；P区的空穴也会向N区扩散。由于它们均是带电粒子，所以自由电子由N区向P区扩散的同时，在N区剩下带正电的杂质离子；空穴由P区向N区扩散的同时，在P区剩下带负电的杂质离子，它们是不能移动的，称为空间电荷区，从而在P区和N区的交界处形成内电场（又称自建场）。

在电场力的作用下，载流子的运动称为漂移运动。当空间电荷区形成后，少数载流子在内电场的作用下,产生漂移运动,其运动方向正好与扩散运动方向相反。扩散越多,电场越强,漂移运动越强,对扩散的阻力越大,从而达到动态平衡,形成 PN 结。扩散运动作用与漂移运动作用相等,PN 结的电流为 0。此时在 PN 区交界处形成一个缺少载流子的高阻区,称为阻挡层(又称耗尽层)。载流子的运动过程如图 1-15 所示。

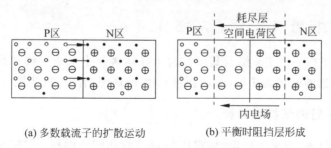

(a) 多数载流子的扩散运动　　(b) 平衡时阻挡层形成

图 1-15　载流子的运动

2) PN 结的单向导电性

当 PN 结上外加电压的极性不同时,PN 结表现出截然不同的导电性能,即呈现出单向导电特性。

(1) PN 结加正向电压

将电源的正极接 P 区,负极接 N 区,这种接法叫 PN 结加正向电压或正向偏置。此时外加电场与内电场方向相反,使内电场削弱,空间电荷区变窄,如图 1-16(a)所示,这使扩散运动增加,漂移运动减弱。因此,在电源的作用下,多数载流子就会向对方区域扩散形成正向电流,其方向是由电源的正极通过 P 区、N 区到电源负极。此时 PN 结处于导通状态。

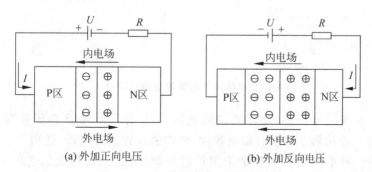

(a) 外加正向电压　　(b) 外加反向电压

图 1-16　PN 结的单向导电特性

由于内电场的电动势一般只有零点几伏,因此不大的正向电压就可以产生相当大的正向电流。这时外加电压的微小变化就能使扩散电流发生显著变化。

(2) PN 结加反向电压

当电源的正极接 N 区,负极接 P 区,这种接法叫 PN 结加反向电压或反向偏置。此时外加电场与内电场方向相同,使内电场加强,空间电荷区变宽,如图 1-16(b)所示,这使扩散运动减弱,少数载流子漂移运动加强,形成漂移电流。由于其电流方向与正向电压方向相反,故称为反向电流,少数载流子浓度很小,故反向电流很小。在一定温度条件下,少数载流子浓度基本不变,所以 PN 结反向电流几乎与外加反向电压的大小无关,所以也称为反向饱和电流。此时,PN 结处于截止状态。

PN 结外加正向偏置电压时,形成较大的正向电流,PN 结呈现较小的正向电阻;外加反向偏置电压时,反向电流很小,PN 结呈现很大的反向电阻,这就是 PN 结的单向导电性。

1.2.2 半导体二极管

半导体二极管是由一个 PN 结及其所在的半导体再加上电极引线和外壳构成,简称二极管。由 P 区引出的电极为阳极(也叫正极),由 N 区引出的电极为阴极(也叫负极)。

1. 半导体二极管的结构和类型

二极管的类型很多,按材料分类,最常用的有硅管和锗管两种;按结构分,有点接触型、平面型和面接触型几种,如图 1-17 所示。

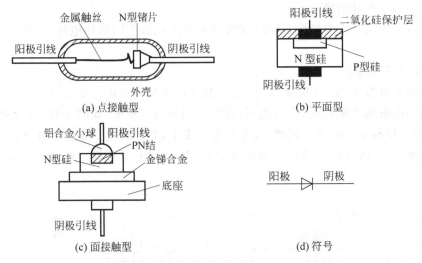

图 1-17 半导体二极管的结构和符号

点接触型二极管结电容小,允许流过的电流小,适用于小电流整流和高频检波,如 2AP 系列二极管。面接触型二极管结电容大,允许通过较大的电流,适用于低频整流,如 2CP 系列二极管。硅平面型二极管是采用扩散法制成的,结面积大的适用于大功率整流,结面积小的适用于在脉冲数字电路中作开关管。

2. 二极管的伏安特性

由于二极管是由 PN 结制成的,所以二极管的伏安特性与 PN 结的伏安特性相似。普通二极管的基本性质就是单向导电性。二极管的伏安特性可以逐点测出,也可以从晶体管特性图示仪上直接描绘下来。

二极管的伏安特性可以分为三部分,如图 1-18 所示。

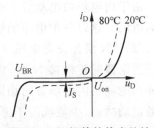

图 1-18 二极管的伏安特性

1) 正向特性

$u_D>0$ 的部分为正向特性。正向电压比较小时,正向电流 i_D 非常小,近似为零。其中 u_D 为二极管两端的电压,i_D 为流过二极管两端的电流。只有正向电压超过某一值时,才有明显的正向电流出现,这个电压值称为死区电压,也叫开启电压(U_{on})。硅二极管的死区电压约为 0.5V,锗二极管的死区电压约为 0.1V。当正向电压大于死区电压后,正向电流迅速增长,而二极管的正向压降却变化很小。硅二极管的正向压降约为 0.6V,锗二极管的正向压降约为 0.3V。温度升高时,正向特性曲线向左移,温度每升高 1℃,正向压降约减小 2mV。

2) 反向特性

$U_{BR}<u_D<0$(U_{BR} 为二极管的反向击穿电压)的部分为反向特性,这时二极管加反向电压,反向电流很小。从特性曲线上看,随着反向电压的增加,反向电流几乎不变(略有增加),故也叫反向饱和电流(I_S)。小功率硅管的反向饱和电流一般在 0.1μA 以下,而小功率锗管的反向饱和电流可达几十微安。温度升高时,反向特性曲线向下移,温度每升高 10℃,硅管和锗管的反向饱和电流都近似增大一倍。

3) 反向击穿特性

当 $u_D<U_{BR}$ 后,反向电流突然剧增,称为二极管反向击穿。反向击穿电压 U_{BR} 一般在几十伏以上。

如果忽略二极管死区电压,也不考虑反向击穿电压,认为二极管的正向导通电压和反向截止电流都为零,我们把这种二极管叫理想二极管。

4) 二极管的主要参数

描述器件特性的物理量称为器件参数,它是器件特性的定量描述,也是选择器件的依据。各器件参数可由生产厂家的产品手册查得。

二极管的主要参数有:

(1) 最大整流电流 I_F。它是二极管允许通过的最大正向平均电流。工作时应使工作平均电流小于 I_F,如超过 I_F,二极管将会因过热而烧坏。实际使用时也和散热情况有关。

(2) 最大反向工作电压 U_R。这是二极管允许的最大反向工作电压。当反向电压超过此值时,二极管可能被击穿。为了留有余地,通常将击穿电压 U_{BR} 的一半作为 U_R。

(3) 反向电流 I_R。指二极管未击穿时的反向电流值。此值越小,二极管的单向导电性能越好。由于反向电流是由少数载流子形成的,因此 I_R 受温度的影响很大。

(4) 最高工作频率 f_M。f_M 值主要取决于 PN 结结电容的大小,结电容越大,则二极管允许的工作频率越低。

1.2.3 双极型晶体管

双极型晶体管简称为晶体管,或半导体三极管。常见的有硅晶体管和锗晶体管两种。根据制造工艺、工作频率和功率,晶体管又可分为多种类型,其外形如图 1-19 所示。

1. 晶体管的结构和类型

晶体管由两个 PN 结构成,可分为 NPN 和 PNP 两种类型,其结构及符号如图 1-20

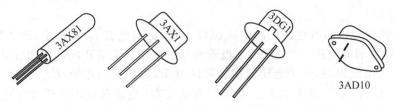

图 1-19　半导体三极管的外形

所示。晶体管包含发射区、基区和集电区三个区,并相应地引出三个电极:发射极(e)、基极(b)和集电极(c)。两个 PN 结分别称为发射结和集电结。作为具有放大能力的元件,晶体管在结构上必须具有下面两个特点:

① 发射区掺杂浓度远大于集电区掺杂浓度,集电区掺杂浓度大于基区掺杂浓度;
② 基区必须很薄,一般只有几微米。

由于硅 NPN 三极管的应用最为广泛,故无特殊说明时,后面均以硅 NPN 三极管为例。

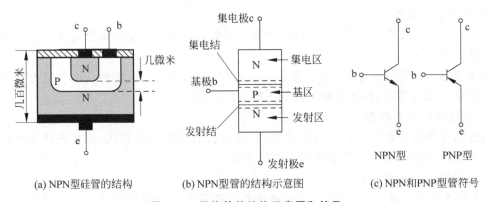

图 1-20　晶体管的结构示意图和符号

2. 晶体管的电流分配关系和放大作用

晶体管结构上的特点是晶体管具有放大作用的内部条件。为了实现放大作用,还必须满足一定的外部条件,这就是要给晶体管的发射结加正向电压(P 区接正,N 区接负),集电结加反向电压(P 区接负,N 区接正)。

1) 晶体管内部载流子的运动

(1) 发射区向基区注入电子的过程

图 1-21 表示了晶体管内部载流子运动形成的电流。由于发射结正向偏置,发射区高浓度的多数载流子(自由电子)大量地扩散注入基区,与此同时,基区的空穴向发射区扩散。由于发射区是高掺杂区,所以基区向发射区扩散的空穴数远小于注入

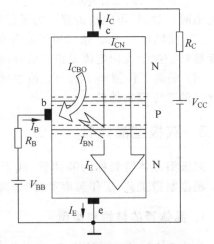

图 1-21　晶体管的电流分配关系

到基区的电子浓度,因此可以忽略这部分空穴的影响。可见,这里载流子的运动主要表现为发射区向基区注入电子,形成发射极电流 I_E,其方向与电子流动方向相反。

(2) 电子在基区的扩散过程

发射区的电子注入基区后(称为非平衡少数载流子),在基区形成电子浓度差,靠近发射结处电子浓度很高,靠近集电结处的电子浓度很低。浓度差使非平衡少数载流子(电子)向集电区扩散。由于基区空穴浓度比较低,且基区做得很薄,非平衡少数载流子(电子)扩散时,极少部分与基区的空穴复合,这样就形成了基极主要电流 I_{BN},绝大多数非平衡少数载流子(电子)均能扩散到集电结边界。

(3) 电子被集电结收集的过程

由于集电结是反向偏置,发射区不断向基区注入的电子,在结电场的作用下,快速漂移过集电结为集电区所收集,形成集电极电流主要部分 I_{CN}。此外,集电结反向偏置使集电区中的空穴和基区中的电子(均为少数载流子)在结电场的作用下可以作漂移运动,形成反向饱和电流 I_{CBO}。I_{CBO} 数值很小,但因为是少数载流子运动形成的,所以受温度影响较大。

2) 晶体管的电流分配关系

由图 1-21 可见,集电极电流 I_C 由两部分组成,即

$$I_C = I_{CN} + I_{CBO}$$

基极电流 I_B 也由两部分组成:

$$I_B = I_{BN} - I_{CBO}$$

三极管三个极的电流满足基尔霍夫电流定律,即

$$I_E = I_B + I_C$$

三极管实质上起到电流分配作用,它把发射极注入的电子按一定比例分配给集电极和基极,晶体管制成以后,这种比例就确定了。这个百分比用 $\bar{\beta}$ 表示,称为共射极直流电流放大系数,定义为

$$\bar{\beta} = \frac{I_{CN}}{I_{BN}}$$

由前两个公式得出

$$I_C = \bar{\beta} I_B + (1 + \bar{\beta}) I_{CBO}$$

令 $I_B = 0$(基极开路),则

$$I_C = (1 + \bar{\beta}) I_{CBO} = I_{CEO}$$

I_{CEO} 为基极开路时的集电极电流,通常称为穿透电流。也可以表示为

$$I_C = \bar{\beta} I_B + I_{CEO}$$

一般情况下,$I_C \gg I_{CEO}$,可得出

$$\bar{\beta} \approx \frac{I_C}{I_B}$$

定义共发射极交流电流放大系数 β 为集电极电流变化量与基极电流变化量之比,即

$$\beta = \frac{\Delta i_C}{\Delta i_B}$$

显然 $\bar{\beta}$ 与 β 意义不同，$\bar{\beta}$ 反映静态(直流工作状态)时的电流放大特性，β 反映动态(交流工作状态)时的电流放大特性。在多数情况下，$\bar{\beta} \approx \beta$，所以在实际使用时，对两者不加区分。一般晶体管的 β 远大于1，因此小的基极电流变化会产生大的集电极电流变化，这就是用晶体管可以组成放大电路的本质原因。

3. 晶体管的特性曲线

晶体管外部的极间电压与电流的相互关系称为晶体管的特性曲线。它既简单又直观地反映了各极间电压与电流之间的关系。下面讨论 NPN 型三极管共发射极的输入特性和输出特性，其基本的电路连接方式如图 1-22(a)所示。

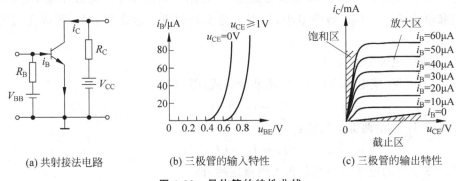

(a) 共射接法电路　　(b) 三极管的输入特性　　(c) 三极管的输出特性

图 1-22　晶体管的特性曲线

1) 输入特性曲线

输入特性曲线是指当集-射极之间的电压 u_{CE} 为某一常数时，输入回路中的基极电流 i_B 与加在基-射极间的电压 u_{BE} 之间的关系曲线。当改变 u_{CE} 值时可得一簇曲线，如图 1-22(b)所示。

由图 1-22(b)可见，曲线随 u_{CE} 增大而向右移，当 $u_{CE} \geqslant 1V$ 后，曲线的右移变得很小。因此，常用一条输入特性曲线来代表 $u_{CE} \geqslant 1V$ 的所有特性曲线。

2) 输出特性曲线

输出特性曲线是指当基极电流 i_B 为常数时，输出电路中集电极电流 i_C 与集-射极间的电压 u_{CE} 之间的关系曲线。当改变 i_B 值时可得一簇曲线，如图 1-22(c)所示。

输出特性曲线可分为放大区、截止区和饱和区三个区，分别对应三极管的三个状态。

放大区：特性曲线上平坦的部分，其特征是发射结正向偏置，集电结反向偏置。此时 $i_C = \beta i_B$，而与 u_{CE} 无关，i_C 的大小只受 i_B 的控制。

饱和区：曲线上拐点左面的区域，其特征是发射结和集电结均处在正向偏置。此时三极管无放大作用。当三极管处于深度饱和时，u_{CE} 值很小，接近 0。

截止区：在曲线上靠近横轴的部分，其特征是发射结和集电结都反向偏置，此时 $i_B = 0$，i_C 近似为 0。

3) 三极管的主要参数

(1) 电流放大系数 β 和 $\bar{\beta}$

它们是衡量三极管放大能力的重要指标。有共射直流电流放大系数 $\bar{\beta}=I_C/I_B$ 和交流电流放大系数 $\beta=\Delta i_C/\Delta i_B$。在放大区时，由于 β 与 $\bar{\beta}$ 值相差不大，通常只给出 β 值。

(2) 极间反向电流 I_{CBO} 和 I_{CEO}

I_{CBO} 为发射极开路时集电极与基极之间的反向饱和电流。

I_{CEO} 为基极开路时集电极与发射极之间的穿透电流。它在输出特性上对应 $I_B=0$ 时的 I_C 值。$I_{CEO}=(1+\beta)I_{CBO}$。

硅管的反向电流很小，锗管的较大。

(3) 特征频率 f_T

由于晶体管中 PN 结的结电容存在，晶体管的交流电流放大系数是所加信号频率的函数。信号频率高到一定程度时，集电极电流与基极电流之比不但数值上下降，且产生相移。f_T 为 β 下降到 1 时的信号频率。

(4) 集电极最大允许电流 I_{CM}

i_C 在相当大的范围内 β 值基本不变，但当 i_C 的数值大到一定程度时 β 值将减小。使 β 值明显减小的 i_C 即为 I_{CM}。通常是将 β 值下降到额定值的 2/3 时，所对应的集电极电流规定为 I_{CM}。

(5) 极间反向击穿电压

表示使用三极管时外加在各极之间的最大允许反向电压，如果超过这个限度，则管子的反向电流急剧增大，可能损坏三极管。

(6) 集电极最大允许功率 P_{CM}

P_{CM} 决定了晶体管的温升。当硅管的结温度大于 150℃ 时，锗管的结温度大于 70℃ 时，管子的特性明显变坏，甚至烧坏。

1.3 晶体管基本放大电路简介

在数字电路中，晶体管往往工作在开关状态。实际应用中，晶体管更多的是作为放大电路的核心元器件。在信号的检测和传输过程中，往往因为信号源所产生信号的电压或电流过小而不能直接驱动负载，而放大电路能够有效地提高输入信号的幅值，从而使输出信号的能量增加，以驱动负载做功。放大电路放大的本质是能量的控制和转换。

1.3.1 基本共射极放大电路

1. 基本共射极放大电路的组成

放大电路的组成必须遵循两条基本原则：

① 保证晶体管工作在放大区，这样就可以利用基极电流控制集电极电流，以达到放大的目的；

② 能使输入信号得到足够的放大和顺利的传送。

据此组成的基本共发射极电路如图 1-23(a)所示(电路图中一般画成图 1-23(b)所示的形式)。图中的 T 是 NPN 型三极管,担负放大作用,是整个电路的核心。放大电路的组成及各部分的作用如下。

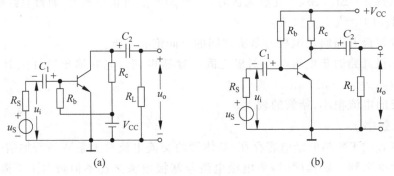

图 1-23　单电源共发射极放大电路

(1) 直流电源的大小和极性应使晶体管工作在放大区,即发射结正向偏置;集电结反向偏置。图 1-23 中 R_b、V_{CC} 保证了发射结正向偏置,同时也为 T 提供了合适的静态基极电流 I_B。R_c、V_{CC} 保证了集电结的反向偏置。晶体管的作用是用较小的基极电流变化能产生大的集电极电流变化。R_c 就是将被放大后的集电极电流 i_c 转换为电压,保证放大后的信号能从电路中输出。

(2) 电容具有"通过交流,隔断直流"的作用。耦合电容 C_1、C_2 的作用是使交流信号能顺利地传送到负载,同时将放大器与前后部分的直流分量隔离,避免互相影响。

判断一个晶体管放大电路是否正确,就是看其是否满足上述原则。如 T 是 PNP 型三极管,则电源和电容 C_1、C_2 的极性均相反。

2. 放大电路的静态工作点

实现放大的核心基础就是晶体管的基极电流对集电极电流的控制作用,所以晶体管必须处于放大状态。没有加入待放大的交流信号,分析仅在直流电源作用下的晶体管状态(基极电流 I_B,集电极电流 I_C,集电极—发射极电压 U_{CE})的过程就叫静态分析,也叫直流分析。

如图 1-23(b)所示电路中,在静态分析时,只有直流电压、电流,电容看作断开。

$$I_{BQ} = \frac{V_{CC} - U_{BE}}{R_b}$$

由于三极管导通时,U_{BE} 变化很小,可视为常数,一般硅管 $U_{BE}=0.6\sim0.8V$,通常取 0.7V;锗管 $U_{BE}=0.1\sim0.3V$,通常取 0.3V。

当 V_{CC}、R_b 已知时,则由上式可求出 I_{BQ}。

因为晶体管工作在放大区,可求出静态工作点的集电极电流 I_{CQ} 为

$$I_{CQ} = \beta I_{BQ}$$

再根据集电极输出回路可求出 U_{CEQ} 为

$$U_{CEQ} = V_{CC} - I_{CQ}R_c$$

通常当 $U_{CEQ}=V_{CC}/2$ 时,大致认为静态工作点位于晶体管放大区的中间位置。

对于放大电路来说,一般要求输出波形的失真尽可能小,但它受到三极管非线性的限制。当信号过大或者工作点不合适时,会使晶体管的工作范围超出特性曲线上的线性区域,从而使输出波形产生畸变失真。这种失真通常称为非线性失真。

例 1-4 估算图 1-23(b) 所示放大电路的静态工作点。设 $V_{CC}=12V, R_c=3k\Omega, R_b=300k\Omega, \beta=50$。

解:根据前面给出的算式公式得

$$I_{BQ} = \frac{12 - 0.7}{300} \approx 0.04\text{mA} = 40\mu A$$

$$I_{CQ} = 50 \times 0.04 = 2\text{mA}$$

$$U_{CEQ} = 12 - 2 \times 3 = 6V$$

3. 放大电路的交流参数

放大电路的放大,指的是对交流信号的放大。放大电路具有适合的静态工作点,只是具有了放大交流信号的基础。我们衡量一个放大电路的优劣时,主要关注交流技术指标。

(1) 电压放大倍数 $\dot{A}_u$:衡量放大电路电压放大能力的指标。定义为输出电压的幅值与输入电压幅值之比,也称为增益。

$$\dot{A}_u = \frac{\dot{U}_o}{\dot{U}_i}$$

此外,有时也定义为源电压放大倍数(输出电压与信号源电压之比)为

$$\dot{A}_{us} = \frac{\dot{U}_o}{\dot{U}_s}$$

(2) 输入电阻 r_i:对于信号源而言,放大器就是一个负载,输入电阻表征了该负载的大小。

$$r_i = \frac{U_i}{I_i}$$

对于多级放大电路,本级的输入电阻又构成前级的负载,表明了本级对前级的影响。

(3) 输出电阻 r_o:从负载的角度看,放大电路输出端可以等效为电压源和输出电阻 r_o 的串联,如图 1-24 所示。输出电阻的大小表明了放大器所能驱动负载的能力。r_o 越小,表明驱动负载能力越强。

可以用"加压求流法"计算输出电阻。将输入电压信号源短路(或电流信号源开路),注意应保留信号源内阻 R_s。然后在输出端外接一电压源 U_2,并计算出该电源供给的电流 I_2,则输出电阻

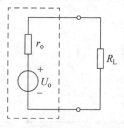

图 1-24 输出等效电路

由下式算出

$$r_o = \frac{U_2}{I_2}$$

实际中,放大倍数是随信号的频率变化的,放大电路的通频带也是很重要的技术指标,它反映放大电路对不同频率信号的放大能力。一般而言,当信号频率下降或增加到一定程度时,放大倍数的数值会明显下降,使放大倍数的数值下降到中频放大倍数的 0.707 倍时的频率称为下限截止频率 f_L 或上限截止频率 f_H,而 f_L 与 f_H 之间形成的频带称为中频段,也称为放大电路的通频带 f_{bw}。通频带越宽,表明放大电路对不同频率信号的适应能力越强。对于扩音机,其通频带应宽于音频(20~20000Hz)范围,才能完全不失真地放大声音信号。在实用电路中有时也希望频带尽可能窄,比如选频放大电路,从理论上讲,希望它只对单一频率的信号放大,以避免干扰和噪声的影响。

4. 晶体管的微变等效电路

当放大电路设置了合适的静态工作点(位于放大区的中间位置),而输入交流信号的变化幅度又比较小时,可以认为晶体管工作在线性区,如图 1-25 所示。从输入特性曲线可以看出,Δi_B 和 Δu_{BE} 的关系可以用一个电阻来表征,即晶体管的输入端可以等效为一个电阻。从输出特性曲线看,Δi_C 受 Δi_B 的控制,而和 Δu_{CE} 的变化近似无关。Δi_C 和 Δi_B 的关系可以用一个电流控制电流源表征,即晶体管的输出端可以等效为受控制电流源。

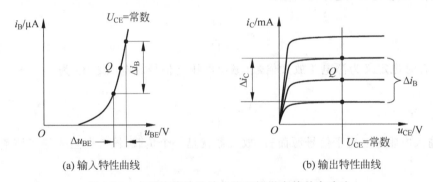

(a) 输入特性曲线　　(b) 输出特性曲线

图 1-25　由晶体管的特性曲线理解微变等效电路法

用 i_b、i_c、u_{be}、u_{ce} 表示电流、电压的变化量,则有

$$u_{be} = r_{be} i_b$$
$$i_c = \beta i_b$$

计算 r_{be} 的近似公式为

$$r_{be} = 300 + (1+\beta)\frac{26}{I_E}$$

计算时,I_E 的单位取毫安。

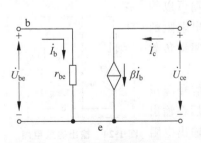

图 1-26　简化微变等效电路

若用相量表示各变化量,三极管的微变等效电路就可以简化为如图 1-26 所示。今后分析放大电路一

般均用此简化后的三极管等效电路。

在此特别指出：

① "等效"指的是只对微变量（交流小信号）的等效。该等效图用于计算电路的交流参数，但等效图中的 r_{be} 和 β 与晶体管的静态工作点又有着密切的关系。当交流小信号时，晶体管的工作范围限制在特性曲线的线性范围内，这时的 r_{be} 和 β 值近似保持不变。

② 等效电路中的电流源 $\beta \dot{I}_b$ 为一受控电流源，它的数值和方向都取决于基极电流 $\dot{I}_b$，不能随意改动。

在大信号工作时，不能用上述等效电路计算放大电路。

5. 共发射极放大电路交流参数的分析计算

电路如图 1-27(a) 所示，其微变等效电路如图 1-27(b) 所示。对于交流小信号等效电路，应把电容 C_1、C_2 和直流电源 V_{CC} 视为短路。

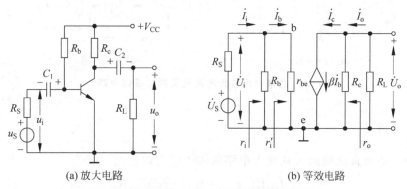

(a) 放大电路　　　　　　　　　(b) 等效电路

图 1-27　共发射极放大电路及其微变等效电路

电压放大倍数为

$$\dot{A}_u = \frac{\dot{U}_o}{\dot{U}_i}$$

由图 1-27(b) 所示的等效电路得出

$$\dot{U}_o = -\beta \dot{I}_b R'_L \quad (\text{其中 } R'_L = R_c \mathbin{/\mkern-5mu/} R_L)$$

从输入回路得

$$\dot{U}_i = \dot{I}_b r_{be}$$

$$\dot{A}_u = -\frac{\beta R'_L}{r_{be}}$$

负号表示输出电压与输入电压相位相反。

输入电阻：

由图 1-27(b) 可以得出

$$r_i = R_b \mathbin{/\mkern-5mu/} r_{be} \approx r_{be}$$

通常 $R_b \gg r_{be}$，所以 r_i 近似等于 r_{be}。

输出电阻
$$R_o = R_c$$

从以上计算可以看出,共发射极放大电路的电压放大倍数比较大,输入电压和输出电压的相位相反。同时也具有输入电阻小,输出电阻比较大的特点。

1.3.2 基本共集电极放大电路

共集电极放大电路是另一种应用广泛的电路类型。它的组成也必须符合构成放大电路的基本规则,如图 1-28(a)所示。

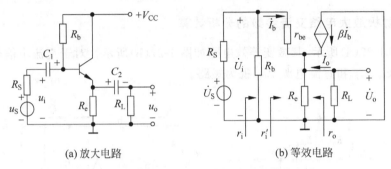

(a) 放大电路　　　　　　　　(b) 等效电路

图 1-28　共集电极放大电路及其微变等效电路

1. 直流分析

电容断开,得到直流通路。从放大电路的输入端可以得出

$$V_{CC} = I_{BQ} R_b + U_{BE} + (1+\beta) I_{BQ} R_e$$

$$I_{BQ} = \frac{V_{CC} - U_{BE}}{R_b + (1+\beta) R_e}$$

$$I_{CQ} = \beta I_{BQ}$$

$$U_{CEQ} = V_{CC} - (1+\beta) I_{BQ} R_e$$

2. 交流分析

共集电极放大电路的微变等效电路如图 1-28(b)所示,由图可得出

$$\dot{U}_o = \dot{I}_e R'_e = (1+\beta) \dot{I}_b R'_e \quad (\text{其中 } R'_e = R_e \mathbin{/\mkern-6mu/} R_L)$$

$$\dot{U}_i = \dot{I}_b r_{be} + (1+\beta) \dot{I}_b R'_e$$

所以电压放大倍数为

$$\dot{A}_u = \frac{\dot{U}_o}{\dot{U}_i} = \frac{(1+\beta) R'_e}{r_{be} + (1+\beta) R'_e}$$

通常

$$(1+\beta) R'_e \gg r_{be}$$

所以
$$\dot{A}_u < 1 \quad 且 \quad \dot{A}_u \approx 1$$

共集电极放大电路的电压放大系数小于1而接近1,且共集电极放大电路基极输入电压与射极的输出电压相位相同,所以又称为射极跟随器。

输入电阻:
$$r_i = R_b // r_i'$$

式中
$$r_i' = \frac{\dot{U}_i}{\dot{I}_b} = r_{be} + (1+\beta)R_e'$$

$$r_i = R_b // [r_{be} + (1+\beta)R_e']$$

输出电阻的计算过程可参考有关书籍,计算公式为:
$$r_o = R_e // \frac{R_s' + r_{be}}{1+\beta}$$

其中 R_s' 是信号源内阻与 R_b 的并联,由该式可以看出,r_o 是一个很小的值。

共集电极电路不能放大电压,但具有输入电阻大、输出电阻小的特点。其常用于多级电压放大电路的输入级、输出级和中间隔离级,在功率放大电路中也常采用射极输出的形式。

例 1-5 放大电路如图 1-29(a)。其中 $V_{CC} = 12V, R_s = 6.8k\Omega, R_c = 6.8k\Omega, R_b = 910k\Omega, \beta = 100, R_L = 4.7k\Omega$。计算该电路的静态工作点,并计算电压放大倍数、输入电阻和输出电阻。

解:(1) 计算静态工作点
$$I_{BQ} = \frac{V_{CC} - U_{BE}}{R_b} = \frac{12 - 0.7}{910} \text{mA} \approx 0.012\text{mA}$$

$$I_{CQ} = \beta I_{BQ} = 0.012 \times 100 = 1.2\text{mA}$$

$$U_{CEQ} = V_{CC} - I_{CQ}R_c = 12 - 1.2 \times 6.8 \approx 3.8V$$

(2) 计算交流参数

交流小信号等效电路见图 1-29(b),据此:
$$r_{be} = 300 + (1+\beta)\frac{26}{I_E} = 300 + \frac{26}{I_B} = 300 + \frac{26}{0.012} = 2.47\text{k}\Omega$$

$$\dot{A}_u = -\frac{\beta R_L'}{r_{be}} = -100 \times \frac{6.8 // 4.7}{2.47} = -112.5$$

$$r_i = R_b // r_{be} \approx r_{be} \approx 2.47\text{k}\Omega$$

源电压放大倍数(对信号源的放大倍数):
$$\dot{A}_{us} = \dot{A}_u \frac{r_i}{r_i + R_s} = -\frac{\beta R_L'}{r_{be}} \times \frac{r_i}{r_i + R_s} = -100 \times \frac{6.8 // 4.7}{2.47} \times \frac{2.47}{2.47 + 6.8} = -30$$

$$R_o = R_c = 6.8\text{k}\Omega$$

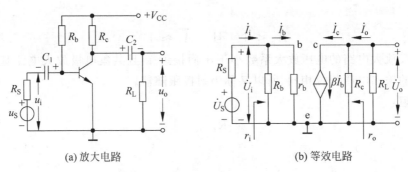

(a) 放大电路　　　　　　　　(b) 等效电路

图 1-29　例 1-5 电路图

本 章 小 结

1. 电压、电流的方向、参考方向和关联参考方向

(1) 定义电流的实际方向为正电荷运动的方向，电压的实际方向为电位降低的方向。参考方向是为了求解电路而任意假定的方向。

(2) 在电路图中用到的电压或电流，一定要先假定参考方向，据此求得的电压或电流是代数值，根据结果的正、负和参考方向就能确定电压或电流的实际方向。

(3) 对于某一元件或某一条支路，设定电压或电流的参考方向相同，就叫关联参考方向。求解电路时，要明确是关联参考方向还是非关联参考方向，注意它们之间的区别。

2. 电路元件及元件的伏安特性

伏安特性是元件两端电压和电流的关系，决定元件在电路中的性质。

电阻元件　　$u = Ri$　　（R：电阻）

电容元件　　$i = C\dfrac{du}{dt}$　　（C：电容）

电感元件　　$u = L\dfrac{di}{dt}$　　（L：电感）

电压源　　　$u = u_s$　　（u_s 是电压源的输出电压，与外电路无关）

电流源　　　$i = i_s$　　（i_s 是电流源的输出电流，与外电路无关）

受控电源是描述电路中某一处的电压或电流对另一处电压或电流的控制关系。

3. 基尔霍夫定律

基尔霍夫定律包括基尔霍夫电流定律（$\sum i_{kn} = 0$）和基尔霍夫电压定律（$\sum u_{kl} = 0$）。已知元件的伏安特性，用 KCL 在节点处列电流方程，用 KVL 在回路中列电压方程，就可求解电路。需要注意以下几点：

(1) 基尔霍夫定律不仅适用于线性电路，也适用于非线性电路。

(2) 如果电路有 n 个节点,只有 $n-1$ 个独立的 KCL 方程,其他的需要在独立回路中列电压方程。

(3) 应用基尔霍夫定律列电压方程和电流方程时,使用的是参考方向。在分析电路时,先要假定所涉及的电压、电流的参考方向。

4. 二极管

纯净半导体中掺入五价元素形成 N 型半导体(电子为多数载流子),掺入三价元素形成 P 型半导体(空穴为多数载流子)。P 型半导体和 N 型半导体的交界面处会形成 PN 结,PN 结具有单向导电性。在 PN 结的 P 区引出一个电极(正极),N 区引出一个电极(负极),就构成了二极管。二极管的基本性质就是 PN 结的性质。

实际二极管有导通、截止和反向击穿三个状态。正向导通和反向截止是基本的两个状态,二极管可以组成限幅电路、检波电路和整流电路,以及在数字电路中起开关作用时,就是利用这两个状态。稳压二极管稳压时利用的是二极管的反向击穿状态。

5. 晶体管

晶体管分为 NPN 和 PNP 型两种类型。从结构上看,有基区、集电区和发射区及对应的三个电极,分别是基极 b、集电极 c 和发射极 e。内部形成两个 PN 结,集电结和发射结。集电结和发射结的偏置状态,决定了晶体管的工作区:

(1) 当发射结正向导通,集电结反向截止时,晶体管处于放大区。组成放大电路的晶体管工作在此状态,此时集电极电流是基极电流的 β 倍,实现了电流放大。

(2) 当发射结反向截止,集电结反向截止时,晶体管处于截止区。流过三个电极的电流都近似于零,可看作断开的开关。

(3) 当发射结正向导通,集电结正向导通时,晶体管处于饱和区。集电极与发射极之间的电压近似于零,可看作接通的开关。晶体管可以处于饱和区和截止区,这是晶体管可作为开关应用的原因。

6. 基本放大电路

(1) 放大电路的组成

① 外加电源的极性要使晶体管的发射结正向导通,集电结反向截止。此时有 $\Delta i_C = \beta \Delta i_B$。

② 输入电压的变化加进输入回路后,能使基极电流产生相应的变化量 Δi_B。

③ 集电极电流 Δi_C 的变化量能转换成输出电压的变化。

(2) 直流分析

直流分析就是计算电路的静态工作点,确定 $Q(U_{CE}, I_C)$ 在晶体管输出特性曲线中的位置。一般放大电路要求有尽可能大的输出电压范围,也就要求静态工作点处于特性曲线的中间位置。

(3) 交流分析

对于交流小信号放大电路,近似认为晶体管是线性元器件,可以用微变等效电路等效。通过对共射极放大电路和共集电极放大电路这两种常见的放大电路的计算分析,可以得出:共射极放大电路的电压放大倍数大,输入电阻小,输出电阻比较大;而共集电极放大电路的电压放大倍数接近1,输入电阻大,输出电阻小。在应用中,共集电极放大电路可以作为中间隔离级,避免相互之间的影响,也可作为多级放大电路的输出级,以获得较强的负载能力。

习　题

1-1　在电路中已经定义了电流、电压的实际方向,为什么还要引入参考方向?参考方向与实际方向有何区别和联系?

1-2　电路如图 1-30 所示,已知:$U_{12}=10\text{V}$,$E_1=4\text{V}$,$E_2=2\text{V}$,$R_1=4\Omega$,$R_2=2\Omega$,$R_3=5\Omega$,试求 U_{34}。

(提示:本题应使用两点间电压关系的分析方法进行求解。)

1-3　电路如图 1-31 所示,已知:$U_1=6\text{V}$,$U_2=3\text{V}$,$R_1=4\Omega$,$R_2=1\Omega$,$R_3=2\Omega$,试求 A 点电位 U_A。

(提示:本题应使用两点间电压关系的分析方法求解。)

1-4　电路如图 1-32 所示。

(1) 列出电路的基尔霍夫电压定律方程;

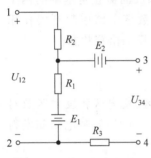

图 1-30　习题 1-2 电路图

(2) 求电流;

(3) 求 U_{ab} 及 U_{cd}。

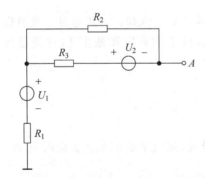

图 1-31　习题 1-3 电路图

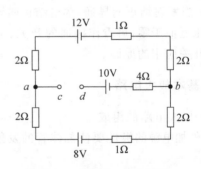

图 1-32　习题 1-4 电路图

1-5　电路如图 1-33 所示,试求 I_B 的表达式。

1-6　电路如图 1-34 所示,试求 U_{CE} 的表达式。(提示:应用电压概念对相关回路写 KVL 方程。)

1-7　怎样用万用表判断二极管的正负与好坏?

1-8　电路如图 1-35 所示,已知:$U_1=12\text{V}$,$U_2=6\text{V}$,$R_1=3\text{k}\Omega$,二极管是理想的,试求 U_{AO}。

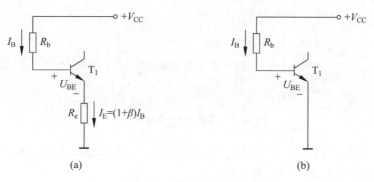

图 1-33　习题 1-5 电路图

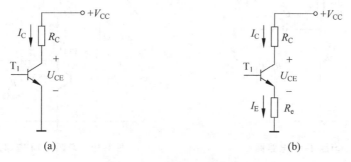

图 1-34　习题 1-6 电路图

1-9　电路如图 1-36 所示,已知:$u_i=10\sin\omega t$,二极管是理想的,$E=+5\text{V}$。试绘出输出电压 u_o 随输入电压 u_i 变化的波形。

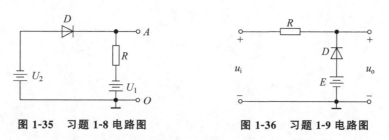

图 1-35　习题 1-8 电路图　　　图 1-36　习题 1-9 电路图

1-10　工作在放大区的某个三极管,当 I_B 从 $15\mu\text{A}$ 增大到 $25\mu\text{A}$ 时,I_C 从 2mA 变成 3mA。它的 β 值约为多少?

1-11　放大电路的输入电阻与输出电阻的含义是什么?为什么说放大电路的输入电阻可以用来表示放大电路对信号源电压的衰减程度?放大电路的输出电阻可以用来表示放大电路带负载的能力吗?

1-12　试根据图 1-37 所示,分析三极管的相关信息(假设三极管工作在放大区)。

1-13　放大电路如图 1-38 所示。取 $R_b=300\text{k}\Omega$,$\beta=50$。试计算静态工作点 Q,画出交流等效电路并计算电压放大倍数、输入电阻和输出电阻。

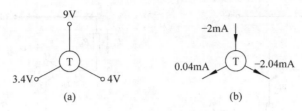

图 1-37　习题 1-12 电路图

1-14　放大电路如图 1-39 所示，U_{BE} 可以忽略。(1)试求静态工作点 Q；(2)画出交流小信号等效电路；(3)试求 A_u、R_i 和 R_o。

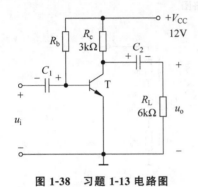

图 1-38　习题 1-13 电路图

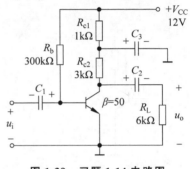

图 1-39　习题 1-14 电路图

第 2 章

数字逻辑基础

我们通常根据电信号在幅度和时间上的连续性，把电信号分为两大类：一类为时间或幅度都是连续变化的，即模拟信号，用来处理模拟信号的电路叫作模拟电路；另一类为时间或幅度都是离散的，即数字信号，用来处理数字信号的电路称为数字电路。由于数字电路的各种功能是通过逻辑运算和逻辑判断实现的，所以数字电路又称为数字逻辑电路或者逻辑电路。

数字逻辑电路具有如下特点：

(1) 电路的基本工作信号是二值信号。它表现为电路中电压的"高"或"低"、开关的"接通"或"断开"、晶体管的"导通"或"截止"等两种稳定的物理状态。

(2) 电路中的半导体器件一般都工作在开、关状态。

(3) 电路结构简单、功耗低、便于集成制造和系列化生产；产品价格低廉、使用方便、通用性好。

(4) 由数字逻辑电路构成的数字系统工作速度快、精度高、功能强、可靠性好。

由于具有上述特点，所以，数字逻辑电路获得了广泛的应用。应该指出的是，人类在自然界中遇到的大多数都是模拟信号，如温度、声音、压力等，而在数字系统中处理的是数字信号，当数字系统要与模拟信号发生联系时，必须经过模/数(A/D)转换电路和数/模(D/A)转换电路，对信号类型进行变换。

随着半导体技术和工艺的发展，出现了数字集成电路，集成电路发展十分迅速。数字集成电路按照集成度的高低可分为小规模(SSI)、中规模(MSI)、大规模(LSI)和超大规模(VLSI)几种类型。应用集成电路进行数字系统设计，能够提高开发效率和电路的工作可靠性。近年来，各类可编程逻辑器件(PLD)的出现，给逻辑设计带来了一种全新的方法。人们不再用常规硬线连接的方法构造电路，而是借助丰富的计算机软件对器件进行编程烧录来实现各种逻辑功能，给逻辑设计带来了极大的方便。

本章讨论数字电路的基础知识，主要是数据在数字系统中的表现形式以及研究数字逻辑电路的基本工具——逻辑代数。

2.1 数制与码制

2.1.1 数制

一个物理量的数值大小用不同的进位制表示就有不同的形式,即不同的"值"。

1. 十进制数

表示数时,仅用一位数码往往不够用,必须用进位计数的方法组成多位数码。多位数码中每一位的构成以及从低位到高位的进位规则称为进位计数制,简称进位制。广义地说,一种进位计数制包含基数和位权两个基本要素。

① 基数:指计数制中所用到的数字符号的个数。在基数为 R 计数制中,包含 $0,1,\cdots,R-1$ 共 R 个数字符号,进位规律是"逢 R 进一",称为 R 进位计数制,简称 R 进制。

② 位权:是指在一种进位计数制表示的数中,用来表明不同数位上数值大小的一个固定常数。不同数位有不同的位权,某一个数位的数值等于这一位的数字符号乘以与该位对应的位权。R 进制数的位权是 R 的整数次幂。

例如,十进制数的位权是 10 的整数次幂,其个位的位权是 10^0,十位的位权是 10^1……。即当用若干数字符号并在一起表示一个数时,处在不同位置的数字符号,其值的含义不同。

十进制数的基数(数码个数)是 10,数码为 0、1、2、3、4、5、6、7、8、9,进位规律是"逢十进一",用下标"10"或"D"表示。

例如,十进制数 625.38 可以表示为如下形式(加权求和形式):

$$(625.38)_{10} = 6 \times 10^2 + 2 \times 10^1 + 5 \times 10^0 + 3 \times 10^{-1} + 8 \times 10^{-2}$$

一般地,任意一个十进制数 N 可以表示为

$$(N)_{10} = k_{n-1} \times 10^{n-1} + k_{n-2} \times 10^{n-2} + \cdots + k_1 \times 10^1 + k_0 \times 10^0 + k_{-1} \times 10^{-1} + k_{-2} \times 10^{-2} + \cdots + k_{-m} \times 10^{-m} = \sum_{i=-m}^{n-1} (k_i 10^i) \tag{2-1}$$

式中,n、m 为自然数,k_i 为系数(十进制数 $0 \sim 9$ 中的某一个),10 是进位的基数,10^i 是十进制数的第 i 位的"权"$(i=n-1,n-2,\cdots,1,0,-1,\cdots,-m)$。

2. 二进制数

(1) 二进制计数规则

二进制数计数的基数是 2,数码为 0、1,"逢二进一"。用下标"2"或"B"(Binary 的缩写)表示。

同样,二进制数 101.011 可以表示为如下形式:

$$(101.011)_2 = 1 \times 2^2 + 0 \times 2^1 + 1 \times 2^0 + 0 \times 2^{-1} + 1 \times 2^{-2} + 1 \times 2^{-3}$$

一个二进制数 N 可以表示为:

$$(N)_2 = k_{n-1} \times 2^{n-1} + k_{n-2} \times 2^{n-2} + \cdots + k_1 \times 2^1 + k_0 \times 2^0 + k_{-1} \times 2^{-1} + k_{-2} \times 2^{-2} + \cdots + k_{-m} \times 2^{-m} = \sum_{i=-m}^{n-1} k_i \times 2^i \tag{2-2}$$

式中，n、m 为自然数；k_i 为系数（二进制数 0、1 中的某一个）；2 是进位基数；2^i 是第 i 位的"权"（$i=n-1, n-2, \cdots, 1, 0, -1, \cdots, -m$）。

例 2-1 将 $(101.11)_2$ 写成按权展开的形式。

解： $(101.11)_2 = 1\times 2^2 + 0\times 2^1 + 1\times 2^0 + 1\times 2^{-1} + 1\times 2^{-2}$

(2) 二进制数的运算规则

二进制数与十进制数一样存在加法、减法、乘法、除法运算，其相应的规则为：

加法规则：$0+0=0$　　$1+0=1$　　$0+1=1$　　$1+1=0$（向高位进位为 1）

减法规则：$0-0=0$　　$1-0=1$　　$1-1=0$　　$0-1=1$（向高位借位为 1）

乘法规则：$0\times 0=0$　　$0\times 1=0$　　$1\times 0=0$　　$1\times 1=1$

除法规则：$0\div 1=0$　　$1\div 1=1$

二进制的数码只有两个，运算规则简单，物理实现相对容易。例如，用晶体管的截止和导通，或者用电平的高和低，就可以表示 1 和 0。

例 2-2 计算 $(10011)_2 + (110)_2$。

解：

```
    1 0 0 1 1
  +     1 1 0
  ───────────
    1 1 0 0 1
```

所以，$(10011)_2 + (110)_2 = (11001)_2$。

例 2-3 计算 $(11001)_2 - (101)_2$。

解：

```
    1 1 0 0 1
  -     1 0 1
  ───────────
    1 0 1 0 0
```

所以，$(11001)_2 - (101)_2 = (10100)_2$。

二进制数的乘法和除法的过程也与十进制数相同，例如，$(11001)_2$ 和 $(101)_2$ 的乘法与除法的过程分别为：

```
      1 1 0 0 1              0 0 0 0 0
  ×       1 0 1          +   1 1 0 0 1
  ─────────────            ─────────────
      1 1 0 0 1              1 1 1 1 1 0 1
```

即 $(11001)_2 \times (101)_2 = (1111101)_2$。

```
           1 0 1
      ┌─────────
  101 │ 1 1 0 0 1
        1 0 1
        ─────
            1 0 1
            1 0 1
            ─────
                0
```

即 $(11001)_2 \div (101)_2 = (101)_2$。

3. 八进制数和十六进制数

虽然数据在数字系统中的表示形式是二进制,但二进制数位数多,阅读、书写和记忆都不方便。而八进制数或者十六进制数和二进制数对应关系简单,所以在计算机进行指令的书写、输入等工作时,常采用八进制数或者十六进制数来表示二进制数。

(1) 八进制数

八进制数的基数为 8,有 8 个数码:0、1、2、3、4、5、6、7。其进位规律是"逢八进一",下标可用 8 或 O 表示。

一个八进制数 N 可以表示为如下形式:

$$(N)_8 = k_{n-1} \times 8^{n-1} + k_{n-2} \times 8^{n-2} + \cdots + k_1 \times 8^1 + k_0 \times 8^0 +$$
$$k_{-1} \times 8^{-1} + k_{-2} \times 8^{-2} + \cdots + k_{-m} \times 8^{-m} = \sum_{i=-m}^{n-1} k_i \times 8^i$$

例如:

$$(107.8)_8 = 1 \times 8^2 + 0 \times 8^1 + 7 \times 8^0 + 8 \times 8^{-1}$$

(2) 十六进制数

十六进制数的基数为 16,有 16 个数码:0、1、2、3、4、5、6、7、8、9、A、B、C、D、E、F。其进位规律是"逢十六进一",下标可用 16 或 H 表示。同样,一个十六进制数 N 可以表示为按权求和形式:

$$(N)_{16} = k_{n-1} \times 16^{n-1} + k_{n-2} \times 16^{n-2} + \cdots + k_1 \times 16^1 + k_0 \times 16^0 +$$
$$k_{-1} \times 16^{-1} + k_{-2} \times 16^{-2} + \cdots + k_{-m} \times 16^{-m} = \sum_{i=-m}^{n-1} k_i \times 16^i$$

例如:

$$(BD2.3C)_{16} = 11 \times 16^2 + 13 \times 16^1 + 2 \times 16^0 + 3 \times 16^{-1} + 12 \times 16^{-2}$$

4. 数制转换

在计算机和其他数字系统中,普遍使用二进制数,采用二进制数的数字系统只能处理二进制数和用二进制代码形式表示的其他进制数。因为人们习惯使用十进制数,所以在信息处理中,首先必须把十进制数转换成计算机能加工和处理的二进制数,再进行运算,最后将二进制数的计算结果转换成人们习惯的十进制数输出。

1) 二进制数与十进制数之间的转换

(1) 二进制数转十进制数。

二进制数转换为十进制数时,按权展开并求和,就可得到等值的十进制数。

例如:

$$(11010.101)_2 = 1 \times 2^4 + 1 \times 2^3 + 0 \times 2^2 + 1 \times 2^1 + 0 \times 2^0 + 1 \times 2^{-1} + 0 \times 2^{-2} + 1 \times 2^{-3}$$
$$= (26.625)_{10}$$

(2) 十进制数转二进制数。

十进制数转换为二进制数时,将待转换的数分成整数部分和小数部分,并分别加以转换。一个十进制数可写成：

$$(N)_{10} = (整数部分)_{10} \cdot (小数部分)_{10}$$

转换时，首先将(整数部分)$_{10}$转换成(整数部分)$_2$，然后再将(小数部分)$_{10}$转换成(小数部分)$_2$。待整数部分和小数部分确定后，就可写成：

$$(N)_2 = (整数部分)_2 \cdot (小数部分)_2$$

① 整数部分——采用"除 2 取余"法。把十进制数 N 除以 2，取余数(1 或 0)作为相应二进制数的最低位 k_0，把得到的商再除以 2，取余数(1 或 0)作为二进制数的次低位，以此类推，继续上述过程，直到商为 0，此时所得的余数为最高位。

例 2-4　将十进制数 $(57)_{10}$ 转换为二进制数。

解：将待转换的十进制数除以 2，其结果是将余数由后向前写出即为所要转化的结果。

```
          商    余数
    2 ⌐57    ……1 ……低位
    2 ⌐28 ←  ……0
    2 ⌐14    ……0
    2 ⌐ 7    ……1
    2 ⌐ 3    ……1
    2 ⌐ 1    ……1 ……高位
        0
```

所以得出：

$$(57)_{10} = (111001)_2$$

② 小数部分——采用"乘 2 取整"法。先将十进制小数乘以 2，取其整数(1 或 0)作为二进制小数的最高位 k_{-1}，然后将乘积的小数部分再乘以 2，并再取整数作为次高位。重复上述过程，直到小数部分为 0 或达到所要求的精度。

例 2-5　把十进制数 $(0.625)_{10}$ 转换为二进制数。

解：由右边的运算过程，可得出

```
                0.625
             ×    2
            ─────────
                1.250    整数1，最高位
             ×    2
            ─────────
                0.500    整数0，次高位
             ×    2
            ─────────
                1.000    整数1，最低位
```

$(0.625)_{10} = (0.101)_2$

注意：

① 在上面运算过程中，式中的整数不参加运算。

② 当十进制数不能用有限位二进制数精确表示时，达到其误差要求的小数转换精度即可。

2) 二进制数与八进制数、十六进制数之间的转换

八进制数的基数为 8,3 位二进制数恰好可以表示 8 个状态,即 $8=2^3$。十六进制数的基数为 16,4 位二进制数恰好可以表示 16 个状态,即 $16=2^4$。二进制数、八进制数和十六进制数之间具有 2 的整指数关系,因而可直接进行转换。

将二进制数转换为八进制数或十六进制数的方法是:从小数点开始,分别向左、右按 3 位一组转换为八进制数或按 4 位一组转换为十六进制数,最后不满 3 位或 4 位的则需补 0,整数部分高位补 0,小数部分低位补 0。将每组以对应的等值八进制数或十六进制数代替。

例 2-6 将 $(10011010101.01)_2$ 转换成等值的八进制数。

二进制数　010　011　010　101　.　010
　　　　　　↓　　↓　　↓　　↓　　　↓
八进制数　　2　　3　　2　　5　.　2

$(10011010101.01)_2 = (2325.2)_8$

八进制数转换为二进制数时,其过程相反,即将每位八进制数用相应的 3 位二进制数来表示。

例 2-7 将 $(356.02)_8$ 转换为等值的二进制数。

八进制数　　3　　5　　6　.　0　　2
　　　　　　↓　　↓　　↓　　　↓　　↓
二进制数　011　101　110　.　000　010

$(356.02)_8 = (11101110.00001)_2$

十六进制数转换为二进制数时,其过程与八进制数转换为二进制数的方法类似(就是将每位十六进制数用相应的 4 位二进制数来表示)。

例 2-8 将 $(110101101010110.010111)_2$ 转换为十六进制数,将 $(3A7.B)_{16}$ 转换为二进制数。

解:

二进制数　0110　1011　0101　0110　.　0101　1100
　　　　　　↓　　↓　　↓　　↓　　　↓　　↓
十六进制数　6　　B　　5　　6　.　5　　C

所以　$(110101101010110.010111)_2 = (6B56.5C)_{16}$

十六进制数　3　　A　　7　.　B
　　　　　　↓　　↓　　↓　　↓
二进制数　0011　1010　0111　.　1011

所以　$(3A7.B)_{16} = (1110100111.1011)_2$

3) 十进制数与八进制数、十六进制数之间的转换

八进制数、十六进制数要转换成十进制数时,与二进制数转十进制数的方法相同,采用按权求和的方法。十进制数转换为八进制数、十六进制数时,也可以采用类似十进制数转换为二进制数的方法,这时叫"除基取余法"。也可以用二进制数为中间结果,先把十进制数转为二进制数,再把二进制数写成八进制数或十六进制数的形式。

十进制数 0~16 及其对应的二进制数、八进制数、十六进制数如表 2-1 所示。

表 2-1　常用进制对照表

十 进 制 数	二 进 制 数					八 进 制 数	十六进制数
0	0	0	0	0	0	0	0
1	0	0	0	0	1	1	1
2	0	0	0	1	0	2	2
3	0	0	0	1	1	3	3
4	0	0	1	0	0	4	4
5	0	0	1	0	1	5	5
6	0	0	1	1	0	6	6
7	0	0	1	1	1	7	7
8	0	1	0	0	0	10	8
9	0	1	0	0	1	11	9
10	0	1	0	1	0	12	A
11	0	1	0	1	1	13	B
12	0	1	1	0	0	14	C
13	0	1	1	0	1	15	D
14	0	1	1	1	0	16	E
15	0	1	1	1	1	17	F
16	1	0	0	0	0	20	10

2.1.2　带符号数的代码表示

我们使用的数字除了大小,还有符号。通常用符号"＋"表示正数,用符号"－"表示负数。这里"＋"和"－"是两种对立状态的标志。因此,在计算机中表示正负号的最简单方法是:约定用 0 表示"＋",用 1 表示"－"。这样,一个带符号的数可以由两部分组成:一部分表示数的符号,另一部分表示数的数值。例如,对于一个 n 位二进制数,若数的第一位为符号位,则剩下的 $n-1$ 位就表示数的数值部分。通常将用"＋""－"表示正、负的二进制数称为有符号数的真值,而把将符号和数值一起编码表示的二进制数称为机器数或机器码。

例如,$(-1011)_2$ 是真值,其对应的机器数为 11011,这里对符号位的规定是:0 表示"＋",1 表示"－"。显然表示的方式不止一种,理论上可以是任意的。常用的表示方法有原码、反码和补码。下面只讨论定点整数的机器码表示。

1. 原码

原码:符号位"＋"用 0 表示,"－"用 1 表示;数值位保持不变。原码表示法又称为符号-数值表示法。

设二进制整数 $x=+x_{n-1}x_{n-2}\cdots x_1x_0$,则 $[x]_{原码}=0x_{n-1}x_{n-2}\cdots x_1x_0$

$x=-x_{n-1}x_{n-2}\cdots x_1x_0$,则 $[x]_{原码}=1x_{n-1}x_{n-2}\cdots x_1x_0$

最高位为符号位。

例如,$N_1=+100110$ 和 $N_2=-010101$ 对应的原码为 $[N_1]_{原码}=0100110$ 和

$[N_2]_{原码} = 1010101$。

注意:

📖 0在原码中有两种不同的表示形式，+00…0 和 −00…0 的原码分别表示为 000…0 和 100…0。

原码的优点是简单易懂，求取方便，缺点是加、减运算不方便。当进行两数加、减运算时，要根据运算及参加运算的两个数的符号来确定是加还是减。如果做减法，还需根据两数的大小确定被减数和减数，以及运算结果的符号。显然，这将增加运算的复杂性。

2. 反码

反码：符号位"+"用0表示，"−"用1表示。正数反码的数值位和真值的数值位相同；而负数反码的数值位是真值的数值位按位变反。

设二进制整数 $x = +x_{n-1}x_{n-2}\cdots x_1x_0$，则 $[x]_{反码} = 0x_{n-1}x_{n-2}\cdots x_1x_0$。

设二进制整数 $x = -x_{n-1}x_{n-2}\cdots x_1x_0$，则 $[x]_{反码} = 1\bar{x}_{n-1}\bar{x}_{n-2}\cdots \bar{x}_1\bar{x}_0$。

例如，若 $X_1 = +00011$，$X_2 = -00011$，则 $[X_1]_{反码} = 0\,00011$，$[X_2]_{反码} = 111100$。

0在反码中也有两种不同的表示形式，+00…0 和 −00…0 的反码分别表示为 000…0 和 111…1。

3. 补码

(1) 补码的引入

前面已经说到，原码虽然具有方便直观的优点，但是不便于进行加、减法运算。为了简化加、减法运算，需要一种新的表示方法。我们先以时钟为例，说明补码的概念。

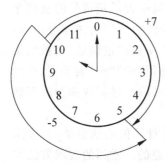

图 2-1 补码的例子

"模"是指一个计量系统的计数范围，时钟就是以 12 为模的计数方式，如图 2-1 所示。当前时钟指示 10 点，要把时钟校准到 5 点，可以采用两种方法：一种是将时针回退 5 格，另一种方法是向前拨 7（因为 12−5=7）格。即 12 为模数时，减 5 和加 7 是等价的，12−5≡12+7，7 就是 −5 对模 12 的补码。从上面的例子可以看出，负数用补码表示时，可以把减法转化为加法。

(2) 补码的定义

对于 n 位（包括符号位共 $n+1$ 位）二进制整数模数为 2^{n+1}（$n+1$ 位字长二进制整数的模为 2^{n+1}）。

设 $x = \pm x_{n-1}x_{n-2}\cdots x_1x_0$，则

$$[x]_{补码} = \begin{cases} x & 2^n > x \geqslant 0 \\ 2^{n+1} + x = 2^{n+1} - |x| & 0 \geqslant x \geqslant -2^n \end{cases} \quad 模为 2^{n+1}$$

从定义可以看出，正数的补码和原码相同，而负数的补码要通过减法运算求出，这显然是不方便的。下面给出负数的补码的简便算法。

由补码的定义可得

$$[x]_{补码} = 2^{n+1} - |x| = 2^{n+1} - 1 - |x| + 1 = \underbrace{111\cdots11}_{n+1个"1"} - x_{n-1}x_{n-2}\cdots x_0 + 1$$

从上面过程可以看出计算负数补码的方法：①符号位置是 1；②数值部分是把对应的原码的数值部分按位取反后加 1，即反码的数值部分加 1。

符号位"＋"用 0 表示，"－"用 1 表示。正数补码的数值位和真值的数值位相同；而负数补码的数值位是真值的数值位按位变反末位加 1。

设二进制整数为 $x = +x_{n-1}x_{n-2}\cdots x_1 x_0$，则 $[x]_{补码} = 0 x_{n-1}x_{n-2}\cdots x_1 x_0$。

设二进制整数为 $x = -x_{n-1}x_{n-2}\cdots x_1 x_0$，则 $[x]_{补码} = 1 \bar{x}_{n-1}\bar{x}_{n-2}\cdots \bar{x}_1 \bar{x}_0 + 1$。

0 的补码只有一种表示形式，$+00\cdots0$ 和 $-00\cdots0$ 的补码都表示为 $000\cdots0$。

例 2-9 写出下列各数的原码、反码和补码。

(1) 10110　　(2) －10110

解：(1) $[+10110]_{原码} = 010110$，$[+10110]_{反码} = 010110$，$[+10110]_{补码} = 010110$

(2) $[-10110]_{原码} = 110110$，$[-10110]_{反码} = 101001$，$[-10110]_{补码} = 101010$

例 2-10 已知 $[N]_{补} = 10110$，求 $[N]_{原}$、$[N]_{反}$ 和 N。

解：已知补码求原码时，正数的原码、反码和补码都相同；如为负数，则符号位保持"1"不变，数值部分为补码的数值部分按位取反末位加 1。

$$[N]_{原} = 11010, \quad [N]_{反} = 10101, \quad N = -1010$$

(3) 补码的加减法运算

采用补码进行加、减法运算时，可以将加、减法运算均通过加法实现。其运算规则如下（证明过程可参见有关书籍）：

$$[x_1 + x_2]_{补码} = [x_1]_{补码} + [x_2]_{补码}$$
$$[x_1 - x_2]_{补码} = [x_1]_{补码} + [-x_2]_{补码}$$

运算时，符号位和数值位一起参加运算，若符号位有进位产生，则应将进位丢掉后才能得到正确结果。结果不能超出一定长度的补码所能表示的最大范围，否则发生溢出错误。

例 2-11 已知 $x_1 = -1001, x_2 = +0011$，求 $x_1 - x_2$。

解：利用补码求 $x_1 - x_2$ 的运算过程如下。

因为 $[x_1]_{补码} = 10111$，$[-x_2]_{补码} = 11101$，所以

```
      1 0 1 1 1
    + 1 1 1 0 1
    ───────────
丢掉 1 1 0 1 0 0
```

即 $[x_1 - x_2]_{补码} = 10100$。

由于结果的符号位为 1，表示是负数，故 $x_1 - x_2 = -1100$。

2.1.3 几种常用的编码

人们在交换信息时，可以通过一定的信号或符号来进行。这些信号或符号的含义是人们事先约定而赋予的。同一信号或符号，由于人们的约定不同，因此在不同场合可能

有不同的含义。在数字系统中,需要把十进制数的数值、不同的文字、符号等其他信息用二进制数码表示后才能处理。也就是说,不同的数码不仅可以表示数量的不同大小,而且还能用来表示不同的事物。这时,这些数码已没有表示数量大小的含义,只是表示不同事物的代号而已,这些数码称为代码。

编码就是按照一定规则组合并赋予一定含义的代码。比如,在举行长跑比赛时,为便于识别运动员,通常给每个运动员编一个号码。显然,这些号码仅表示不同的运动员,已失去数量大小的含义。为便于记忆和处理,在编制代码时总要遵循一定的规则,这些规则被称为码制。

本节主要介绍几种常用的编码,如 BCD 码,以及在计算机中将各种符号给予一定代码的 ASCII 码等,为学习后续课程中的数字编码技术做准备。

1. 二-十进制编码(BCD 码)

用 4 位二进制数码表示 1 位十进制数码的编码方法称为二-十进制码,简称 BCD (Binary Coded Decimal)码。BCD 码既有二进制的形式,又有十进制的特点。常用的 BCD 码有 8421 码、5421 码、2421 码和余 3 码。

(1) 8421 码

n 位二进制代码可以组成 2^n 种不同码字,也就是说,它们可以表示 2^n 种不同信息或数据。对于十进制数,由于有 0~9 共 10 个数字符号,因此至少需要 4 位二进制数来表示这 10 个不同的数字符号。

8421 码是用 4 位二进制码表示 1 位十进制字符的一种有权码,4 位二进制码从高位至低位的权依次为 2^3、2^2、2^1、2^0,即 8、4、2、1,故称为 8421 码。

按 8421 码编码的数字 0~9 与用 4 位二进制数表示的 0~9 完全一样,最易于使用。所以,8421 码是一种人机联系时广泛使用的中间形式。

注意:

① 8421BCD 码中不允许出现 1010~1111 六种组合(因为没有十进制数字符号与其对应);

② 十进制数字符号的 8421 码与相应 ASCII 码的低四位相同,这一特点有利于简化输入输出过程中 BCD 码与字符代码的转换。

实际使用中,要注意 8421 码和二进制数的区别。8421 码与十进制数之间的转换是按位进行的,即十进制数的每一位与 4 位二进制编码对应。

例如,$(258)_{10} = (0010\ 0101\ 1000)_{8421码}$

$(0001\ 0011\ 1000\ 1000)_{8421码} = (1388)_{10}$

(2) 5421 码

5421 码是用 4 位二进制码表示 1 位十进制数字符号的另一种有权码,4 位二进制码从高位至低位的权依次为 5、4、2、1,故称为 5421 码。5421 码中不允许出现 0101、0110、0111 和 1101、1110、1111 六种组合。

若一个十进制数字符号 X 的 5421 码为 $a_3 a_2 a_1 a_0$,则该字符的值为

$$X = 5a_3 + 4a_2 + 2a_1 + 1a_0$$

例如：
$$(1010)_{5421码} = (7)_{10}$$

5421码与十进制数之间的转换同样是按位进行的，例如：
$$(2586)_{10} = (0010\ 1000\ 1011\ 1001)_{5421码}$$
$$(0010\ 0001\ 1001\ 1011)_{5421码} = (2168)_{10}$$

(3) 2421码

2421码也是一种有权码，它也是由4位二进制数表示的BCD码，其各位的权值是：2、4、2、1，它所代表的十进制数表示为（注意：0～4前5个数的最高位为0，5～9后5个数的最高位为1）：
$$X = 2a_3 + 4a_2 + 2a_1 + 1a_0$$

按照上式，0101和1011都对应十进制数字5。为了与十进制数字符号一一对应，2421码不允许出现0101～1010的6种状态。

除上面介绍的8421码、5421码、2421码外，还有许多种BCD编码是有权码。所有的有权码都可以写出每个码字的按权展开式，并且可以用加权法换算为它所表示的十进制数。

(4) 余3码

余3码是由8421码加上0011形成的一种无权码，由于它的每个字符编码比相应8421码多3，故称为余3码。余3码同十进制数的转换虽然也是直接按位转换，但这种转换一般是通过8421码为中间过渡形式来实现的。

例如，十进制数字符5的余3码等于5的8421码0101加上0011，即为1000。又如$(18)_{10} = (0001\ 1000)_{8421码}$，若在每个十进制数的对应代码（8421码）加上0011，其结果为余3码。即

```
十进制数        1      8
8421码        0001   1000
加0011    +   0011   0011
             ─────────────
余3码         0100   1011
```

十进制数字符号0～9与8421码、5421码、2421码和余3码的对应关系如表2-2所示。为了便于对照，也列出了对应的格雷码和右移码。

表 2-2 常用的数字编码对照表

十进制数	编码种类					
	8421码	5421码	2421码	余3码	格雷码	右移码
0	0000	0000	0000	0011	0000	00000
1	0001	0001	0001	0100	0001	10000
2	0010	0010	0010	0101	0011	11000
3	0011	0011	0011	0110	0010	11100
4	0100	0100	0100	0111	0110	11110

续表

十进制数	编码种类					
	8421码	5421码	2421码	余3码	格雷码	右移码
5	0101	1000	1011	1000	0111	11111
6	0110	1001	1100	1001	0101	01111
7	0111	1010	1101	1010	0100	00111
8	1000	1011	1110	1011	1100	00011
9	1001	1100	1111	1100	1101	00001

2. 简单可靠性编码

代码在数字系统或计算机中形成与传送过程中，存在很多干扰因素，如设备的临界工作状态、高频干扰、电源偶然的瞬变现象等，这些都可能导致数据出现错误。为了使系统工作可靠，减少错误的发生，人们在具体的编码形式上想办法减少出错，或者一旦出现错误时易于发现或改正。

具有检错、纠错能力的编码，称为"可靠性编码"。目前，常采用的有格雷码、奇偶校验码和汉明码等。下面介绍格雷码和奇偶校验码这两种简单的可靠性编码。

(1) 格雷码

格雷码又叫循环码，是一种无权码。它有多种编码形式。它的特点是任意相邻的两个数，其格雷码只有一位二进制数不同，如表 2-2 所示。

采用格雷码，有助于避免代码形成或者变换过程中产生的错误。例如，当十进制数由 7 变为 8 时，若采用 8421 码，则其编码将由 0111 变为 1000，如图 2-2 所示。

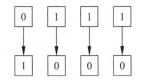

图 2-2　8421 码变化过程

此时 4 位二进制数的状态都发生变化，对于某一个具体实现 8421 码的设备而言，即 4 个电子器件的状态应由 0111 变为 1000。但实际中，4 个电子器件的状态很难同时发生改变。于是有可能出现下列情况：

0111 → 0101 → 0100 → 1100 → 1000
　7　　　　5　　　　4　　　　12　　　　8

尽管最终的结果从 7 变到了 8，但出现了错误的中间结果。虽然这种错误代码时间很短，但也会形成干扰，影响数字系统的正常工作。

格雷码由 7 变为 8 时(0100→1100)，仅一位发生变化，从编码上就杜绝了这种错误的发生。这一特点使格雷码广泛应用于模数转换装置中。不仅如此，十进制数 0(0000) 与 15(1000) 的格雷码也只有一位不同，构成一个"循环"，故格雷码又称"循环码"。但是格雷码的每一位都没有固定的权值，因而很难识别单个代码所代表的数值。

格雷码不仅能对十进制数进行编码，而且能对任意二进制数进行编码。若已知一组二进制数，便可找到一组对应的格雷码，反之亦然。

设二进制数为

则其对应的格雷码为
$$B = B_{n-1}B_{n-2}\cdots B_{i+1}B_i\cdots B_1 B_0$$

$$G = G_{n-1}G_{n-2}\cdots G_{i+1}G_i\cdots G_1 G_0$$

式中,G_i 与 B_i 的关系为
$$G_i = B_{i+1} \oplus B_i \quad i = 0,1,\cdots,n-3,n-2$$

对于最高位的格雷码:
$$G_{n-1} = 0 \oplus B_{n-1}$$

式中,"$\oplus$"为"模 2 加"运算符,其规则为
$$0 \oplus 0 = 0 \quad 1 \oplus 0 = 1 \quad 0 \oplus 1 = 1 \quad 1 \oplus 1 = 0$$

例 2-12 已知二进制数 1011001,求其格雷码。

解:根据前述计算方法,从最低位开始进行"模 2 加",在对最高位"模 2 加"时补 0。

二进制码

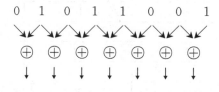

格雷码   1 1 1 0 1 0 1

得其结果如下:

其格雷码为 1110101。

反之,若已知一组格雷码,也可以方便地找出对应的二进制数,其方法如下:
$$B_i = B_{i+1} \oplus G_i \quad i = n-2, n-3, \cdots, 1, 0$$

且 $B_{n-1} = G_{n-1}$,然后从高位到低位进行"模 2 加"。

例 2-13 已知格雷码为 1110101,求其二进制数。

解:根据已知格雷码求二进制码的算法,可得

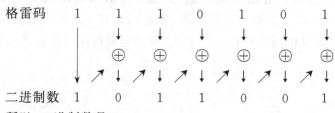

所以,二进制数是 1011001。

(2) 奇偶校验码

奇偶校验码是数据传送和存储中广泛采用的可靠性代码,它是由若干有效信息位和一位不带信息的校验位组成,其中校验位的取值(0 或 1)将使整个代码组成中的"1"的个数为奇数或偶数。若"1"的个数为奇数则称为奇校验;若"1"的个数为偶数则称为偶校验。这种利用"1"码元的奇偶性实现检错和纠错的编码,称为奇偶校验码。在数字检错中,均采用奇性校验码,这是因为奇校验时,不存在全 0 代码,在某些场合下便于判别。

以 8421 码偶校验为例，只要对所有信息位 A、B、C、D 进行"模 2 加"，就可以得到校验位的代码，即

$$P = A \oplus B \oplus C \oplus D$$

将上式的结果取反就可以得到奇校验码的校验位 P'，如表 2-3 所示。

表 2-3   8421 奇偶校验码

8421 码	采用奇校验 8421 码		采用偶校验 8421 码	
	信息位	校验位	信息位	校验位
0000	0000	1	0000	0
0001	0001	0	0001	1
0010	0010	0	0010	1
0011	0011	1	0011	0
0100	0100	0	0100	1
0101	0101	1	0101	0
0110	0110	1	0110	0
0111	0111	0	0111	1
1000	1000	0	1000	1
1001	1001	1	1001	0

对奇偶校验码进行检查时，看码中"1"的个数是否符合约定的奇偶要求，如果不对，就是非法码。例如偶校验中，代码 10001 是合法码，而代码 10101 就是非法码。

奇偶校验码具有编码简单、容易实现的优点。但检错能力低，它只能检测出一位代码（或奇数位）出现错误，对于两位代码（或偶数位）的错误就没有办法检测出来。由于两位出错的概率远低于一位出错的概率，所以用奇偶校验码仍然不失为一种简单有效的方法。另外，简单的奇偶校验码没有错误定位能力，也就不具备自动纠错功能。在数据的成组传送或存储的场合，多采用双向奇偶校验，使编码具有一定的纠错能力。汉明码是另一种线性分组码，它可以检测并纠正一位错误，因而也是应用很广泛的一种编码。

3. 字符编码

数字系统中处理的数据除了数字之外，还有字母、运算符号、标点符号以及其他特殊符号。人们将这些符号统称为字符。所有字符在数字系统中必须用二进制编码表示，通常将其称为字符编码。

最常用的字符编码是美国信息交换标准代码，简称 ASCII 码（American Standard Code for Information Interchange），如表 2-4 所示。ASCII 码用 7 位二进制数表示 128 种字符，由于数字系统中实际是用一个字节表示一个字符，所以使用 ASCII 码时，通常在最左边（最高位）增加一位奇偶检验位。

表 2-4 ASCII 编码表

低 4 位代码 $(a_4a_3a_2a_1)$	高 3 位代码 $(a_7a_6a_5)$							
	000	001	010	011	100	101	110	111
0000	NUL	DLE	SP	0	@	P	、	p
0001	SOH	DC1	!	1	A	Q	a	q
0010	STX	DC2	"	2	B	R	b	r
0011	ETX	DC3	#	3	C	S	c	s
0100	EOT	DC4	$	4	D	T	d	t
0101	ENQ	NAK	%	5	E	U	e	u
0110	ACK	SYN	&	6	F	V	f	v
0111	BEL	ETB	'	7	G	W	g	w
1000	BS	CAN	(	8	H	X	h	x
1001	HT	EM	)	9	I	Y	i	y
1010	LF	SUB	*	:	J	Z	j	z
1011	VT	ESC	+	;	K	[	k	{
1100	FF	FS	,	<	L	\	l	|
1101	CR	GS	-	=	M	]	m	}
1110	SO	RS	.	>	N	↑	n	~
1111	SI	US	/	?	O	←	o	DEL

注：NUL 空白 SOH 序始 STX 文始 ETX 文终□ EOT 送毕 ENQ 询问 ACK 承认 BEL 告警 BS 退格 HT 横表 LF 换行 VT 纵表 FF 换页 CR 回车 SO 移出 SI 移入 DEL 转义 DC1 机控 1 DC2 机控 2 DC3 机控 3 DC4 机控 4 NAK 否认 SYN 同步 ETB 组终 CAN 作废 EM 载终 SUB 取代 ESC 扩展 FS 卷隙 GS 群隙 RS 录隙 US 元隙 SP 间隔 DEL 抹掉

2.2 逻辑代数

  1849 年，英国数学家乔治·布尔首先提出了用数学研究人的逻辑思维规律和推理过程的方法—布尔代数。1938 年，克劳德·香农将布尔代数应用于电话继电器的开关电路，提出"开关代数"。随着电子技术的发展，集成电路逻辑门已经取代机械触点开关，故"开关代数"这个术语已很少使用。为了与"数字系统逻辑设计"这一术语相适应，人们更习惯于把"开关代数"叫作逻辑代数。

  逻辑代数是数字系统设计的理论基础和重要的数学工具。本节主要讨论逻辑代数中的基本运算、基本公式、常用定理和重要规则，讲述逻辑函数的形式、转换和逻辑函数的化简。

2.2.1 逻辑代数的基本概念

1. 逻辑变量与逻辑关系

1) 逻辑变量

逻辑代数和普通代数一样，用字母 $A,B,C,\cdots,X,Y,Z$ 等代表变量，称为逻辑变量。

但这两种代数中变量的含义有着本质的区别,逻辑代数中的变量只有两种取值 0 和 1。0 和 1 并不表示数量的大小,只是表示两种对立的逻辑状态,即"是"与"非","开"与"关","真"与"假","高"与"低"等。

2) 基本逻辑

逻辑代数中的基本逻辑有"与"逻辑、"或"逻辑和"非"逻辑三种。下面我们通过熟悉的例子来了解这三种基本逻辑。图 2-3 为简单的指示灯控制电路。

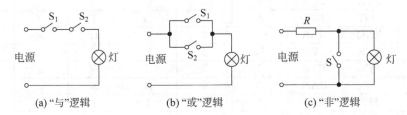

(a) "与"逻辑   (b) "或"逻辑   (c) "非"逻辑

图 2-3 说明与、或、非逻辑的电路

在图 2-3(a)所示的电路中,只有 S_1、S_2 同时合上时,灯才亮。在图 2-3(b)所示的电路中,只要开关 S_1、S_2 有一个合上,或者两个都合上,灯就会亮。对于图 2-3(c)所示的电路,当开关 S 合上时灯灭;反之,当开关断开时灯亮。

如果把开关闭合作为条件(原因),灯亮或不亮作为结果,图 2-3 所示的电路表示了三种不同的因果关系。

(1) 图 2-3(a)表示,只有当决定某一事件(灯亮)的条件(开关合上)全部具备时,这一事件(灯亮)才会发生。这种因果关系称为"与"逻辑关系。

(2) 图 2-3(b)表示,只要决定某一事件(灯亮)的各种条件(开关合上)中,有一个或几个条件具备时,这一事件(灯亮)就会发生。这种因果关系称为"或"逻辑关系。

(3) 图 2-3(c)表示,事件(灯亮)发生的条件(开关合上)具备时,事件(灯亮)不会发生;反之,事件发生的条件不具备时,事件发生。这种因果关系称为"非"逻辑关系。

3) 三种基本逻辑运算

前面所述的三种基本逻辑可以用逻辑代数来描述。在逻辑代数中用字母 A,B,C,…表示逻辑变量。

若将图 2-3 所示电路的例子用逻辑代数来描述,用逻辑变量 A、B 分别代表开关 S_1、S_2,以取值 1 表示开关合上,取值 0 表示开关断开;用 F 代表灯的逻辑变量,以取值 1 表示灯亮,取值 0 表示灯灭。将与、或、非三种基本逻辑关系的逻辑变量和取值如表 2-5、表 2-6 和表 2-7 所示,这种图表称为逻辑真值表,简称真值表。

表 2-5 与逻辑真值表

A B	F
0 0	0
0 1	0
1 0	0
1 1	1

表 2-6 或逻辑真值表

A B	F
0 0	0
0 1	1
1 0	1
1 1	1

表 2-7 非逻辑真值表

A	F
0	1
1	0

若用数学表达式来描述三种基本逻辑关系，则得到“与”“或”和“非”三种基本逻辑运算。

（1）“与”逻辑运算

$$F=A\cdot B$$

在逻辑代数中，将“与”逻辑称为“与”运算或者逻辑乘。符号“·”为逻辑乘的运算符，在不至于混淆的情况下，也可以将符号“·”省略，写成 $F=AB$。有时也用符号“∧”表示逻辑乘。

逻辑乘的意义为：只有 A 和 B 都为 1 时，函数值 F 才为 1。

由真值表可得，“与”运算的运算法则为

$$0\cdot 0=0 \quad 1\cdot 0=0 \quad 0\cdot 1=0 \quad 1\cdot 1=1$$

在数字逻辑电路中，采用一些逻辑符号图形表示基本逻辑关系。图 2-4 为“与”逻辑符号。

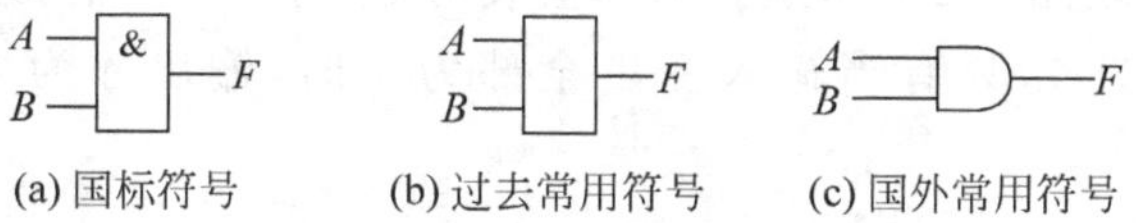
A
B
&
F
A
B
F
A
B
F
(a) 国标符号
(b) 过去常用符号
(c) 国外常用符号

图 2-4 “与”逻辑符号

在数字逻辑电路中，把能实现基本逻辑关系的单元电路称为逻辑门电路。例如，把能实现“与”逻辑的基本单元电路称为“与”门。逻辑符号也用于表示相应的逻辑门。

（2）“或”逻辑运算

$$F=A+B$$

在逻辑代数中，将“或”逻辑称为“或”运算或者逻辑加。符号“+”为逻辑加的运算符。有时也用符号“∨”表示逻辑加。逻辑加的意义是：A 或者 B 只要有一个为 1，则函数值 F 就为 1。

由真值表可得，“或”运算的运算法则为

$$0+0=0 \quad 1+0=1 \quad 0+1=1 \quad 1+1=1$$

图 2-5 为“或”逻辑符号。

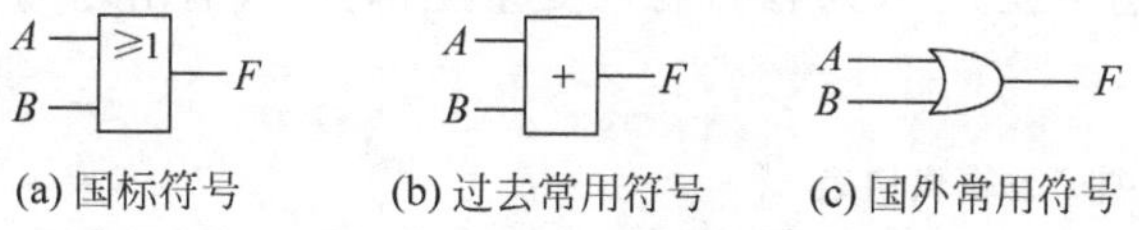
A
B
≥1
F
A
B
+
F
A
B
F
(a) 国标符号
(b) 过去常用符号
(c) 国外常用符号

图 2-5 “或”逻辑符号

（3）“非”逻辑

$$F=\overline{A}$$

读作“A 非”或“非 A”。逻辑非的意义为：函数值为输入变量的反。

由真值表可得，“非”运算的运算法则为

$$\overline{0}=1 \quad \overline{1}=0$$

图 2-6 为“非”逻辑符号。

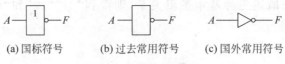

(a) 国标符号　　　(b) 过去常用符号　　　(c) 国外常用符号

图 2-6　"非"逻辑符号

4) 复合逻辑运算

实际的逻辑问题往往比较复杂,但都可以用"与""或""非"的组合来实现。为了使逻辑关系的表述更加简明且方便实现,在逻辑代数中还常采用一些复合逻辑运算。

(1) "与-非"逻辑

"与-非"逻辑运算是"与"逻辑运算和"非"逻辑运算的复合逻辑运算,它是将输入变量先进行"与"运算,然后再进行"非"运算,其逻辑表达式为

$$F = \overline{A \cdot B}$$

"与-非"逻辑真值表如表 2-8 所示。由真值表可知,对于"与-非"逻辑,只要输入变量中有一个为 0,输出就为 1,只有当输入变量全部为 1 时,输出才为 0。其逻辑符号如图 2-7 所示。

表 2-8　两输入变量"与-非"逻辑真值表

A	B	F
0	0	1
0	1	1
1	0	1
1	1	0

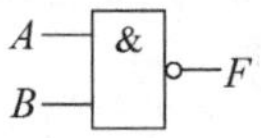

图 2-7　"与-非"逻辑符号

(2) "或-非"逻辑

"或-非"逻辑运算是"或"逻辑运算和"非"逻辑运算的复合逻辑运算,它是将输入变量先进行"或"运算,然后再进行"非"运算。其逻辑表达式为

$$F = \overline{A + B}$$

"或-非"逻辑运算的真值表如表 2-9 所示,由真值表可知,对于"或-非"逻辑,只要输入变量中有一个为 1,输出就为 0,只有当输入变量全部为 0,输出才为 1。其逻辑符号如图 2-8 所示。

表 2-9　两输入变量"或-非"逻辑真值表

A	B	F
0	0	1
0	1	0
1	0	0
1	1	0

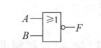

图 2-8　"或-非"逻辑符号

(3) "与或非"逻辑

"与或非"逻辑运算是"与"逻辑运算和"或非"逻辑运算的复合逻辑运算,它是先将输入变量 A、B 及 C、D 进行"与"运算,然后再进行"或非"运算。其逻辑表达式为:

$$F = \overline{A \cdot B + C \cdot D}$$

"与或非"运算的真值表如表 2-10 所示,其逻辑符号如图 2-9 所示。

表 2-10　2-2 输入变量"与或非"逻辑真值表

A B	C D	F	A B	C D	F
0 0	0 0	1	1 0	0 0	1
0 0	0 1	1	1 0	0 1	1
0 0	1 0	1	1 0	1 0	1
0 0	1 1	0	1 0	1 1	0
0 1	0 0	1	1 1	0 0	0
0 1	0 1	1	1 1	0 1	0
0 1	1 0	1	1 1	1 0	0
0 1	1 1	0	1 1	1 1	0

(4) "异或"逻辑

只有当两个输入变量 A 和 B 的取值相异时,输出 F 才为 1,否则 F 为 0,这种逻辑关系叫作"异或",记为

$$F = A \oplus B = A\overline{B} + \overline{A}B$$

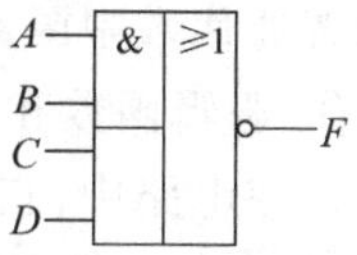

图 2-9　"与或非"逻辑符号

"⊕"是"异或"运算符,其真值表如表 2-11 所示。逻辑符号如图 2-10 所示。

异或的运算规则为

$$0 \oplus 0 = 0 \quad 0 \oplus 1 = 1 \quad 1 \oplus 0 = 1 \quad 1 \oplus 1 = 0$$

表 2-11　"异或"逻辑真值表

A B	F
0 0	0
0 1	1
1 0	1
1 1	0

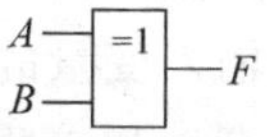

图 2-10　"异或"逻辑符号

(5) "同或"逻辑

只有当两个输入变量 A 和 B 的取值相同时,输出 F 才为 1,否则 F 为 0,这种逻辑关系叫作"同或",记为

$$F = A \odot B = \overline{A}\,\overline{B} + AB$$

"⊙"是"同或"运算符,其真值表如表 2-12 所示,逻辑符号如图 2-11 所示。

同或的运算规则为

$$0 \odot 0 = 1 \quad 0 \odot 1 = 0 \quad 1 \odot 0 = 0 \quad 1 \odot 1 = 1$$

由以上分析可知,两个变量的"同或"与"异或"逻辑正好相反,因此有

$$\overline{A \oplus B} = A \odot B \quad A \oplus B = \overline{A \odot B}$$

所以又将"同或"逻辑称为"异或非"逻辑。

表 2-12 "同或"逻辑真值表

A B	F
0 0	1
0 1	0
1 0	0
1 1	1

图 2-11 "同或"逻辑符号

2. 逻辑函数

1) 逻辑函数的概念

在数字系统的逻辑电路中,无论逻辑电路是简单还是复杂,逻辑变量是多还是少,输入变量与输出变量之间的因果关系都可以用一个逻辑函数表示。

从定义上看,逻辑函数与普通代数中函数的定义类似,即随自变量变化的因变量。但和普通代数中函数的概念相比,逻辑函数具有如下特点:

① 逻辑函数和逻辑变量一样,取值只有 0 和 1 两种可能,也是代表两种不同的对立状态。在电路中,它表示电位的"高"与"低",电信号的"有"与"无"等。

② 函数和变量之间的关系是由"或""与""非"三种基本运算决定的。

(1) 逻辑表达式

图 2-12 为一般逻辑电路的示意图。其中,输入逻辑变量为 $A_1, A_2, \cdots, A_n$,输出逻辑变量为 F,则描述输出变量和输入变量关系的逻辑函数可表示为

$$F = f(A_1, A_2, \cdots, A_n)$$

也叫逻辑表达式。

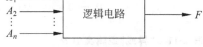

图 2-12 一般的逻辑电路

(2) 真值表

依次列出一个逻辑函数的所有输入变量的取值组合及其相应函数值的表格称为真值表。真值表反映的是输入变量的取值和输出变量的值之间的对应关系。

由于一个逻辑变量有 0 和 1 两种可能的取值,n 个逻辑变量共有 2^n 种可能的取值组合。因此,n 个变量的逻辑函数,其真值表有 2^n 行。

例 2-14 有 A、B、C 三个输入信号,当三个输入信号中有两个或两个以上为高电平时,输出为高电平,其余情况下输出均为低电平。用真值表表示上述问题对应的逻辑函数。

解:输入信号和输出都是二值的(高电平或低电平),可用逻辑变量来描述。设输入逻辑变量为 A、B、C,输出逻辑变量为 F,规定"1"表示高电平,"0"表示低电平。根据题目给出的因果关系,可得出对应逻辑函数的真值表如表 2-13 所示。

表 2-13 例 2-14 真值表

A	B	C	F
0	0	0	0
0	0	1	0
0	1	0	0

续表

A	B	C	F
0	1	1	1
1	0	0	0
1	0	1	1
1	1	0	1
1	1	1	1

(3) 逻辑图

将逻辑函数中各变量之间的与、或、非等逻辑关系用各种逻辑门符号表示出来,就可以画出表示逻辑关系的逻辑图。

例如,某一逻辑函数的表达式为

$$F = A(B+C)$$

该逻辑函数的逻辑图如图 2-13 所示。

同样,由逻辑图可以得到逻辑函数的表达式和真值表。

2) 逻辑函数的相等

设有两个逻辑函数:

$$F_1 = f_1(A_1, A_2, \cdots, A_n)$$
$$F_2 = f_2(A_1, A_2, \cdots, A_n)$$

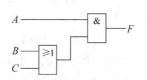

图 2-13　函数 $F=A(B+C)$ 的逻辑图

如果对应于 $A_1,A_2,\cdots,A_n$ 的任一状态组合,F_1 和 F_2 的值都相同,则称 F_1 和 F_2 是等值的,或者说 F_1 和 F_2 相等,记作 $F_1=F_2$。

判断两个逻辑函数相等的常用方法有两种,一种方法是计算输入变量所有取值组合下的输出值,如果输入值相同时输出值相同,则 $F_1=F_2$。也就是说,有相同的真值表,则 $F_1=F_2$。另一种方法是用逻辑代数的定理、公式等推导证明。

例 2-15　两个逻辑函数分别为 $F_1=\overline{A+B}$ 和 $F_2=\overline{A}\,\overline{B}$,用真值表证明 $F_1=F_2$。

解:A、B 的全部取值组合有四种,分别为 00,01,10,11,根据"与""或""非"的运算规则,计算可得 F_1 和 F_2 的真值表,分别如表 2-14 和表 2-15 所示。

表 2-14　F_1 的真值表

A	B	F_1
0	0	1
0	1	0
1	0	0
1	1	0

表 2-15　F_2 的真值表

A	B	F_2
0	0	1
0	1	0
1	0	0
1	1	0

F_1 和 F_2 的真值表完全一样,所以 $F_1=F_2$。

2.2.2　逻辑代数的定理和规则

逻辑代数和普通代数一样,有一些常用的定理和运算规则。

1. 基本定理

(1) 变量与常量的运算规则

$$A+0=A \quad A+1=1 \quad A+\overline{A}=1$$
$$A \cdot 0=0 \quad A \cdot 1=A \quad A \cdot \overline{A}=0$$
$$A \oplus 0=A \quad A \oplus 1=\overline{A} \quad A \oplus \overline{A}=1$$
$$A \odot 0=\overline{A} \quad A \odot 1=A \quad A \odot \overline{A}=0$$

(2) 交换律、结合律、分配律

交换律：$A+B=B+A \quad A \cdot B=B \cdot A$
$A \odot B=B \odot A \quad A \oplus B=B \oplus A$

结合律：$(A+B)+C=A+(B+C) \quad (A \cdot B) \cdot C=(A \cdot B) \cdot C$
$(A \odot B) \odot C=A \odot (B \odot C) \quad (A \oplus B) \oplus C=A \oplus (B \oplus C)$

分配律：$A \cdot (B+C)=AB+AC \quad A+BC=(A+B)(A+C)$
$A \cdot (B \oplus C)=AB \oplus AC \quad A+(B \odot C)=(A+B) \odot (A+C)$

(3) 逻辑代数的一些特殊规律

重叠律：$A+A=A \quad A \cdot A=A \quad A \odot A=1 \quad A \oplus A=0$
反演律：$\overline{A+B}=\overline{A} \cdot \overline{B} \quad \overline{A \cdot B}=\overline{A}+\overline{B} \quad \overline{A \odot B}=A \oplus B \quad \overline{A \oplus B}=A \odot B$
调换律："同或""异或"逻辑的特点还表现在变量的调换律。
① "同或"调换律：若 $A \odot B=C$，则必有 $A \odot C=B, B \odot C=A$。
② "异或"调换律：若 $A \oplus B=C$，则必有 $A \oplus C=B, B \oplus C=A$。

(4) "异或"和"同或"运算规则

$$A \odot B=\overline{A} \odot \overline{B} \quad A \oplus B=\overline{A} \oplus \overline{B}$$
$$A \odot B=\overline{A} \oplus B=A \oplus \overline{B} \quad A \oplus B=\overline{A} \odot B=A \odot \overline{B}$$

以上定理和规则都可用列真值表的方法证明，其中的一些规则也可以由其他定理推导得出。

例 2-16 证明 $A+BC=(A+B)(A+C)$。

解：$(A+B)(A+C)=AA+AC+BA+BC$
$=A+AC+AB+BC$
$=A(1+C+B)+BC$
$=A \cdot 1+BC$
$=A+BC$

例 2-17 证明 $A \oplus B=\overline{A} \oplus \overline{B}$。

解：$\overline{A} \oplus \overline{B}=\overline{A} \cdot \overline{\overline{B}}+\overline{\overline{A}} \cdot \overline{B}=\overline{A}B+A\overline{B}=A \oplus B$

2. 常用公式

(1) $AB+A\overline{B}=A$

证明：$AB+A\overline{B}=A(B+\overline{B})=A \cdot 1=A$

(2) $A+AB=A$

证明：$A+AB=A(1+B)=A \cdot 1=A$

(3) $A+\bar{A}B=A+B$

证明：$A+\bar{A}B=(A+\bar{A})(A+B)=1 \cdot (A+B)=A+B$

(4) $AB+\bar{A}C+BC=AB+\bar{A}C$

证明：$AB+\bar{A}C+BC=AB+\bar{A}C+(A+\bar{A})BC=AB+\bar{A}C+ABC+\bar{A}BC=AB+\bar{A}C$

此公式可以推广为

$$AB+\bar{A}C+BCDE\cdots=AB+\bar{A}C$$

该式的意义是，如果两个乘积项中的部分因子恰好互补（如 AB 和 $\bar{A}C$ 中的 A 和 $\bar{A}$），而这两个乘积项中的其余因子（如 B 和 C）都是第三个乘积项中的因子，则第三个乘积项是多余的。

(5) $AB+\bar{A}C=(A+C)(\bar{A}+B)$

证明：$(A+C)(\bar{A}+B)=A\bar{A}+AB+\bar{A}C+BC=AB+\bar{A}C+BC$
$\qquad\qquad\qquad\quad =AB+\bar{A}C$

3. 重要规则

逻辑代数中有三个重要规则，即代入规则、反演规则和对偶规则。这些规则对简化逻辑运算有着重要的作用。

(1) 代入规则

任何一个含有变量 A 的逻辑等式，如果将所有出现 A 的位置都代之以同一个逻辑函数 F，则等式仍然成立，这个规则称为代入规则。

例如，给定逻辑等式 $A(B+C)=AB+AC$，若等式中的 C 都用 $(C+D)$ 代替，则该逻辑等式仍然成立，即

$$A(B+(C+D))=AB+A(C+D)$$

代入规则的正确性是显然的，因为任何逻辑函数都和逻辑变量一样，只有 0 和 1 两种可能的取值。利用代入规则可以将逻辑代数公理、定理中的变量用任意函数代替，从而推导出更多的等式。这些等式可直接当作公式使用，无须另加证明。

(2) 反演规则

如果将逻辑函数表达式 F 中所有的"·"变成"+"，"+"变成"·"，"0"变成"1"，"1"变成"0"，原变量变成反变量，反变量变成原变量，则所得到的新函数表达式为原函数 F 的反函数 $\bar{F}$，这一规则称为反演规则。

例 2-18 已知函数 $F=A\bar{B}+A(C+D+\bar{E})$，求 $\bar{F}$。

解：根据反演规则可直接得到

$$\bar{F}=(\bar{A}+B)(\bar{A}+\bar{C}DE)$$

在使用反演规则时，应注意保持原函数表达式中运算符号的优先顺序不变，并且两个以上变量的公用"非"号保持不变。

(3) 对偶规则

如果将逻辑函数表达式 F 中所有的"·"变成"+"，"+"变成"·"，"0"变成"1"，"1"

变成"0",而逻辑变量保持不变,则所得到的新逻辑表达式称为函数 F 的对偶式,记作 F'。求某一函数表达式的对偶式时,要保持原函数的运算顺序不变。

例如,$F=(\overline{A}+B)C$,则 F 的对偶式 $F'=\overline{A}B+C$。

如果 F 的对偶式是 F',则 F' 的对偶式就是 F,即 F 和 F' 互为对偶式。

两个逻辑表达式相等时,便可知它们的对偶式也相等。即如果两个函数 $F=G$,则有 $F'=G'$,这一规则称为对偶规则。

例如,已知 $AB+\overline{A}C+\overline{B}C=AB+C$,由对偶规则可知等式两边表达式的对偶式也相等,即

$$(A+B)(\overline{A}+C)(\overline{B}+C)=(A+B)C$$

利用对偶规则,由前面的 5 个常用公式可以得出 5 个新的公式,分别为

$$(A+B)(A+\overline{B})=A$$
$$A(A+B)=A$$
$$A(\overline{A}+B)=AB$$
$$(A+B)(\overline{A}+C)(B+C)=(A+B)(\overline{A}+C)$$
$$(A+B)(\overline{A}+C)=AC+\overline{A}B$$

4. 逻辑函数表达式的形式与变换

1) 逻辑函数表达式的不同形式

任何一个逻辑函数的表达式形式都不是唯一的,可以写成"与-或"式、"或-与"式、"与非-与非"式、"与或非"式、"或非-或非"式和其他各种形式。

(1) "与-或"表达式和"或-与"表达式

"与-或"表达式:由若干"与项"进行"或"运算构成的表达式。每个"与项"可以是单个变量的原变量或者反变量,也可由多个原变量或者反变量相"与"组成。

例如下面的逻辑函数:

$$F=D+\overline{A}C+\overline{A}BC+AB\overline{C}$$

"或-与"表达式:由若干"或项"进行"与"运算构成的表达式。每个"或项"可以是单个变量的原变量或者反变量,也可以由多个原变量或者反变量相"或"组成。

例如下面的逻辑函数:

$$F=D(\overline{A}+\overline{C})(\overline{A}+B+C)(A+B)$$

(2) 其他形式

由"与-或"式出发,经过简单的变换,可以得到其他表示形式。

例如有如下逻辑函数:

$$F=\overline{A}\,\overline{B}\,\overline{C}+\overline{A}BC+AB\overline{C}$$

① 原函数是"与-或"式,在原函数上添加两个非号,再运用反演律把下面一个非号断开,即可得到"与非-与非"式。

$$F=\overline{A}\,\overline{B}\,\overline{C}+\overline{A}BC+AB\overline{C}=\overline{\overline{\overline{A}\,\overline{B}\,\overline{C}}\cdot\overline{\overline{A}BC}\cdot\overline{AB\overline{C}}}\quad(\text{"与非-与非"式})$$

② 运用反演律把"与非-与非"式中每个"与项"中的非号断开,得
$$F = \overline{(A+B+C)(A+\overline{B}+\overline{C})(\overline{A}+\overline{B}+C)}$$
再将上式非号下的括号通过相乘去掉,得
$$F = \overline{A\overline{B} + \overline{B}C + AC + \overline{A}B\overline{C}} \quad ("与或非"式)$$
③ 在"与或非"式中,用反演律把非号断开,得
$$F = (\overline{A}+B)(B+\overline{C})(\overline{A}+\overline{C})(A+\overline{B}+C) \quad ("或-与"式)$$
④ 对"或-与"式加两个非号,再运用反演律把下面一个非号断开,得到"或非-或非"式。
$$F = \overline{\overline{(\overline{A}+B)(B+\overline{C})(\overline{A}+\overline{C})(A+\overline{B}+C)}}$$
$$= \overline{\overline{(\overline{A}+B)} + \overline{(B+\overline{C})} + \overline{(\overline{A}+\overline{C})} + \overline{(A+\overline{B}+C)}} \quad ("或非-或非"式)$$

在逻辑函数的各种形式中,"与-或"式和"或-与"式是最基本的,但用逻辑门实现逻辑函数时,"与非-与非"式、"与或非"式、"或非-或非"式也是常见的形式。

2) 逻辑函数表达式的标准形式

为了在逻辑问题的研究中使逻辑功能和确定的逻辑表达式对应,引入了逻辑函数表达式的标准形式。逻辑函数表达式的标准形式有两种,分别是标准"与-或"式和标准"或-与"式。它们建立在最小项和最大项概念的基础之上。

(1) 最小项和最大项

① 最小项。如果一个具有 n 个变量的函数的"与项"包含全部 n 个变量,每个变量都以原变量或反变量形式出现一次,且仅出现一次,则该"与项"被称为最小项。n 个变量可以构成 2^n 个最小项。

例如,A、B、C 三个变量可以构成 $\overline{A}\overline{B}\overline{C}$、$\overline{A}\overline{B}C$、$\overline{A}B\overline{C}$、$\overline{A}BC$、$A\overline{B}\overline{C}$、$A\overline{B}C$、$AB\overline{C}$、$ABC$ 共 8 个最小项。

为了使用方便,用 m_i 简记最小项。下标 i 的取值规则是:按照变量顺序,将最小项中的原变量用 1 表示,反变量用 0 表示,由此得到一个二进制数,与该二进制数对应的十进制数即下标 i 的值。例如,三变量 A、B、C 构成的最小项 $A\overline{B}C$ 可用 m_5 表示。三变量最小项编号表如表 2-16 所示。

表 2-16 三变量最小项的编号表

最小项	使最小项为 1 的变量取值			对应的十进制数	编号
	A	B	C		
$\overline{A}\overline{B}\overline{C}$	0	0	0	0	m_0
$\overline{A}\overline{B}C$	0	0	1	1	m_1
$\overline{A}B\overline{C}$	0	1	0	2	m_2
$\overline{A}BC$	0	1	1	3	m_3
$A\overline{B}\overline{C}$	1	0	0	4	m_4
$A\overline{B}C$	1	0	1	5	m_5
$AB\overline{C}$	1	1	0	6	m_6
ABC	1	1	1	7	m_7

从最小项的定义和表 2-16 可以得出最小项具有如下的 4 个性质：

性质 1 任意一个最小项，其相应变量有且仅有一种取值使这个最小项的值为 1。

性质 2 相同变量构成的两个不同最小项相"与"为 0。

因为任何一种变量取值都不可能使两个不同最小项同时为 1，故相"与"为 0，即：

$$m_i \cdot m_j = 0 \quad i \neq j$$

性质 3 n 个变量的全部最小项相"或"为 1，即

$$\sum_{i=0}^{2^n-1} m_i = 1$$

性质 4 n 个变量构成的最小项有 n 个相邻最小项。

相邻最小项是指除一个变量互为相反外，其余部分均相同的最小项。相邻的两个最小项之和可以合并成一项，并可消去一对因子。例如，三变量最小项 $\overline{A}B\overline{C}$ 和 $\overline{A}BC$ 是相邻最小项，这两个最小项相加时必定能合并成一项，将其中一对不同的因子消去，即

$$\overline{A}B\overline{C} + \overline{A}BC = \overline{A}B(\overline{C}+C) = \overline{A}B$$

根据同样的道理，把 A、B、C、D 这 4 个变量的 16 个最小项记作 $m_0 \sim m_{15}$。需要注意的是，用 m_i 的形式表示最小项时，必须先明确变量的个数和排列顺序。

② 最大项。如果一个具有 n 个变量函数的"或项"包含全部 n 个变量，每个变量都以原变量或反变量形式出现一次，且仅出现一次，则该"或项"被称为最大项。n 个变量可以构成 2^n 个最大项。

例如，三变量 A、B、C 可以构成 $(\overline{A}+\overline{B}+\overline{C})$、$(\overline{A}+\overline{B}+C)$、$(\overline{A}+B+\overline{C})$、$(\overline{A}+B+C)$、$(A+\overline{B}+\overline{C})$、$(A+\overline{B}+C)$、$(A+B+\overline{C})$、$(A+B+C)$ 共 8 个最大项。

和最小项类似，用 M_i 简记最大项。下标 i 的取值规则是：将最大项中的原变量用 0 表示，反变量用 1 表示，由此得到一个二进制数，与该二进制数对应的十进制数即下标 i 的值。例如，三变量 A、B、C 构成的最大项 $(\overline{A}+B+\overline{C})$ 可记作 M_5。三变量最大项编号表如表 2-17 所示。

表 2-17 三变量最大项的编号表

最 大 项	使最大项为 0 的变量取值			对应的十进制数	编 号
	A	B	C		
$A+B+C$	0	0	0	0	M_0
$A+B+\overline{C}$	0	0	1	1	M_1
$A+\overline{B}+C$	0	1	0	2	M_2
$A+\overline{B}+\overline{C}$	0	1	1	3	M_3
$\overline{A}+B+C$	1	0	0	4	M_4
$\overline{A}+B+\overline{C}$	1	0	1	5	M_5
$\overline{A}+\overline{B}+C$	1	1	0	6	M_6
$\overline{A}+\overline{B}+\overline{C}$	1	1	1	7	M_7

同样可以得到最大项的 4 个性质：

性质 1 任意一个最大项，其相应变量有且仅有一种取值使这个最大项的值为 0。

性质 2 相同变量构成的两个不同最大项相"或"为 1。

因为任何一种变量取值都不可能使两个不同最大项同时为 0,故相"或"为 1,即:
$$M_i + M_j = 1 \quad i \neq j$$

性质 3　n 个变量的全部最大项相"与"为 0,即
$$\prod_{i=0}^{2^n-1} M_i = 0$$

性质 4　n 个变量构成的最大项有 n 个相邻最大项。

相邻最大项是指除一个变量互为相反外,其余变量均相同的最大项。例如,$(A+B+C)$、$(A+B+\bar{C})$ 是两个相邻最大项,这两个最大项乘积结果为:

$$(A+B+C)(A+B+\bar{C}) = (A+B)(A+B) + (A+B)\bar{C} + (A+B)C + C\bar{C}$$
$$= A+B$$

③ 最小项和最大项的关系。在同一逻辑问题中,下标相同的最小项和最大项互为反函数。或者说,相同变量构成的最小项 m_i 和最大项 M_i 之间存在互补关系。即
$$M_i = \bar{m}_i \quad \text{或} \quad m_i = \bar{M}_i$$

例如,$m_3 = \bar{A}BC$,则
$$\bar{m}_3 = \overline{\bar{A}BC} = A + \bar{B} + \bar{C} = M_3$$

(2) 逻辑函数表达式的标准形式

① 标准"与-或"表达式。由若干最小项相"或"构成的逻辑表达式称为标准"与-或"表达式,也叫作最小项表达式。

例如,$F_1(A,B,C) = \bar{A}\bar{B}C + AB\bar{C} + ABC$ 是一个标准"与-或"表达式。也可记为
$$F_1(A、B、C) = m_1 + m_6 + m_7 = \sum m(1,6,7)$$

如果有另一个逻辑函数 $F_2(A,B,C) = \bar{A}\bar{B}C + AB$,则虽然 $F_1 = F_2$,但 F_2 不是标准"与-或"表达式。

得到标准"与-或"表达式的一般方法是将"与-或"式中不是最小项的"与"项利用 $A + \bar{A} = 1$ 进行配项,使之成为最小项。

例 2-19　把下面的逻辑函数写成最小项之和 $\sum m_i$ 的形式。
$$F(A,B,C,D) = A\bar{B} + ACD + \bar{A}BC\bar{D} + \bar{B}CD$$

解:利用公式 $A + \bar{A} = 1$,给相应的"与"项补上所缺少的变量,把逻辑函数写成最小项之和的形式。

$$F(A,B,C,D) = A\bar{B} + ACD + \bar{A}BC\bar{D} + \bar{B}CD$$
$$= A\bar{B}(C+\bar{C})(D+\bar{D}) + ACD(B+\bar{B}) + \bar{A}BC\bar{D} + \bar{B}CD(A+\bar{A})$$
$$= A\bar{B}CD + A\bar{B}C\bar{D} + A\bar{B}\bar{C}D + A\bar{B}\bar{C}\bar{D} + ABCD + \bar{A}BC\bar{D} + \bar{A}\bar{B}CD$$
$$= m_1 + m_6 + m_8 + m_9 + m_{10} + m_{11} + m_{15}$$
$$= \sum m(1,6,8,9,10,11,15)$$

② 标准"或-与"表达式。由若干最大项相"与"构成的逻辑表达式称为标准"或-与"表达式,也叫作最大项表达式。

例如,$F(A,B,C) = (A+B+\bar{C})(\bar{A}+B+C)(\bar{A}+\bar{B}+\bar{C})$ 是一个标准"或-与"式。

也可记为
$$F(A,B,C) = M_1 \cdot M_4 \cdot M_7 = \prod M(1,4,7)$$

对一般的"或-与"式,也可利用公式 $A = (A+B)(A+\bar{B})$,将"或-与"式中不是最大项的"或"项扩展为最大项,从而得到标准"或-与"表达式。

例 2-20 把下列逻辑函数写成最大项之积 $\prod M_i$ 的形式。
$$\begin{aligned}F(A,B,C) &= (\bar{A}+\bar{B}+C)(A+\bar{B}+C)(\bar{B}+C)\\ &= (\bar{A}+\bar{B}+C)(A+\bar{B}+C)(\bar{A}+\bar{B}+C)(A+\bar{B}+C)\\ &= (A+\bar{B}+C)(\bar{A}+\bar{B}+C)\\ &= \prod M(2,6)\end{aligned}$$

(3) 通过真值表得出逻辑函数的标准式

在设计逻辑电路时,一般是从逻辑要求出发先得出真值表。再从真值表,写出逻辑函数表达式的最小项表达式或者最大项表达式。

① 由真值表到标准"与-或"式。假如有真值表如表 2-18 所示,由最小项性质可得出,对应逻辑函数的标准"与-或"式只能有 m_1、m_4、m_5、m_7。

表 2-18 真值表

A	B	C	F
0	0	0	0
0	0	1	1
0	1	0	0
0	1	1	0
1	0	0	1
1	0	1	1
1	1	0	0
1	1	1	1

真值表上使函数值为 1 的变量取值组合对应的最小项相"或",即可构成一个函数的标准"与-或"式。

例 2-21 逻辑函数 $F(A,B,C)$ 的真值表如表 2-18 所示,试写出该函数的最小项表达式。

解:首先,找出 $F=1$ 的变量取值组合,即
$$(001)、(100)、(101)、(111)$$

其次,写出 $F=1$ 中各组合对应的最小项。把组合值中"1"写作原变量,"0"写作反变量,即
$$\bar{A}\bar{B}C、A\bar{B}\bar{C}、A\bar{B}C、ABC$$

最后,将所得最小项相"或",即得到最小项的表达式。
$$F(A,B,C) = \bar{A}\bar{B}C + A\bar{B}\bar{C} + A\bar{B}C + ABC = \sum m(1,4,5,7)$$

② 由真值表到标准"或-与"式。同样,由最大项性质可得出,逻辑函数的标准"或-

"与"式由真值表中使函数值为 0 的那些项对应的函数最大项相"与"组成。构成最大项时,变量的值为 0 时取原变量,变量的值为 1 时取反变量。

例 2-22 函数 F 的真值表如表 2-18 所示,求 F 的最大项表达式。

解: 使 F 值为 0 的变量 ABC 的值为(000)、(010)、(011)、(110),则对应的最大项为 $(A+B+C)$、$(A+\bar{B}+C)$、$(A+\bar{B}+\bar{C})$、$(\bar{A}+\bar{B}+C)$,即 M_0、M_2、M_3、M_6,由此可写出 F 的标准"或-与"式:

$$F(A,B,C) = \prod M(0,2,3,6)$$

③ 由标准"与-或"式到标准"或-与"式。我们仍然看如表 2-18 所示的真值表,如果把 $F=0$ 对应的最小项相"或",得到的就是 F 的反函数的标准"与-或"式。

$$\bar{F}(A,B,C) = \bar{A}\bar{B}\bar{C} + \bar{A}B\bar{C} + \bar{A}BC + AB\bar{C}$$
$$= m_0 + m_2 + m_3 + m_6$$

上式两边同时取反,则

$$F(A,B,C) = \overline{m_0 + m_2 + m_3 + m_6}$$
$$= \overline{m_0} \cdot \overline{m_2} \cdot \overline{m_3} \cdot \overline{m_6}$$

由 $\overline{m_i} = M_i$ 得

$$F(A,B,C) = M_0 \cdot M_2 \cdot M_3 \cdot M_6 = \prod M(0,2,3,6)$$

从以上分析可以得出结论,如果逻辑函数的标准"与-或"式为

$$F(A,B,C) = \sum m_i$$

则对应的标准"或-与"式为

$$F(A,B,C) = \prod M_j \quad (\text{其中 } i \neq j)$$

2.3 逻辑函数的化简

在进行逻辑运算时,同一逻辑函数可以写成不同的逻辑式,而这些逻辑式的繁简程度又相差甚远。逻辑函数式越是简单,越能用最少的电子器件实现这个逻辑函数,有利于降低系统成本、减小复杂度、提高可靠性,所以,经常需要通过化简找出逻辑函数的最简形式。

2.3.1 代数化简法

代数化简法也叫公式化简法,就是运用逻辑代数的公理、定理和规则对逻辑函数进行代数变换,消去多余项和多余变量的化简方法。代数化简法无固定的步骤可以遵循,主要取决于对逻辑代数中定理和规则的熟练掌握及灵活运用的程度。

1. 最简"与-或"表达式

"与-或"表达式是最基本的表达式形式,所以我们主要讨论最简"与-或"表达式。如果一个"与-或"表达式满足两个条件:

① 表达式中的"与"项个数最少；

② 在满足条件①的前提下，每个"与"项中的变量个数最少。

就叫最简"与-或"表达式。

例如，有如下"与-或"形式的逻辑函数：

$$F_1 = ABC + \bar{B}C + ACD \quad 和 \quad F_2 = AC + \bar{B}C$$

将 F_1 和 F_2 分别列出真值表后可看出，它们是同一个逻辑函数。显然，F_2 是一个更为简单的"与-或"表达式。在"与-或"逻辑函数式中，若其中包含的乘积项已经最少，而且每个乘积项里的因子也不能再减少时，则称此逻辑函数式为最简"与-或"式。化简逻辑函数式的目的就是要消去多余的乘积项和每个乘积项中多余的因子，以得到逻辑函数式的最简形式。

2. 常用化简方法举例

用公式法化简逻辑函数时，要熟记逻辑代数的基本定理和基本公式，如：

$$A + \bar{A}B = A + B \qquad A + AB = A \qquad AB + A\bar{B} = A$$

$$AB + \bar{A}C + BC = AB + \bar{A}C \qquad \overline{AB + A\bar{B}} = AB + \bar{A}\bar{B}$$

为了便于学习掌握利用公式化简逻辑函数，现列举一些经常使用的方法。

(1) 合并项法

利用公式 $AB + A\bar{B} = A$，将两项合并为一项，消去 B 和 $\bar{B}$ 这一对因子。根据代入定理可知，A 和 B 都可以是任何复杂的逻辑式。

例 2-23 化简逻辑函数 $F = A\bar{B} + ACD + \bar{A}\bar{B} + \bar{A}CD$。

解：$F = A(\bar{B} + CD) + \bar{A}(\bar{B} + CD) = (A + \bar{A})(\bar{B} + CD) = \bar{B} + CD$

例 2-24 化简逻辑函数 $F = A(BC + \bar{B}\bar{C}) + A(B\bar{C} + \bar{B}C)$。

解：$F = A(BC + \bar{B}\bar{C}) + A(B\bar{C} + \bar{B}C)$

$= ABC + A\bar{B}\bar{C} + AB\bar{C} + A\bar{B}C$

$= AB(C + \bar{C}) + A\bar{B}(\bar{C} + C)$

$= AB + A\bar{B}$

$= A(B + \bar{B})$

$= A$

(2) 吸收法

利用公式 $A + AB = A$，消去多余的乘积项。

例 2-25 化简逻辑函数 $F = \bar{A} + \overline{A \cdot \overline{BC}} \cdot (B + AC + \bar{D}) + BC$。

解：对 $\overline{A \cdot \overline{BC}}$ 利用反演律得到 $(\bar{A} + BC)$，再把 $(\bar{A} + BC)$ 作为复合变量利用上述公式。

$F = \bar{A} + \overline{A \cdot \overline{BC}} \cdot (B + AC + \bar{D}) + BC$

$= \bar{A} + BC + (\bar{A} + BC)(B + \overline{AC + \bar{D}})$

$= \bar{A} + BC$

(3) 消去法

利用公式 $A+\bar{A}B=A+B$，消去多余因子。

例 2-26 化简逻辑函数 $F=A\bar{B}+\bar{A}B+ABCD+\bar{A}\bar{B}CD$。

解：$A\bar{B}+\bar{A}B$ 叫异或运算，$AB+\bar{A}\bar{B}$ 叫同或运算，两者互为反函数。

$$F=A\bar{B}+\bar{A}B+ABCD+\bar{A}\bar{B}CD$$
$$=A\bar{B}+\bar{A}B+(AB+\bar{A}\bar{B})CD$$
$$=A\bar{B}+\bar{A}B+\overline{A\bar{B}+\bar{A}B}\cdot CD$$
$$=A\bar{B}+\bar{A}B+CD$$

(4) 配项法

利用 $(A+\bar{A})=1$，将一项展开为两项，或者利用公式 $AB+\bar{A}C=AB+\bar{A}C+BC$ 增加 BC 项，再与其他乘积项进行合并化简，以达到求得最简结果的目的。

例 2-27 化简逻辑函数 $F=A\bar{B}+B\bar{C}+\bar{B}C+\bar{A}B$。

解：$F=A\bar{B}+B\bar{C}+\bar{B}C(A+\bar{A})+\bar{A}B(C+\bar{C})$
$\quad=A\bar{B}+B\bar{C}+A\bar{B}C+\bar{A}\bar{B}C+\bar{A}BC+\bar{A}B\bar{C}$
$\quad=(A\bar{B}+A\bar{B}C)+(B\bar{C}+\bar{A}B\bar{C})+\bar{A}C(\bar{B}+B)$
$\quad=A\bar{B}+B\bar{C}+\bar{A}C$

也可以利用公式 $B\bar{C}+\bar{A}B=B\bar{C}+\bar{A}B+\bar{A}\bar{C}$ 增加一项，再利用吸收律吸收合并。

$$F=A\bar{B}+B\bar{C}+A\bar{C}+\bar{B}C+\bar{A}B+\bar{A}C$$
$$=(A\bar{B}+\bar{A}C+\bar{B}C)+(B\bar{C}+A\bar{C}+\bar{A}B)$$
$$=A\bar{B}+B\bar{C}+\bar{A}C$$

用代数法把一般的"或-与"式化简为最简"或-与"表达式时，可直接运用公理、定理中的"或-与"形式进行化简。当对公理、定理中的"或-与"形式不太熟悉时，可以采用两次对偶法。具体如下：

① 对"或-与"表达式表示的函数 F 求对偶，得到"与-或"表达式 F'；
② 求出 F' 的最简"与-或"表达式；
③ 对 F' 再次求对偶，即可得到 F 的最简"或-与"表达式。

例 2-28 化简逻辑函数 $F=(A+\bar{B})(\bar{A}+B)(B+C)(\bar{A}+C)$。

解：由对偶规则可得

$$F'=A\bar{B}+\bar{A}B+BC+\bar{A}C$$
$$=A\bar{B}+\bar{A}B+(B+\bar{A})C$$
$$=A\bar{B}+\bar{A}B+\overline{A\bar{B}}C$$
$$=A\bar{B}+\bar{A}B+C$$

对 F' 求对偶，得到 F 的最简"或-与"表达式为

$$F=(A+\bar{B})(\bar{A}+B)C$$

当函数式比较复杂时，需要在化简过程中不断尝试，灵活、交替地运用各种方法，才能得到最后的化简结果。

2.3.2 卡诺图化简法

代数化简法没有一定的规律和步骤,技巧性很强,而且在很多情况下难以判断化简结果是否最简。而卡诺图化简法的优点是简单、直观、容易掌握,可以直观地写出最简"与-或"表达式。

1. 逻辑函数的卡诺图表示

1) 卡诺图的构成

将 n 变量的全部最小项各用一个小方格表示,并使具有逻辑相邻性的最小项在几何位置上也相邻地排列起来,所得到的图形叫作 n 变量最小项的卡诺图。因为这种表示方法是由美国工程师卡诺首先提出的,所以把这种图形叫作卡诺图。

卡诺图具有以下两个特点:

① n 个变量的卡诺图由 2^n 个小方格构成;

② 图形中处在逻辑相邻(几何相邻、几何相对、几何相重)位置的小方格所代表的最小项为相邻最小项。

2 变量、3 变量、4 变量卡诺图如图 2-14 所示。

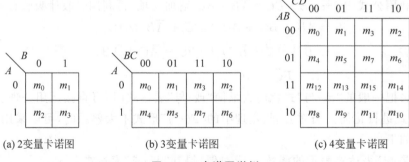

(a) 2变量卡诺图　　(b) 3变量卡诺图　　(c) 4变量卡诺图

图 2-14　卡诺图举例

画卡诺图时,把变量的符号(A,B,…)分别标注在方格图的左上角斜线两侧,并在方格图上方和左侧的每个方块的边沿,标注每个变量的取值。

其取值原则是:在任何两个相邻(相邻、相对、相重)的方块中,其变量的组合之间,只允许而且必须只有一个变量取值不同,这是构成卡诺图的重要原则。

每个方块对应的最小项的编号,就是真值表中变量每种组合的二进制所对应的十进制数。

在 n 个变量的卡诺图中,能从图形上直观、方便地找到每个最小项的 n 个相邻最小项。例如,4 变量卡诺图中,每个最小项有 4 个相邻最小项。m_5 的 4 个相邻最小项 m_1、m_4、m_7 和 m_{13} 都属于几何相邻。m_2 的 4 个相邻最小项中,m_3、m_6 与 m_2 是几何相邻,m_{10} 和 m_2 位于同一列的两端,这种相邻称为相对相邻,同样 m_0 和 m_2 也是相对相邻(位于同一行的两端)。

此外,处在"相重"位置的最小项也相邻,如图 2-15 所示的 5 变量卡诺图中的 m_3,除了几何位置相邻的 m_1、m_2、m_{11} 和相对相邻的 m_{19} 外,还与 m_7 相邻。这种相邻称为重叠相邻。

AB \ CDE	000	001	011	010	110	111	101	100
00	m_0	m_1	m_3	m_2	m_6	m_7	m_5	m_4
01	m_8	m_9	m_{11}	m_{10}	m_{14}	m_{15}	m_{13}	m_{12}
11	m_{24}	m_{25}	m_{27}	m_{26}	m_{30}	m_{31}	m_{29}	m_{28}
10	m_{16}	m_{17}	m_{19}	m_{18}	m_{22}	m_{23}	m_{21}	m_{20}

图 2-15　5 变量卡诺图

逻辑相邻有一重要特点就是它们之间的逻辑变量的取值只有一个变量取值不同，可以利用吸收律 $AB+A\bar{B}=A$ 进行合并。

2）逻辑函数在卡诺图上的表示

填写卡诺图的原则是把逻辑函数所包括的全部最小项填入相应的方格中。将待化简的逻辑函数式填入卡诺图的方法有三种。

（1）给定的逻辑函数为标准"与-或"表达式

当逻辑函数为标准"与-或"表达式时，只需在卡诺图上找出和表达式中最小项对应的小方格填入 1，其余小方格填入 0（"0"一般不填入），即可得到该函数的卡诺图。

例 2-29　将逻辑函数 $F(A,B,C)=\overline{(AB+\bar{A}\bar{B}+\bar{C})\overline{AB}}$ 填入卡诺图中。

解：将逻辑函数 F 转换成标准"与-或"式，即

$$\begin{aligned}F&=\overline{(AB+\bar{A}\bar{B}+\bar{C})}+\overline{\overline{AB}}=\overline{AB}\cdot\overline{\bar{A}\bar{B}}\cdot C+AB\\&=(\bar{A}+\bar{B})(A+B)C+AB(C+\bar{C})\\&=(\bar{A}A+\bar{A}B+A\bar{B}+B\bar{B})C+ABC+AB\bar{C}\\&=\bar{A}BC+A\bar{B}C+ABC+AB\bar{C}\end{aligned}$$

将标准"与-或"式中最小项用"1"填入卡诺图的相应方格中，如图 2-16 所示，其他方格填"0"或空着。

（2）给定的逻辑函数为一般"与-或"表达式

当逻辑函数为一般"与-或"表达式时，可根据"与"的公共性和"或"的叠加性做出相应的卡诺图。

例 2-30　将 4 变量函数 $F(A,B,C,D)=AB+CD+\bar{A}\bar{B}C$ 填入卡诺图中。

解：由逻辑代数的性质可知，凡是 $A=1,B=1$（4 个方格）；$C=1,D=1$（4 个方格）和 $A=0,B=0,C=1$（2 个方格）的方块均填 1，如图 2-17 所示。

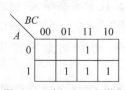

A \ BC	00	01	11	10
0			1	
1		1	1	1

图 2-16　例 2-29 卡诺图

AB \ CD	00	01	11	10
00			1	1
01			1	
11	1	1	1	1
10			1	

图 2-17　例 2-30 卡诺图

当逻辑函数为其他形式的表达式时,可以将其变换成上述两种形式后再处理。

(3) 根据真值表填写卡诺图

首先列出待化简逻辑函数式的真值表,然后将真值表中 $F=1$ 的变量组合填入卡诺图相应的方格中。

2. 卡诺图化简逻辑函数

1) 求逻辑函数最简"与-或"表达式

利用卡诺图化简逻辑函数的基本原理是:2^n 个相邻最小项可以消去 n 个变量。

其具体方法如下:

① 将卡诺图中标"1"的相邻方格用虚线(卡诺圈)圈起来,这叫作合并最小项;

② 根据最小项的性质,消去不同变量,写出与每个卡诺圈对应的"与"项;

③ 所有"与"项相"或"。

例 2-31 化简逻辑函数式 $F(A,B,C)=\overline{A}\overline{B}C+\overline{A}BC+A\overline{B}C$。

解:① 将函数 F 填入卡诺图,如图 2-18 所示。

② 合并最小项。

③ 由卡诺图写出逻辑函数表达式。每个卡诺圈合并出一个"与"项:若变量在卡诺圈保持"1"不变,则"与"项中含其对应的原变量;若为"0"不变,则含对应的反变量;若发生了变化,则该变量被消去。m_1 和 m_3 合并消去 B,保留 $\overline{A}C$,m_1 和 m_5 合并消去 A,保留 $\overline{B}C$,得到简化表达式为:

$$F(A,B,C)=\overline{A}C+\overline{B}C$$

例 2-32 化简 $F(A,B,C,D)=\sum m(1,3,5,6,7,9,11,13,14,15)$。

解:按如图 2-19 所示方式画卡诺圈,得到两个"与"项,最后的结果为:

$$F(A,B,C,D)=D+BC$$

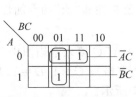
图 2-18 例 2-31 卡诺图

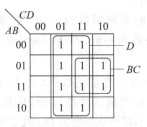
图 2-19 例 2-32 卡诺图

由以上分析可以看出,每个卡诺圈得到一个"与"项,而且卡诺圈越大(包含的最小项越多)得到的"与"项越简单。所以,要得到化简后最简"与-或"表达式,必须遵循以下原则:

① 每个 1 方格(标"1"的方格,简称 1 方格)至少被圈一次的前提下,卡诺圈的个数应达到最少;

② 每个卡诺圈的大小应达到最大(卡诺圈中包含的 1 方格个数只能是 2^m 个,其中 $m=0,1,2,3,\cdots$);

③ 根据合并的需要,每个 1 方格可以被多个卡诺圈包围。

2) 求逻辑函数最简"或-与"表达式

(1) 当给定逻辑函数为"与-或"表达式时,通常采用"两次取反法"。

对卡诺图中的 0 项进行合并,即得到反函数的最简"与-或"式。对反函数取非,并运用反演律,就可以得到所求的最简"或-与"式。

例 2-33 求下面函数的最简"或-与"表达式。

$$F(A,B,C,D) = \sum m(0,1,2,4,5,8,9,10)$$

解:化简给定函数的卡诺图如图 2-20 所示。图中,F 的 0 方格(标"0"的方格)即反函数 $\overline{F}$ 的 1 方格,它们代表 $\overline{F}$ 的各个最小项,将全部 0 方格按同样的规则合并,就可得到反函数 $\overline{F}$ 的最简"与-或"表达式:

$$\overline{F}(A,B,C,D) = AB + BC + CD$$

再对反函数 $\overline{F}$ 的最简"与-或"表达式两边取反,即可求得函数的最简"或-与"表达式:

$$F(A,B,C,D) = \overline{AB + BC + CD} = (\overline{A}+\overline{B})(\overline{B}+\overline{C})(\overline{C}+\overline{D})$$

(2) 当给定逻辑函数为"或-与"表达式时,通常采用"两次对偶法"。

作出函数 F 的对偶式 F' 的卡诺图,并求出 F' 的最简"与-或"表达式,再对 F' 的最简"与-或"表达式取对偶,得到函数 F 的最简"或-与"表达式。

例 2-34 用卡诺图求下面函数的最简"或-与"式。

$$F(A,B,C,D) = (\overline{A}+D)(B+\overline{D})(A+B)$$

解:首先求出逻辑函数 F 的对偶函数 F',即

$$F'(A,B,C,D) = \overline{A}D + B\overline{D} + AB$$

填入卡诺图进行化简,如图 2-21 所示,得到 F' 的最简"与-或"式为

$$F'(A,B,C,D) = B + \overline{A}D$$

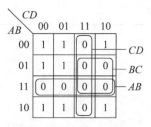
图 2-20 例 2-33 卡诺图

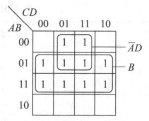
图 2-21 例 2-34 卡诺图

逻辑函数 F 的最简"或-与"式为

$$F(A,B,C,D) = (F')' = B(\overline{A}+D)$$

3. 具有"约束条件"的逻辑函数化简

(1) 无关最小项

"约束"是用来说明逻辑函数中各逻辑变量之间制约关系的一个概念。在某些实际问题中,常常由于输入变量之间存在的相互制约或问题的某种特殊限定等,使得逻辑函数输入变量的某些取值组合不允许或者不可能出现。换句话说,逻辑函数与输入变量的

某些取值组合无关,这些输入取值组合对应的最小项称为无关最小项,简称为无关项或者约束项。描述这类问题的逻辑函数称为具有"约束条件"的逻辑函数。

例如,有 3 个逻辑变量 A、B、C,分别表示一台电动机的正转、反转和停止状态,$A=1$ 表示正转,$B=1$ 表示反转,$C=1$ 表示停止。因为电动机任何时候只能处于其中一种状态,所以不允许两个或两个以上的变量同时为 1。ABC 的取值可能是 001、010、100 中的某一种,而不能是 000、011、101、110、111 中的任何一种。

若用标准"与-或"表达式来表示,该约束条件可以表示为
$$\overline{A}\overline{B}\overline{C} + \overline{A}BC + A\overline{B}C + AB\overline{C} + ABC = 0$$

(2) 包含"无关项"的逻辑函数化简

当采用"最小项之和"表达式描述一个包含"约束条件"的逻辑问题时,函数表达式中是否包含无关项(无关项对应的函数值为 1 还是为 0),并不影响函数的实际逻辑功能。在用真值表或卡诺图表示具有"约束条件"的逻辑函数时,相应位置填"×"。卡诺图中,合并最小项化简时,究竟把卡诺图上的"×"作为 1 还是作为 0 对待,应以得到的相邻最小项卡诺圈最大,而且卡诺圈数目最少为原则。

例 2-35 设 $ABCD$ 是十进制数 x 的二进制编码(8421 码),当 $3 \leqslant x \leqslant 7$ 时,输出 $F=1$,求 F 的最简"与-或"表达式。

解:设输入变量为 A、B、C、D,输出函数为 F,当 $ABCD$ 表示的十进制数为 3、4、5、6、7 时,输出 F 为 1,否则 F 为 0。

按照 8421BCD 码的编码规则,$ABCD$ 的取值组合不允许为 1010、1011、1100、1101、1110、1111,故该问题为包含"约束条件"的逻辑问题,与上述 6 种取值组合对应的最小项为无关项,即在这些取值组合下输出函数 F 的值可以随意指定为 1 或者为 0,通常记为"×"。列出其真值表如表 2-19 所示。

表 2-19 例 2-35 的真值表

十进制数	A	B	C	D	F
0	0	0	0	0	0
1	0	0	0	1	0
2	0	0	1	0	0
3	0	0	1	1	1
4	0	1	0	0	1
5	0	1	0	1	1
6	0	1	1	0	1
7	0	1	1	1	1
8	1	0	0	0	0
9	1	0	0	1	0
约束条件	1	0	1	0	×
	1	0	1	1	×
	1	1	0	0	×
	1	1	0	1	×
	1	1	1	0	×
	1	1	1	1	×

由表 2-19,写出具有"约束条件"的"最小项"之和形式的表达式为
$$F = \overline{A}\overline{B}CD + \overline{A}B\overline{C}\overline{D} + \overline{A}B\overline{C}D + \overline{A}BC\overline{D} + \overline{A}BCD$$
约束条件为
$$A\overline{B}\overline{C}\overline{D} + A\overline{B}CD + AB\overline{C}\overline{D} + AB\overline{C}D + ABC\overline{D} + ABCD = 0$$
通常表示为如下形式:
$$F(A,B,C,D) = \sum m(3,4,5,6,7) + \sum d(10,11,12,13,14,15)$$

得到如图 2-22 所示的卡诺图,对卡诺图化简,得最简"与-或"表达式。
$$F = B + CD$$

对具有约束项的逻辑函数在用卡诺图化简时,充分利用这些约束项,往往会使逻辑函数得到极大的简化。

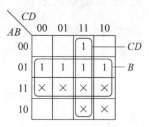

图 2-22 例 2-35 卡诺图

本 章 小 结

1. 数制的表示与转换

数 N 可以表示基数为 R 的 R 进制数。

$$(N)_R = (k_{n-1}k_{n-2}\cdots k_1 k_0 . k_{-1}k_{-2}\cdots k_{-m})_R = \sum_{i=-m}^{n-1} k_i R^i$$

式中,k_i 表示各个位的数字符号,为 $0 \sim (R-1)$ 数码中的任意一个,R 为进位制的基数,n 为整数部分的位数,m 为小数部分的位数。

非十进制数转换为十进制数:按权展开求和,即可得到相应的十进制数。

十进制数转换为 R 进制数:整数部分采用"除基取余法"转换,小数部分采用"乘基取整法"进行转换。

二进制数与八进制数、十六进制数的关系是三位二进制数对应一位八进制数和四位二进制数对应一位十六进制数。

2. 带符号数的代码表示

原码和补码都是有符号数在机器中的表示形式。用补码表示便于实现有符号数的加减运算,规则为
$$[N_1 + N_2]_{补} = [N_1]_{补} + [N_2]_{补}$$
$$[N_1 - N_2]_{补} = [N_1]_{补} + [-N_2]_{补}$$

3. 编码

用 4 位二进制数码表示一位十进制数码的编码方法称为二-十进制码,简称 BCD 码,最常用的 BCD 码是 8421 码。

为了检测数据的错误引入的编码就是校验码,最简单的校验码是奇偶校验码。加入

校验码使1的个数为奇数是奇校验,使1的个数为偶数是偶校验,对奇偶校验码检测奇偶性就可以发现数据错误。

ASCII 码是最常用的字符编码。

4. 逻辑函数的表示

设输入变量为 $A_1, A_2, \cdots, A_n$,输出变量为 F,则描述输入变量和输出变量的逻辑函数表示为

$$F = f(A_1, A_2, \cdots, A_n)$$

"与""或""非"是三种基本逻辑运算,其他复杂的逻辑关系都可由这三种基本关系组合而成。

对应输入变量的任何一组取值,两个函数的输出变量都相同,则称两个函数相等。

逻辑代数的公式、定理及重要规则(代入规则、反演规则和对偶规则)是逻辑表达式的化简、证明和变换的基本工具。

逻辑函数可以用多种形式表示,如函数表达式、真值表、卡诺图和逻辑电路图。已知一种表示方法,就可以得出其他表示方法。

逻辑函数表达式是多样的,"与-或"和"或-与"是两种最基本的形式,其他形式都可以通过变换得到。在实际应用中,把逻辑函数表达式变换成什么形式,要根据使用的逻辑门电路的功能类型确定。

逻辑函数表达式的标准形式有标准"与-或"式(最小项之和)和标准"或-与"式(最大项之积)两种。标准形式是唯一确定的,可以通过真值表直接写出,在逻辑函数的化简及逻辑电路的设计中有着广泛的应用。

把"与"项数最少,"与"项中变量数最少的"与-或"式叫最简"与-或"式。得到最简式的方法有两种:①代数化简方法;②卡诺图化简法。有时一个逻辑函数的化简结果不是唯一的。

无关项是在具体问题中,对输入变量取值所加的一种限制。合理利用无关项可以更有效地化简逻辑函数。

习 题

2-1 什么叫数制?什么叫编码?二进制编码与二进制数有何区别?

2-2 把下列数字写成按权展开的形式。
　　(1) $(101.11)_2$　　(2) $(473.62)_8$　　(3) $(3B.8F)_{16}$

2-3 将下列十进制数转换为二进制数。
　　(1) $(173)_{10}$　　(2) $(0.8125)_{10}$

2-4 将下列 BCD 码转换为十进制数。
　　(1) $(001001110100)_{8421BCD}$　　(2) $(010011001000)_{余3BCD}$

2-5 写出下列各数的原码、反码和补码(连同符号位共六位)。
　　(1) $+01011$　　(2) -10110

2-6 将 $x_1 = +0000101, x_2 = -0011010$ 用原码和补码完成加法运算。

2-7 $F(A,B,C)$ 为三变量的逻辑函数,当变量组合值中出现三个都为"0"或其中一个为"0"时,输出信号 $F=1$,其余情况下,输出 $F=0$。列出真值表,写出该逻辑函数的标准"与-或"式和标准"或-与"式。

2-8 求下列函数的反函数和偶函数。

(1) $F_1 = A(B+C) + CD$

(2) $F_2 = \overline{A\overline{B} + \overline{C+D} + C}$

(3) $F_3 = A(B+\overline{C}) + \overline{A+\overline{C}}$

2-9 试画出用与非门和反相器实现下列逻辑函数的逻辑图。

(1) $F_1 = AB + BC + AC$

(2) $F_2 = \overline{AB\overline{C} + A\overline{B}C + \overline{A}BC}$

2-10 证明下列等式。

(1) $AB + \overline{A}C + \overline{B}C = AB + C$

(2) $ABC + \overline{A}\overline{B}\overline{C} = \overline{A\overline{B} + B\overline{C} + C\overline{A}}$

2-11 将下列函数表示成"最小项之和"形式及"最大项之积"形式。

(1) $F_1(A,B,C,D) = \overline{A}B + ABCD + BC + B\overline{C}D$

(2) $F_2(A,B,C,D) = (\overline{A} + BC)(\overline{B} + \overline{C}D)$

2-12 利用公式将下列逻辑函数式化简为最简"与-或"表达式。

(1) $F_1 = \overline{A} + A \cdot \overline{\overline{BC}} \cdot (B + \overline{AC + \overline{D}}) + BC$

(2) $F_2 = A\overline{B} + \overline{A}B + ABCD + \overline{A}\overline{B}CD$

(3) $F_3 = A(BC + \overline{B}\overline{C}) + A(B\overline{C} + \overline{B}C)$

2-13 用卡诺图化简下列逻辑函数。

(1) $F_1(A,B,C) = \sum m(0,1,2,4,5,7)$

(2) $F_2(A,B,C,D) = \sum m(2,3,6,7,8,10,12,14)$

(3) $F_3(A,B,C,D) = \sum m(0,1,2,3,4,6,8,9,10,11,12,14)$

2-14 用卡诺图化简下列函数,并写出最简"与-或"表达式和最简"或-与"表达式。

(1) $F_1(A,B,C) = (\overline{A} + \overline{B})(AB + C)$

(2) $F_2(A,B,C,D) = \overline{A}B + \overline{A}CD + AC + B\overline{C}$

(3) $F_3(A,B,C,D) = BC + D + \overline{D}(\overline{B} + \overline{C})(AD + B)$

2-15 用卡诺图化简包含无关最小项的逻辑函数。

(1) $F_1(A,B,C,D) = \sum m(0,2,7,13,15) + \sum d(1,3,4,5,6,8,10)$

(2) $F_2(A,B,C,D) = \overline{A}CD + \overline{A}BC\overline{D} + AC + A\overline{B}C\overline{D}$

约束条件为:

$\overline{A}\overline{B}C\overline{D} + \overline{A}\overline{B}CD + AB\overline{C}\overline{D} + AB\overline{C}D + AB\overline{C}\overline{D} + ABCD = 0$

第 3 章 集成逻辑门

第 2 章介绍了数制和码制的基本知识,讨论了逻辑代数的基本规律,并从与、或、非三种基本逻辑运算引出了逻辑变量与逻辑函数的关系。在第 2 章中,逻辑符号以黑匣的方式表示相应的逻辑门,如与、或、非等基本逻辑门。但是,黑匣法只能建立初步的概念,为了正确而有效地使用集成逻辑门电路,我们必须对组件内部电路特别是对它的外部特性有所了解。因此,本章将揭开黑匣的奥秘,讲述几种通用的集成逻辑门电路,如 TTL 门电路和 CMOS 门电路。为了掌握集成逻辑门的逻辑功能和特性,首先必须熟悉半导体器件的开关特性,这是各种门电路的工作基础。在分析这些门电路时,着重分析它们的逻辑功能和外部特性,对其内部电路,只做一般介绍。

3.1 概 述

3.1.1 逻辑门和集成电路

实现基本逻辑运算的电路单元及其组合称为门电路。逻辑门是组成各类数字逻辑电路的基本逻辑器件。最广泛使用的逻辑门是与门、或门、非门、与非门、或非门、与或门和异或门。它们分别实现与运算、或运算、非运算、与非运算、或非运算、与或运算和异或运算。

逻辑门电路可以由二极管、三极管、电阻、电容器等分立元件构成,但目前大量使用的是集成逻辑门电路。在电子学中,集成电路是一种将电子线路小型化的方式,通常在半导体的晶圆表面上制造而成。集成电路就是把二极管、三极管、电阻和电容器以及连线共同配置在半导体的晶圆表面上,并且封装在一个壳体中,通过引线与外界联系,构成了具有特定功能的电路。例如,模拟信号处理中常用的集成运算放大器,以及在数字信号处理中我们将会介绍到的一些集成门电路等集成器件。集成电路具有体积小、重量轻、功耗低、成本低、引出线和焊接点少、寿命长、工作可靠性高等优点。用集成电路装配的电子设备,其装配密度比晶体管提高几十倍至几千倍,设备的稳定工作时间也大大提高,因而在民用、工业和军事领域中得到广泛的应用。现代集成电路已经在各行各业中发挥着非常重要的作用,成为现代信息社会的基石。

3.1.2 数字集成电路的分类

数字集成电路是构成数字系统的物质基础。集成电路的种类很多,可以从不同的角度对其进行分类,通常有以下 3 种分类方法。

1. 按集成电路规模(集成度)分类

根据集成电路规模的大小,通常将其分为小规模集成电路(Small Scale Integration, SSI)、中规模集成电路(Medium Scale Integration,MSI)、大规模集成电路(Large Scale Integration,LSI)和超大规模集成电路(Very Large Scale Integration,VLSI)。集成电路通常以集成度分类,集成度则是指单芯片上集成的电子器件和元件的数目。而数字集成电路则是以单芯片上集成的逻辑门的数量来进行划分的。一般来说,单芯片内集成的逻辑门数量小于 10 个的属于 SSI,如逻辑门、触发器等;而 10~100 个逻辑门集成在一个芯片上则属于 MSI,如计数器、加法器、寄存器、译码器等;集成度在 100~10 000 个的属于 LSI,如小型存储器、门阵列等;单芯片内集成的逻辑门数量达到 10 000 个以上的属于 VLSI,如大型存储器、微处理器等;还有集成度更高的甚大规模集成(ULSI)电路和巨大规模集成(GLSI)电路,如可编程逻辑器件、多功能专用集成电路等。

2. 按制造工艺(采用的半导体器件)分类

按制造工艺的不同,或者说根据所采用的半导体器件不同,常用的数字集成电路可以分为双极型集成电路和单极型集成电路两大类。相对而言,采用双极型半导体器件构造的双极型集成电路,其特点是速度快、负载能力强,但功耗较大、结构较复杂,因而使集成规模受到一定限制;采用金属-氧化物-半导体场效应管(Metal-Oxide-Semiconductor Field Effect Transistor,MOSFET)作为元件的单极型集成电路,其特点是结构简单、制造方便、集成度高、功耗低,但速度一般比双极型集成电路稍慢。

双极型集成电路又可分为晶体管逻辑门(TTL)电路、射极耦合逻辑门(ECL)电路、集成注入逻辑门(I^2L)电路等类型。TTL 电路于 20 世纪 60 年代问世,经过电路和工艺的不断改进,不仅具有速度快、逻辑电平摆幅大、抗干扰能力和负载能力强等优点,而且具有不同型号的系列产品,是广泛应用的一类电路。ECL 电路的最大优点是速度特别快且平均传输延迟时间短,主要缺点是制造工艺复杂,功耗大、抗干扰能力较弱,常用于高速系统中。I^2L 电路的主要优点是电路结构简单、功耗低,适合于构造大规模和超大规模集成电路,主要缺点是抗干扰能力较差,因而很少用来制作中、小规模集成电路产品。MOS 集成电路又可分为 P 沟道 MOS(P-channel Metal-Oxide-Semiconductor,PMOS)、N 沟道 MOS(N-channel Metal-Oxide-Semiconductor,NMOS)和互补 MOS(Complement Metal-Oxide-Semiconductor,CMOS)等类型。PMOS 管是早期产品,不仅工作速度低,而且由于电源电压为负压,构成的逻辑器件兼容性差,因而很少单独使用。相对而言,NMOS 管工作速度较高,且电源电压为正压,构成的逻辑器件兼容性较好,因而得到广泛应用。CMOS 电路是由 PMOS 增强型管和 NMOS 增强型管组成的互补 MOS 电路,它以其优越的综合性能被广泛应用于各种不同规模的集成逻辑器件中。

3. 按设计方法和功能定义分类

根据设计方法和功能定义,数字集成电路可分为非定制电路(Non-custom design IC)、全定制电路(Full-custom design IC)和半定制电路(Semi-custom design IC)。非定制电路又称为标准集成电路,这类电路具有生产量大、使用广泛、价格便宜等优点,如各种小、中、大规模通用集成电路产品。全定制电路是为了满足用户特殊应用要求而专门生产的集成电路,通常又称为专用集成电路(Application Specific Integrated Circuit,ASIC)。专用集成电路具有可靠性高、保密性好等优点,但由于这类电路从性能、结构上都是专为满足某种用户要求而设计的,因而一般设计费用高、销售量小。半定制电路是由厂家生产出功能不确定的集成电路再由用户根据要求进行适当处理,令其实现指定功能,即由用户通过对已有芯片进行功能定义将通用产品专用化。换言之,这种电路从性能上讲是为满足用户的各种特殊要求而专门设计的,但从电路结构上讲则带有一定的通用性。例如,目前广泛使用的可编程逻辑器件(Programmable Logic Device,PLD)即属于半定制电路。本章讨论的逻辑门属于标准逻辑器件。

3.2 半导体器件的开关特性

在数字逻辑电路中有两种逻辑状态,即真和假,它们分别由较高的电压(高电平)和较低的电压(低电平)表示。所谓"电平",是指一个电压范围,而不是指具体的电压值。不同的门电路对高、低电平的要求各不相同,是由门电路的技术指标决定的。比如,2.1～5V 可能都是高电平,低电平也许是 0～0.8V。通常,在正逻辑系统中,用高电平表示逻辑 1,低电平表示逻辑 0。反之,把用高电平表示逻辑 0,低电平表示逻辑 1 的规定称为负逻辑。实际应用中一般都采用正逻辑,在本书中约定按正逻辑讨论问题,所有门电路的符号均按正逻辑表示。

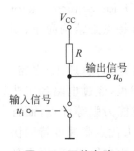

图 3-1 开关电路

获得逻辑电平的最简易方法是借助开关。例如,图 3-1 给出了一个由可控开关组成的电路。当开关在输入信号电压 u_i 控制下接通时,输出电压 u_o 为低电平(逻辑 0),而当其被控制关断时,输出电压为高电平(逻辑 1)。

3.2.1 二极管的开关特性

二极管的开关特性是由二极管的单向导电性决定的。根据二极管处在导通和截止两种稳定状态下的理想工作特性,我们可以将二极管看作一个受外加电场的极性控制的开关。图 3-2(a)给出了一个由二极管组成的开关电路。当输入为低电平信号的时候,二极管两端外加正向偏置电压而导通,相当于开关闭合,此时电路的输出 u_o 为二极管的正向导通压降,是低电平信号。当电路输入为高电平信号的时候,二极管两端承受了反向偏置电压,相当于开关断开,此时开关电路的输出 u_o 为源电压 V_{CC},是高电平信号。

图 3-2(b)为二极管导通状态下的等效电路,图 3-2(c)为二极管截止状态下的等效电路,图中忽略了二极管的正向导通压降。当对图 3-2(a)所示二极管开关电路加入一个图 3-3(a)所示的输入电压时,电路中的输出电压 u_o 的波形如图 3-3(b)所示。

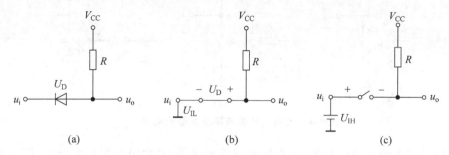

图 3-2 二极管开关电路及其等效电路

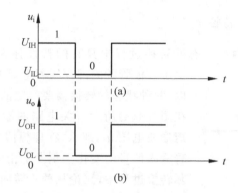

图 3-3 二极管的开关特性

3.2.2 三极管的开关特性

由于三极管有截止、饱和和导通三种工作状态,在一般模拟电子线路中,三极管常被当作线性放大元件或非线性元件来使用,在数字电路中,在大幅度脉冲信号的作用下,三极管也可以作为电子开关,而且三极管易于构成功能更强的开关电路,因此它的应用比开关二极管更广泛。

1. 三极管的静态开关特性

图 3-4(a)为双极型晶体管构造的一个简单的开关电路。当三极管的发射结正偏、集电结反偏时,三极管工作于线性状态(放大状态)。在模拟电子技术范畴,上述条件必须满足。而当三极管的发射结和集电结均反偏时,三极管工作在截止状态,此时,基极电流为 0,集电极电流几乎为 0,三极管类似于开关断开。当三极管的发射结和集电结均正偏时,三极管工作在饱和状态,此时,集电极到发射极的电压 U_{ces} 会非常小,约 0.1~0.3V,类似于开关接通。

在数字逻辑电路中,三极管被作为开关元件工作在饱和与截止两种状态,相当于一

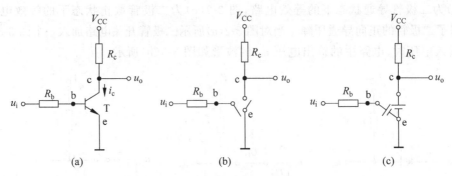

图 3-4 三极管开关电路及其等效电路

个由基极信号控制的无触点开关,其作用对应于触点开关的"闭合"与"断开"。图 3-4(b)和图 3-4(c)分别给出了图 3-4(a)所示电路在三极管截止与饱和两种状态下的等效电路。

2. 三极管的动态开关特性

三极管在饱和与截止两种状态的转换过程中具有的特性称为三极管的动态特性。

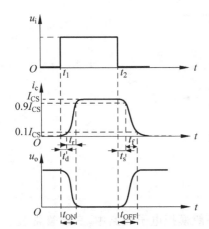

图 3-5 三极管的动态特性

由于三极管的内部存在着电荷的建立与消失过程,所以,两种状态的转换需要一定的时间才能完成。如果在图 3-4(a)所示开关电路的输入端输入一个理想的矩形波电压 u_i,那么,在理想情况下,电路的输出会随着输入信号的变化立刻发生相应的变化。但是,在实际转换过程中,无论从截止转向导通还是从导通转向截止都存在一个逐渐变化的过程。因而,集电极电流 i_c 和输出电压 u_o 的波形必然滞后于输入电压 u_i 的波形,如图 3-5 所示。

(1) 开通时间

开通时间是指三极管从截止状态到饱和导通所需要的时间,记为 t_{ON}。电路输入为低电平时,三极管处于截止状态,发射结和集电结都反偏,空间电荷区比较宽。当输入信号 u_i 从低电平跳变到高电平时,发射结变为正偏,有电流流入基极,而这部分电流要首先抵消 PN 结内部的空间电荷(发射结空间电荷区仍保持在截止时的宽度),使得空间电荷区变窄,才会有更多的载流子从发射区注入基区,被集电极收集,形成集电极电流 i_c,晶体管开始导通。这段时间称为延迟时间 t_d。

经过延迟时间 t_d 后,发射区不断向基区注入电子,电子在基区积累,并向集电区扩散。随着集电区电子浓度的增加,i_c 不断增大。I_c 由 $0.1I_{CS}$ 上升到 $0.9I_{CS}$ 所需要的时间称为上升时间 t_r。

三极管的开通时间 t_{ON} 等于延迟时间 t_d 和上升时间 t_r 之和,即

$$t_{ON} = t_d + t_r$$

开通时间的长短取决于三极管的结构和电路工作条件。

(2) 关闭时间

关闭时间是指三极管从饱和导通到截止状态所需要的时间,记为 t_{OFF}。经过上升时间,集电极电流继续增加到 I_{CS},三极管进入饱和状态,集电极收集电子的能力减弱,过剩的电子在基区不断积累。同时,在集电区靠近基区边界处也积累起一定数量的空穴,所以集电结处于正向偏置。当输入信号 u_i 从高电平跳变到低电平时,存储在基区的电荷不能立即消散,而是在反向电压作用下产生漂移运动而形成反向基流,促使存储电荷泄放。在存储电荷完全消失前,集电极电流维持 I_{CS} 不变,直至存储电荷全部消散,三极管才开始退出饱和状态,i_c 开始下降。从输入信号 u_i 下降开始,到集电极电流 i_c 下降到 $0.9I_{CS}$ 所需要的时间称为存储时间 t_s。

在基区存储的多余电荷全部消失后,基区的电子在反向电压作用下越来越少,集电极电流 i_c 也不断减小,并逐渐接近于零。集电极电流由 $0.9I_{CS}$ 下降到 $0.1I_{CS}$ 所需要的时间称为下降时间 t_f。

三极管的关闭时间等于存储时间 t_s 和下降时间 t_f 之和,即

$$t_{OFF} = t_s + t_f$$

同样,关闭时间的长短取决于三极管的结构和电路工作条件。

开通时间 t_{ON} 和关闭时间 t_{OFF} 的大小是影响电路工作速度的主要因素。

3.2.3 场效应管的开关特性

场效应管(Field Effect Transistor,FET)是利用输入回路的电场效应来控制输出回路电流的一种半导体器件,并以此命名。由于它仅靠半导体中的多数载流子导电,又称单极性晶体管。场效应管不仅具备双极性晶体管(三极管)体积小、重量轻、寿命长等优点,而且输入回路的内阻高达 $10^7 \sim 10^{12} \Omega$,噪声低、热稳定性好、抗辐射能力强,且比双极性晶体管耗电少,这些优点使之从 20 世纪 60 年代诞生起就广泛地应用于各种电子电路。

场效应管分为结型和绝缘栅型两种不同结构,结型场效应晶体管(Junction Field Effect Transistor,JFET)在集成电路中的应用很少,广泛被用作分立的晶体管,而 MOS 器件广泛应用于数字集成电路中。所以我们仅对绝缘栅型场效应管(Insulated Gate Field Effect Transistor,IGFET)做简要描述。

绝缘栅型场效应管的绝缘层采用二氧化硅,各电极用金属铝引出,故又称为 MOS 管。根据导电沟道不同,MOS 管可分为 N 沟道和 P 沟道两类,简称 NMOS 管和 PMOS 管。NMOS 管和 PMOS 管按其工作性能每一类又分为增强型和耗尽型两种。所谓增强型就是 $u_{GS}=0$ 时,没有导电沟道,即 $i_D=0$,只有当 $u_{GS}>0$ 时才开始有 i_D,u_{GS} 的改变将改变衬底靠近绝缘层处感应电荷的多少,从而控制漏极电流的大小。而耗尽型就是当 $u_{GS}=0$ 时,存在导电沟道,$i_D \neq 0$,当 u_{GS} 由大变小、由正变负时反向层逐渐变窄,沟道电阻变大,i_D 逐渐减小,当 u_{GS} 减小到某一值时,$i_D=0$,此时的 u_{GS} 称为夹断电压。因此,MOS 管四种类型为:N 沟道增强型管、N 沟道耗尽型管、P 沟道增强型管和 P 沟道耗尽型管。由于增强型和耗尽型的输出特性相近,而且在数字逻辑系统中扮演着重要的角色,所以我们只讨论增强型 MOS 管的工作原理。

1. MOS 管的结构和工作原理

由于 NMOS 各极所加电压均是正值,分析较为直观。所以,我们以 N 沟道增强型 MOS 管为例分析 MOS 集成电路的组成及工作原理。PMOS 电路只是电压极性相反,分析的思路完全相同。

N 沟道增强型绝缘栅场效应管的结构和符号如图 3-6(a)、图 3-6(b)所示。NMOS 管以一块掺杂浓度较低、电阻率较高的 P 型硅半导体薄片作为衬底,利用扩散工艺制作两个高掺杂浓度的 N 型区(用 N$^+$ 表示),然后在 P 型硅表面制作一层很薄的二氧化硅绝缘层,并在二氧化硅的表面安置金属铝电极称为栅极 G(Gate),在两个 N$^+$ 区的表面上分别安置金属铝电极,叫源极 S(Source)和漏极 D(Drain)。通常将衬底与源极接在一起使用。这样,栅极和衬底各相当于一个板极,中间是绝缘层,形成电容。当栅-源电压变化时,将改变衬底靠近绝缘层处感应电荷的多少,从而控制漏极电流的大小。由于栅极与源极、漏极均无电接触,故称"绝缘栅极",所以 MOS 管输入电阻很大(10^{10}Ω 以上),输入电流可以看作 0。

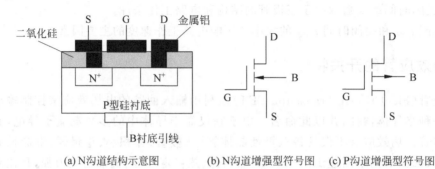

(a) N 沟道结构示意图　　(b) N 沟道增强型符号图　　(c) P 沟道增强型符号图

图 3-6　绝缘栅场效应晶体管的结构及符号

当栅极和源极之间不加电压,即 $U_{GS}=0$ 时,漏极-源极之间相当于两个背向串联的 PN 结,不存在导电沟道,即使漏极—源极之间加上电压,也不会产生漏极电流。此时,MOS 管工作于截止区,MOS 管的漏极和源极之间呈现高阻态,漏极电流 i_D 为零,相当于开关断开的状态。

当栅极和源极之间加一个正向电压 u_{GS},而且 u_{GS} 大于某个电压值 U_T 时,由于栅极与衬底间电场的吸引,使衬底中的自由电子(少数载流)聚集到栅极下面的衬底表面,形成一个 N 型的反型层,这个反型层就构成了漏极和源极之间的导电沟道。如果漏极和源极加一个适当值的电压 u_{DS} 则漏极电流 $i_D>0$。使沟道刚刚形成的栅极-源极电压称为开启电压(Threshold Voltage)U_T。u_{GS} 越大,反型层越厚,导电沟道电阻越小,相同的漏源电压下漏极电流也将会增加,即漏极电流 i_D 可以由栅源电压 u_{GS} 控制。

为防止电流从漏极直接流入衬底,通常将衬底与源极相连,或将衬底接到电路的最低电位点。若衬底为 N 型硅片,其中生成两个高掺杂浓度的 P 型区(用 P$^+$ 表示),就可做成 P 沟道管,图 3-6(c)是 P 沟道增强型绝缘栅场效应管的符号。

2. MOS 管的输出特性和转移特性

若以 MOS 管的栅极到源极之间作为输入回路,而将漏极到源极之间作为输出回路,则称之为共源接法,如图 3-7(a)所示。这种连接模式被广泛地应用于数字逻辑电路和系统中。由于栅极是绝缘的,栅极电流必为零,所以 MOS 管没有输入特性。

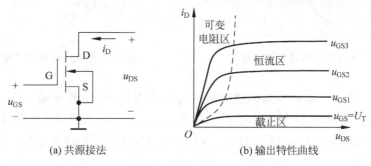

(a) 共源接法　　　　　　(b) 输出特性曲线

图 3-7　NMOS 管的共源接法及其输出特性曲线

图 3-7(b)给出共源接法下的输出特性曲线或称之为漏极特性。输出特性曲线分为三个工作区。当 $u_{GS} < U_T$ 时,漏极和源极之间没有导电沟道,$i_D = 0$。这时源极和漏极间的阻抗很高,可达 $10^9 \Omega$ 以上。因此,将曲线上 $u_{GS} < U_T$ 的区域称为截止区。例如,图 3-7 中 $U_T = 2V$。

栅源电压高于 U_T 的区域又可分为两部分。输出特性曲线上虚线左侧的区域称为可变电阻区。该区域内 u_{DS} 较低,当 u_{GS} 一定时,i_D 与 u_{DS} 之比近似等于一个常数,具有类似于线性电阻的性质。等效电阻的大小和 u_{GS} 的数值有关。在 $u_{DS} \approx 0$ 时,MOS 管的导通电阻 R_{ON} 和 u_{GS} 的关系可由下式给出:

$$R_{ON}\big|_{u_{DS}=0} = \frac{1}{2K(u_{GS} - U_T)}$$

显然,我们要让电压 u_{DS} 为适当值,用较高的 u_{GS} 获得较小的导通电阻。

图 3-7(b)输出特性曲线上虚线右侧的区域称为恒流区,是 MOS 管的放大工作区。在恒流区 u_{DS} 的变化对 i_D 的影响很小,漏极电流 i_D 的大小基本上由 u_{GS} 决定,对应于每一个 u_{GS} 就有一个确定的 i_D。此时,可将 i_D 视为电压 u_{GS} 控制的电流源。i_D 与 u_{GS} 的关系由下式给出:

$$i_D = I_{DS}\left(\frac{u_{GS}}{U_T} - 1\right)^2$$

其中,I_{DS} 是 $u_{GS} = 2U_T$ 时的 i_D 值。

i_D 和 u_{GS} 之间的关系曲线称为转移特性曲线,如图 3-8 所示。

3. NMOS 基本开关电路

用 MOS 管取代图 3-1 中的晶体管,便得到图 3-9 所示的基本 NMOS 管开关电路。

当 $u_i = u_{GS} < U_T$ 时,NMOS 管工作于截止状态,$i_D = 0$,输出端为高电平 U_{OH},且 $U_{OH} \approx U_{DD}$。这时 MOS 管的源极和漏极之间就相当于一个断开的开关。

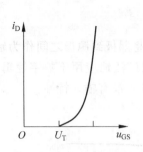

图 3-8 MOS 管的转移特性曲线

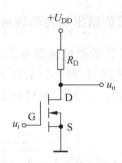

图 3-9 NMOS 管开关电路

当 $u_i = u_{GS} > U_T$ 时，漏极和源极之间形成导电沟道，NMOS 管导通，$i_D > 0$。漏极负载电阻 R_D 远大于 NMOS 的导通电阻 R_{ON}，于是 $u_o = u_{DS} = U_{DD} - i_D R_D$ 会非常低，或者说开关电路的输出端将为低电平 U_{OL}，且 $U_{OL} \approx 0$，这时 MOS 管的漏极和源极间相当于一个闭合的开关。

综上所述，只要电路参数选择合理，就可以做到输入为低电平时 MOS 管截止，开关电路输出高电平；而输入为高电平时 MOS 管导通，开关电路输出低电平。

3.3 简单的逻辑门电路

在数字系统中，各种逻辑运算是由基本逻辑电路来实现的。这些基本电路控制着系统中信息的流通，它们的作用和门的开关作用极为相似，故称为逻辑门电路，简称逻辑门或门电路。为了使读者对门电路的工作原理有一个初步了解，在介绍集成逻辑门之前，先对用分立元件构成的简单的逻辑门电路进行介绍。

3.3.1 二极管与门

图 3-10(a) 所示为二极管"与"门电路，A、B、C 是它的三个输入端，F 是输出端，图 3-10(b) 是它的逻辑符号。为了方便分析，我们设所有的二极管都具有理想开关特性，并且采用正逻辑体制，分别为电路的输入 A、B、C 和输出 F 进行逻辑赋值。约定：+5V 左右为高电平，用"1"表示，0V 左右为低电平，用"0"表示。

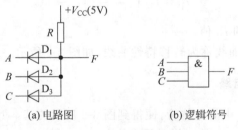

图 3-10 二极管与门电路

当输入端 A、B、C 中有一个或一个以上输入为低电平"0"时,所对应的二极管都处于正向导通的工作状态,此时,电路的输出被钳制在低电平,即 F 为"0"。

只有当输入端 A、B、C 全为高电平"1",即三个输入端都在+5V 左右时,三个二极管均处于反向截止的工作状态,此时,电路的输出为高电平,即 F 为"1"。将输出与输入的电压取值关系列表,即得表 3-1。该电路输入/输出之间的逻辑取值关系如表 3-2 所示。显然,该电路实现了与运算的逻辑功能,输出 F 与输入 A、B、C 的关系可用如下逻辑式来表示:$F = A \cdot B \cdot C$。

表 3-1 与门电路输入/输出电压关系

A/V	B/V	C/V	F/V
0	0	0	0
0	0	5	0
0	5	0	0
0	5	5	0
5	0	0	0
5	0	5	0
5	5	0	0
5	5	5	5

表 3-2 图 3-10 与门电路的真值表

A	B	C	F
0	0	0	0
0	0	1	0
0	1	0	0
0	1	1	0
1	0	0	0
1	0	1	0
1	1	0	0
1	1	1	1

3.3.2 二极管或门

图 3-11(a)为二极管组成的"或"门电路,图 3-11(b)是它的逻辑符号。图中 A、B、C 是输入端,F 是输出端。当任意一个输入端为高电平时,它所对应的二极管都处于正向导通的工作状态,因此,电路的输出被钳制在高电平,即 F 为"1"。

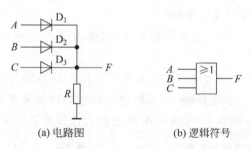

(a) 电路图   (b) 逻辑符号

图 3-11 二极管或门电路

只有当输入端 A、B、C 全为低电平"0"时,所有的二极管均处于反向截止的工作状态,此时,电路的输出为低电平,即 F 为"0"。将输出与输入的电压取值关系列表,即得表 3-3。该电路输入/输出之间的逻辑取值关系如表 3-4 所示。显然,该电路实现了或运算的逻辑功能,输出 F 与输入 A、B、C 的关系可用如下逻辑式来表示:$F = A + B + C$。

表 3-3　或门电路输入/输出电压关系

A/V	B/V	C/V	F/V
0	0	0	0
0	0	5	5
0	5	0	5
0	5	5	5
5	0	0	5
5	0	5	5
5	5	0	5
5	5	5	5

表 3-4　图 3-11 或门电路的真值表

A	B	C	F
0	0	0	0
0	0	1	1
0	1	0	1
0	1	1	1
1	0	0	1
1	0	1	1
1	1	0	1
1	1	1	1

3.3.3　三极管非门

由三极管构成的非门电路如图 3-12(a)所示，与其对应的逻辑符号如图 3-12(b)所示。图中 A 为输入端，F 为输出端。

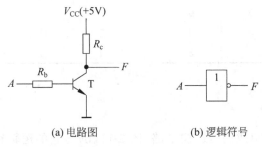

(a) 电路图　　　　　(b) 逻辑符号

图 3-12　三极管非门电路

当输入端 A 为低电平"0"时，三极管处于截止状态，从而使得输出端 F 的电位接近于 V_{CC}，在这种情况下，F 输出高电平"1"。

当输入端 A 为高电平"1"时，三极管饱和导通，输出端 F 的电位接近于 0，即 F 输出为低电平"0"。

综上所述，当 A 为"0"时，F 为"1"；当 A 为"1"时，F 则为"0"。将输出与输入的电压取值关系列表，即得表 3-5。该电路输入/输出之间的逻辑取值关系如表 3-6 所示。显然，该电路实现了非逻辑功能，输出 F 与输入 A 的逻辑表达式为 $F=\overline{A}$。

表 3-5　非门电路输入/输出电压关系

A/V	F/V
0	5
5	0

表 3-6　图 3-12 非门电路的真值表

A	F
0	1
1	0

采用二极管与三极管门组合，可以构成与非门、或非门、与或非门等复合逻辑门电路，这些都是逻辑电路中常用的基本逻辑单元。

上面介绍的二极管与门和或门电路，其优点是电路简单、经济。但在许多门电路互相连接时,由于二极管有正向压降,通过一级门电路以后,输出电平对输入电平约有 0.7V(硅管)的偏移。这样经过一连串的门电路之后,高低电平就会严重偏离原来的数值,以至造成错误的结果。此外,二极管门带负载能力也较差。目前实际应用中使用的是经过反复改进、性能优越的各种集成逻辑门电路。

3.4 TTL 门电路

TTL(Transistor-Transistor Logic)集成电路,即晶体管—晶体管逻辑集成电路。由于 TTL 集成电路具有结构简单、稳定可靠、工作速度范围很宽、生产历史最长、品种繁多等优点,因此 TTL 集成电路至今仍被广泛应用于各种逻辑电路和数字系统中。

3.4.1 TTL 与非门电路

1. 电路结构和工作原理

图 3-13(a)所示为一典型 TTL"与非"门电路,与其对应的逻辑符号如图 3-13(b)所示。图 3-13(a)所示电路按图中虚线分为输入级、中间级和输出级三部分。其中,输入级由多发射极三极管 T_1 和电阻 R_1 组成。多发射极三极管相当于基极、集电极分别连在一起的多个三极管,它的作用等效于"与"逻辑功能。

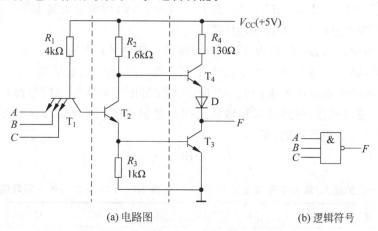

(a) 电路图　　　　　　(b) 逻辑符号

图 3-13　典型的 TTL 与非门电路

中间级由 T_2 管和电阻 R_2、R_3 组成,T_2 管的集电极和发射极提供两个相位相反的信号,以控制输出级 T_3 和 T_4 管的工作状态。由于 T_2 管的集电极输出的电压信号和发射极输出的电压信号变化方向相反,所以把中间级又叫作倒相级。

输出级由三极管 T_3 与 T_4、二极管 D 和电阻 R_4 组成,T_3 管和 T_4 管在中间级 T_2 管的控制下,始终是一个导通一个截止,有效地降低了输出级的静态功耗,因此称之为推拉式的输出级,或者叫作图腾柱式输出电路,以提高 TTL 电路的开关速度和负载能力。为确保 T_3 管饱和导通时 T_4 管可靠地截止,又在 T_4 管的发射极下面串联了二极管 D。

当 A、B、C 三个输入端全接高电平(3.6V)时，T_1 的基极电位和集电极电位均要升高。当 U_{C1} 上升至 1.4V 时，T_2、T_3 管的发射结均得到 0.7V 的导通电压而导通，且处于饱和状态。

T_1 管的基极对地有三个 PN 结串联，所以：T_1 管的基极电位 $U_{B1}=U_{BC1}+U_{BE2}+U_{BE3}=2.1V$，此时，$T_1$ 管的集电极电位 $U_{C1}=U_{BE2}+U_{BE3}=1.4V$，由于输入电压 $U_A=U_B=U_C=3.6V$，使 T_1 管的发射结全部反向偏置($U_{BE1}<0V$)，而集电结($U_{BC1}>0$)却正向偏置，可见 T_1 管工作在"倒置"状态。T_1 倒置工作时，电流放大系数 $\beta_反$ 很小，一般在 0.01 左右。那么，直流电源 U_{CC} 经由 R_1 提供的电流全部经过 T_1 管的集电结流向 T_2 管的基极，为 T_2 管提供了足够大的基极电流，使得 T_2 管饱和导通。T_2 管的发射极向 T_3 管提供了足够的基极电流，从而控制输出级的 T_3 管也处于饱和导通状态。而此时 T_2 管的集电极电位等于 T_2 管 C、E 两极间的饱和导通压降与 T_3 管的发射结压降之和，即 $U_{C2}=U_{CE2}+U_{BE3}=1V$，该值不足以使 T_4 管和二极管 D 同时导通，故 T_4 管和二极管 D 处于截止状态。因此，电路的输出电压 $U_F=U_{CE3}=0.3V$，即输出为低电平。这种"输入全高，输出为低"时电路的工作状态称为"开态"。

当输入端 A、B、C 中至少有一个接低电平(0.3V)时，多发射极三极管 T_1 对应于输入端接低电平的发射结导通，将基极电位钳制在 1V 左右。显然这个电压不足以使 T_2 和 T_3 导通，所以 T_2、T_3 均处于截止状态。此时，电源 V_{CC} 通过 R_2 驱动 T_4 管和二极管 D，使之工作在导通状态。由于 T_4 管的基极电流 i_{b4} 很小，通常可以忽略 R_2 两端压降，故电路的输出电压 $U_F=U_{CC}-U_{BE4}-U_D=5-0.7-0.7=3.6V$，即输出为高电平。这种"输入有低，输出为高"时电路的工作状态称为"关态"。

综上所述，当输入 A、B、C 均为高电平时，输出为低电平；当输入 A、B、C 中至少有一个为低电平时，输出为高电平。假定高电平用字母 H 表示，低电平用字母 L 表示，电路输出/输入之间的电压取值关系如表 3-7 所示。按照正逻辑体制为门电路的输入信号和输出信号进行逻辑赋值，电路输入和输出之间的逻辑取值关系如表 3-8 所示。显而易见，该电路实现了与非逻辑功能，即

$$F=\overline{ABC}$$

表 3-7　TTL 与非门的输入/输出电压取值关系

A	B	C	F
L	L	L	H
L	L	H	H
L	H	L	H
L	H	H	H
H	L	L	H
H	L	H	H
H	H	L	H
H	H	H	L

表 3-8　TTL 与非门的逻辑取值关系

A	B	C	F
0	0	0	1
0	0	1	1
0	1	0	1
0	1	1	1
1	0	0	1
1	0	1	1
1	1	0	1
1	1	1	0

2. TTL 与非门的电压传输特性

电压传输特性是指输出电压与输入电压之间的关系曲线。TTL 与非门电压传输特性曲线如图 3-14 所示。这条曲线反映了与非门的重要特性。从输入和输出电压变化的关系中可以了解到关于 TTL 与非门电路在应用时的主要参数,如开门电平、关门电平、抗干扰能力等。

电压传输特性大体可分成如下四段。

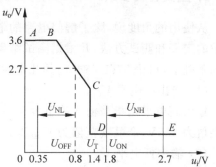

图 3-14 TTL 与非门的电压传输特性曲线

AB 段:u_i 在 $0\sim0.6V$,属于低电平范围,T_2、T_3 处于截止状态,u_o 保持高电平 3.6V。

BC 段:u_i 在 $0.6\sim1.3V$,在这个区间里,$U_{C1}>0.7V$($U_{C1}=u_i+U_{CES1}$),T_2 开始导通(T_3 仍然截止),T_2 的集电极电流增大,引起 U_{C2} 减小,输出电压 u_o 随之下降($u_o=U_{C2}-U_D-U_{BE4}$)。

CD 段:u_i 约为 1.4V,这一段曲线很陡,u_i 略增加一些,u_o 迅速下降,这是因为当 u_i 增大到约 1.4V 时,T_3 开始导通,T_4 趋于截止,u_i 略有增加,I_{B3} 迅速增大,U_{C2} 迅速下降,迫使 D、T_4 截止,并促使 T_3 很快进入饱和状态,这一段称为特性曲线的转折区。转折区所对应的电压称为"门限电压",用 U_T 表示。

DE 段:$u_i>1.4V$,T_3 处于深度饱和状态,输出电压维持低电平不变。

结合电压传输特性,我们现在讨论 TTL 与非门的抗干扰能力问题,在集成门电路中,经常以噪声容限的数值来定量说明门电路抗干扰能力的大小。

由图 3-14 可知,在确保输出为高电平时,输入低电平可以有一个变化范围,同样,在确保输出为低电平时输入高电平也有一个变化范围,这个变化范围就是电路的抗干扰能力。

所谓关门电平,就是在保证输出为额定高电平(手册中规定为 2.7V)条件下,允许的最大输入低电平值,用 U_{OFF} 表示;而在确保输出为额定低电平(手册中规定为 0.35V)时所允许的最小输入高电平值称为开门电平,用 U_{ON} 表示。

U_{ON} 和 U_{OFF} 是门电路的重要参数,手册中规定 $U_{OFF}\leqslant0.8V$,$U_{ON}\geqslant1.8V$。

如果前级输出的低电平为 U_{OL},高电平为 U_{OH},对应为本级输入低电平 U_{IL}、高电平 U_{IH},则输入低电平时的噪声容限为

$$U_{NL}=U_{OFF}-U_{IL}$$

将 $U_{OFF}=0.8V$,$U_{IL}=0.35V$ 代入上式得

$$U_{NL}=0.8-0.35=0.45V$$

上式说明 TTL 与非门在正常输入低电平为 0.35V 的情况下允许叠加一个噪声(或干扰)电压,只要干扰电压的幅值不超过 0.45V,电路仍能正常工作。

输入高电平时的噪声容限为

$$U_{NH}=U_{IH}-U_{ON}$$

当 $U_{IH}=2.7V$,$U_{ON}=1.8V$,则 $U_{NH}=0.9V$。

上式表明,在输入高电平时,只要干扰电压的幅值不超过 0.9V,输出就能保持正确的逻辑值。

3. 主要特性参数

从使用的角度说,除了解门电路的电路原理、逻辑功能外,还必须了解门电路的主要参数的定义和测试方法,并根据测试结果判断器件性能的好坏。下面在讨论电压传输特性的基础上,讨论 TTL 与非门的几个主要参数。

(1) 输出高电平 V_{OH}

输出高电平是指当输入端至少有一个接低电平,输出端空载时的输出电平。V_{OH} 的典型值为 3.6V,产品规范值为 $V_{OH} \geq 2.4V$。

(2) 输出低电平 V_{OL}

输出低电平是指输入全为高电平时的输出电平,对应图 3-14 中 D 点右边平坦部分的电压值,V_{OL} 的典型值为 0.3V,产品规范值为 $V_{OL} \leq 0.4V$。

一般来说,希望输出高电平与低电平之间的差值越大越好,因为两者相差越大,逻辑值 1 和 0 的区别便越明显,电路工作也就越可靠。

(3) 扇入系数 N_I

扇入系数是指门电路提供的输入端个数,它是由电路制造厂家在电路生产时预先安排好的,通常 N_I 为 2~5,一般最多不超过 8。实际应用中要求输入端数目超过 N_I 时,可通过分级实现的方法减少对扇入系数的要求。

(4) 扇出系数 N_O

扇出系数是指带负载的个数。它表示与非门输出端最多能与几个同类的与非门连接,典型的 TTL 与非门的扇出系数 $N_O \geq 8$。

(5) 开门电平 U_{ON}

在额定负载下,确保输出为低电平时所允许的最小输入高电平称为开门电平,它表示使与非门开通的输入高电平最小值。U_{ON} 的典型值为 2.5V,产品规范值为 $U_{ON} \geq 1.8V$。

(6) 关门电平 U_{OFF}

关门电平是指保证与非门输出为高电平时所允许的最大输入低电平,它表示使与非门关断的输入低电平最大值。U_{OFF} 的典型值为 0.8V,产品规范值为 $U_{OFF} \leq 1.3V$。

(7) 平均传输延迟时间 t_{pd}

在与非门输入端加上一个方波电压,输出电压较输入电压有一定的时间延迟。如图 3-15 所示,从输入波形上升沿的中点到输出波形下降沿的中点之间的时间延迟称为导通延迟时间 $t_{d(on)}$,从输入波形下降沿中点到输出波形上升沿中点之间的时间延迟称为截止延迟时间 $t_{d(off)}$。平均传输延迟时间定义为

$$t_{pd} = \frac{t_{d(on)} + t_{d(off)}}{2}$$

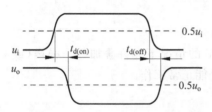

图 3-15　TTL 与非门的传输延迟时间

平均传输延迟时间是反映与非门开关速度的一个重要参数，t_{pd} 的典型值为 10ns，一般小于 40ns。

4．常用的 TTL 集成逻辑门

除了与非门外，常用的 TTL 集成逻辑门还有与门、或门、非门、或非门、与或非门、异或门等多种不同功能的产品。各种集成逻辑门属于小规模集成电路，图 3-16 介绍的是几种常用的 TTL 门电路芯片。

（1）基本逻辑门

基本逻辑门是指实现 3 种基本逻辑运算的与门、或门和非门。常用的 TTL 与门集成电路芯片有 74 系列的四 2 输入与门 7408，三 3 输入与门 7411 等，图 3-16(a) 所示为三 3 输入与门 7411 的引脚排列图；常用的 TTL 或门集成电路芯片有四 2 输入或门 7432 等，图 3-16(b) 所示为 7432 的引脚排列图；常用的 TTL 非门集成电路芯片有六反相器 7404 等，图 3-16(c) 所示为 7404 的引脚排列图。图中 V_{CC} 为电源引脚，GND 为接地引脚。

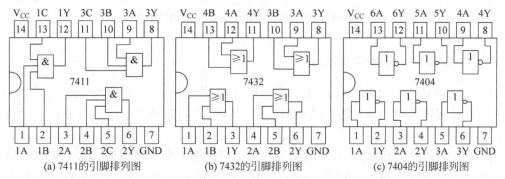

(a) 7411的引脚排列图　　(b) 7432的引脚排列图　　(c) 7404的引脚排列图

图 3-16　集成逻辑门 7411、7432、7404 的引脚排列图

（2）复合逻辑门

复合逻辑门是指实现复合逻辑运算的与非门、或非门、与或非门、异或门等。常用的 TTL 与非门集成电路芯片有四 2 输入与非门 7400，三 3 输入与非门 7410，二 4 输入与非门 7420 等。图 3-17 中的(a)、(b)、(c) 分别给出了 7400、7410 和 7420 的引脚排列图。图 3-17(c) 中的 NC 为空引脚。

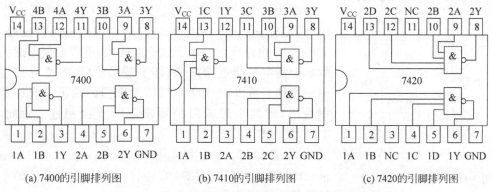

(a) 7400的引脚排列图　　(b) 7410的引脚排列图　　(c) 7420的引脚排列图

图 3-17　集成逻辑门 7400、7410、7420 的引脚排列图

常用的 TTL 或非门集成电路芯片有四 2 输入或非门 7402,三 3 输入或非门 7427 等,图 3-18(a)所示为 7402 的引脚排列图。常用的 TTL 与或非门集成电路芯片有双 2-2 与或非门 7451,3-2-2-3 与或非门 7454 等,图 3-18(b)所示为 7451 的引脚排列图。异或门只有两个输入端,常用的 TTL 异或门集成电路芯片有 7486 等,图 3-18(c)所示为 7486 的引脚排列图。

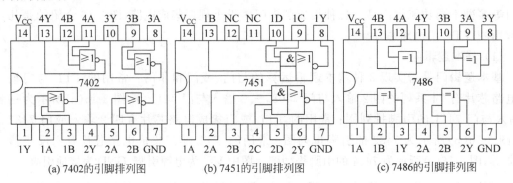

(a) 7402的引脚排列图　　(b) 7451的引脚排列图　　(c) 7486的引脚排列图

图 3-18　集成逻辑门 7402、7451、7486 的引脚排列图

5. TTL 逻辑门的使用注意事项

(1) TTL 逻辑门的电源电压应满足 $5\times(1\pm5\%)$V 的要求,电源不能反接。

(2) 一般逻辑门的输出不能并联使用(OC 门和三态门除外),也不允许直接与电源或"地"相接。

(3) 对逻辑门的多余输入端,应根据不同逻辑门的逻辑要求接电源、地,或者与其他使用的输入引脚并接。例如,将与门和与非门的多余输入端接电源,或门和或非门的多余输入端接地。总之,既要避免多余输入端悬空造成信号干扰,又要保证对多余输入端的处置不影响正常的逻辑功能。

3.4.2　集电极开路门(OC 门)

若将两个 TTL 与非门的输出端连接在一起,由于推拉式输出级门电路,无论是输出高电平还是输出低电平,其输出电阻都很小。那么,当一个门(G_1)输出高电平,而另一个门(G_2)输出低电平时,必定有一个很大的电流流过两个门的输出级电路,如图 3-19 电路所示。由于这个电流大,不仅会使导通门输出的低电平严重抬高,破坏了逻辑功能,甚至导致逻辑门损坏。所以,一般的 TTL 逻辑门的输出不允许并联使用,即两个逻辑门的输出不能直接相连。为此,TTL 系列产品中专门设计了一种输出端可以相互连接的特殊逻辑门,称为集电极开路门(Open Collector gate),简称 OC 门。图 3-20(a)、(b) 为 OC 与非门的电路结构和逻辑符号。

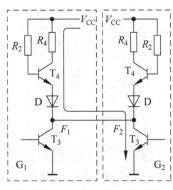

图 3-19　两个 TTL 与非门输出端并联

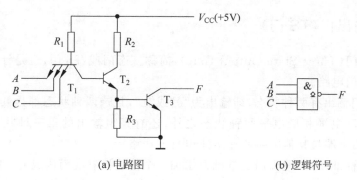

(a) 电路图　　　　　　　　(b) 逻辑符号

图 3-20　集电极开路 TTL 与非门电路（OC 门）

由图 3-20(a)可以看出，OC 门的输出管 T_3 集电极开路。OC 门在工作时输出端必须外接上拉电阻 R_L 和电源 V_{CC}。当门电路的输入端有低电平"0"时，T_1 深度饱和，T_2、T_3 均截止，输出端为高电平"1"（V_{CC}）。当输入端全为高电平"1"时，T_2、T_3 均饱和导通，输出端为低电平"0"。所以，该电路实现与非逻辑功能。

将多个 OC 门的输出端直接相连，并且接入同一个上拉电阻和外加电压源，其总的输出为各个 OC 门输出信号的逻辑与，这样实现的与逻辑功能称为"线与"。图 3-21 给出两个 OC 门实现的"线与"逻辑电路。由 OC 门内部结构分析可知，只有当两个 OC 门输出均为高电平"1"，即它们的输出管 T_3 都截止时，线与逻辑电路的输出才为高电平"1"；反之，当两个 OC 门输出中有一个为低电平"0"时，其对应输出管 T_3 导通，便将线与逻辑电路的输出钳位于低电平"0"。可见，在这个输出端并联的输出线上，正好实现了与逻辑运算关系，则有 $F=F_1 \cdot F_2 = \overline{A_1B_1C_1} \cdot \overline{A_2B_2C_2} = \overline{A_1B_1C_1+A_2B_2C_2}$。

从上式可以看出，OC 与非门的线与即可实现与或非逻辑功能。

常用的 TTL 集电极开路门芯片有六反相器 7405、四 2 输入与门 7409、四 2 输入与非门 7403、三 3 输入与非门 7412、双 4 输入与非门 7422、三 3 输入与门 7415 等。图 3-22 所示为四 2 输入与非门 7403 的引脚排列图。

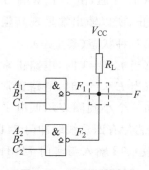
图 3-21　OC 门"线与"

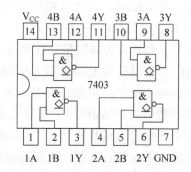
图 3-22　OC 门 7403 的引脚排列图

在数字系统中，OC 门除了可以很方便地实现线与逻辑功能外，还可用于总线传输、电平转换以及直接驱动发光二极管等。

3.4.3 三态输出门(TS 门)

三态门输出门(Three State Output Gate),简称三态门或 TS 门,也是计算机中广泛应用的一种特殊门电路。

一般 TTL 门输出有两种状态,即输出为"0"或"1",且这两种状态都是低阻输出。三态门的输出除了高电平和低电平两种状态之外,还有高阻输出的第三种状态即禁止状态,此时三态门输出端与其他电路的连接处相当于开路。

三态门是在标准 TTL 逻辑门的基础上添加一个使能控制端而构成的。图 3-23 给出了一种三态输出与非门的电路结构和逻辑符号,其中 EN 为使能端,A、B 为数据输入端。

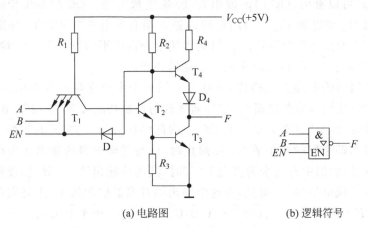

(a) 电路图　　　　　　(b) 逻辑符号

图 3-23　三态输出与非门电路

当使能端 EN 为高电平($EN=1$)时,二极管 D 截止,三态门的输出状态将完全取决于数据输入端 A、B 的状态,电路输出与输入的逻辑关系与一般的与非门相同,三态门处于工作状态。当使能端 EN 为低电平($EN=0$)时,二极管 D 导通,由于 EN 端与 T_2 的集电极相连,U_{C2} 也是低电平,这时 T_2、T_3、T_4 和 D_4 均截止,所以输出端呈现高阻状态,即输出端到 V_{CC} 和地均为高阻抗。这是三态"与非"门的第三种状态(禁止态)。

在三态门的逻辑符号上通常用 EN 表示高电平有效(当 $EN=1$ 时,电路正常工作;当 $EN=0$ 时,输出处于高阻态),用 $\overline{EN}$ 表示低电平有效(当 $\overline{EN}=0$ 时,电路正常工作;当 $\overline{EN}=1$ 时,输出处于高阻态)。有时也通过在控制端加一个小圆圈表示低电平有效,控制端没有小圆圈表示高电平有效。常用的 TTL 三态门芯片有四总线缓冲门 74125(使能控制端为低电平有效)、74126(使能控制端为高电平有效)、12 输入与非门 74134(使能控制端为低电平有效)等。

三态门在计算机系统中常用于总线传输。它既可用于单向数据传送,也可用于双向数据传送。CPU 微处理器及其外围接口芯片的 I/O 接口都采用三态门的双向传输结构设计。

图 3-24(a)所示为三态门构成的单向数据总线。当某个三态门的控制端 EN 为高电

平"1",其余三态门的控制端均为"0"时,该三态门处于工作状态,其输入信号 D_i 便被反相送上总线,其余输出均为高阻状态。因此,通过控制三态门的使能端,就能实现数据的分时传送。例如,在计算机系统中,CPU 经常要与多个外围设备进行数据交换,然而 CPU 的数据口是有限的,这种总线结构可以极大地提高 CPU 的 I/O 接口的利用率。

图 3-24(b)所示为三态门构成的双向数据总线。当 $EN=1$ 时,G_1 工作,G_2 处于高阻状态,数据 D_1 被反相送至总线;当 $EN=0$ 时,G_2 工作,G_1 处于高阻状态,总线上的数据被取反后送到数据端 D_2,从而实现了数据的分时双向传送。

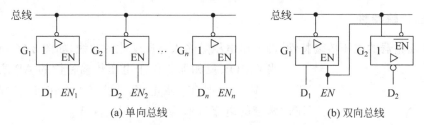

(a) 单向总线　　　　　　　　　　(b) 双向总线

图 3-24　用三态门组成的单向总线和双向总线

3.5　CMOS 门电路

CMOS 是互补对称 MOS 电路的简称(Complementary Metal-Oxide-Semiconductor),其电路结构都采用增强型 PMOS 管和增强型 NMOS 管按互补对称形式连接而成,由于 CMOS 集成电路具有功耗低、工作电流电压范围宽、抗干扰能力强、输入阻抗高、扇出系数大、集成度高、成本低等一系列优点,其应用领域十分广泛,尤其在大规模集成电路中更显示出它的优越性,是目前得到广泛应用的器件。

3.5.1　CMOS 反相器

1. 电路结构

CMOS 反相器是 CMOS 集成电路最基本的逻辑元件之一,其电路如图 3-25 所示,它是由一个增强型 NMOS 管 T_N 和一个 PMOS 管 T_P 构成的互补对称式的电路结构。

两管的栅极相连作为反相器的输入端,漏极相连作为输出端,PMOS 管 T_P 的衬底和源极相连接电源 V_{DD},NMOS 管 T_N 的衬底与源极相连后接地。为了保证门电路能够正常工作,一般要求供电电源的源电压应该大于两个 MOS 管的开启电压之和,即 $V_{DD}>(V_{TN}+|V_{TP}|)$,(V_{TN} 和 $|V_{TP}|$ 是 T_N 和 T_P 的开启电压)。NMOS 管是驱动管,PMOS 管是驱动管的有源负载,称为负载管。

当电路输入低电平"0"时,PMOS 管 T_P 导通,且导通内阻很低;而 NMOS 管 T_N 截止,这时 T_N 管的阻抗比 T_P 管的阻抗高

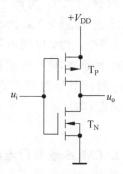

图 3-25　CMOS 反相器

得多(两阻抗比值可高达 10^6 以上),电源电压主要降在 T_N 上,输出电压约为 V_{DD},即电路输出为高电平"1"。

当电路输入高电平"1"时,T_N 导通,T_P 截止,电源电压主要降在 T_P 上,输出电压约为 0V,即电路输出为低电平"0"。可见此电路实现了非逻辑功能。

由于静态下无论输入是高电平还是低电平,两管总是工作在一个导通而另一个截止的状态,而且截止内阻又极高,流过 T_N 和 T_P 的电流极小,仅是截止管的沟道漏电流,因此,静态功耗非常小,典型值约 10nW。

2. 电压传输特性

CMOS 反相器的电压传输特性,即输出电压随输入电压变化的曲线,如图 3-26 所示。

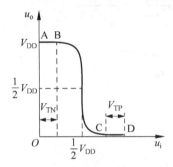

图 3-26 CMOS 反相器的电压传输特性

当 CMOS 反相器工作于电压传输特性的 AB 段时,由于 $u_i < V_{TN}$,这时 T_N 截止,T_P 导通(工作在可变电阻区),流过两管的电流近似为 0,$u_o = V_{OH} \approx V_{DD}$。

在特性曲线的 CD 段,由于 $u_i > V_{DD} - |V_{TP}|$,这时 T_N 导通(工作在可变电阻区),T_P 截止,$u_o = V_{OL} \approx 0V$。

在特性曲线的 BC 段,即 $V_{TN} < u_i < V_{DD} - |V_{TP}|$ 的区间,T_P 和 T_N 同时导通。如果 T_P 和 T_N 的参数完全对称,则 $u_i = V_{DD}/2$ 时两管的导通内阻相等,$u_o = V_{DD}/2$,即工作于电压传输特性转折区的中点。因此,CMOS 反相器的阈值电压为 $U_{TH} \approx V_{DD}/2$。

从传输特性曲线可以看出,转折区的变化率很大,且 $U_{TH} \approx V_{DD}/2$,所以,CMOS 反相器的电压传输特性接近于理想开关特性。由于电压传输特性曲线的转折点大约为 $V_{DD}/2$,干扰信号必须大于或等于 $V_{DD}/2$ 才能导致状态改变,所以说 CMOS 门电路具有极强的抗干扰能力。

3.5.2 其他类型的 CMOS 门电路

1. CMOS 与非门电路

CMOS 与非门电路的基本结构形式如图 3-27 所示,图中 T_1、T_2 为两个串联的 NMOS 管,T_3、T_4 为两个并联的 PMOS 管,每个输入端(A 和 B)都直接连到配对的 NMOS 管(驱动管)和 PMOS(负载管)的栅极。当 A、B 两个输入中有一个或一个以上为低电平"0"时,与低电平输入相连接的 NMOS 管截止,而与低电平输入相连接的 PMOS 管导通,使得电路输出 F 为高电平"1"。只有当两个输入端同时为高电平"1"时,T_1、T_2 管同时导通,T_3、T_4 管同时截止,输出 F 为低电平"0"。因此,该电路实现了与非逻辑功能,即

$$F = \overline{AB}$$

2. CMOS 或非门电路

图 3-28 所示电路为两输入 CMOS 或非门电路,其连接形式正好和与非门电路相反,

T_1、T_2 两个 NMOS 管是并联的,作为驱动管,T_3、T_4 两个 PMOS 管是串联的,作为负载管,两个输入端 A、B 仍接至 NMOS 管和 PMOS 管的栅极。

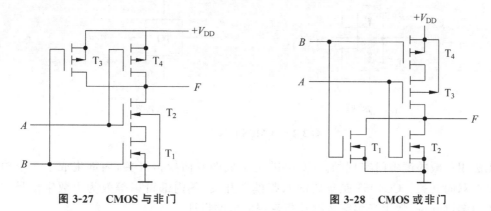

图 3-27　CMOS 与非门　　　　　　　图 3-28　CMOS 或非门

其工作原理是:当输入 A、B 中只要有一个或一个以上为高电平"1"时,与高电平直接连接的 NMOS 管 T_1 或 T_2 就会导通,而与高电平直接连接的 PMOS 管 T_3 或 T_4 就会截止,使得输出 F 为低电平"0"。只有当两个输入均为低电平"0"时,才使 T_1、T_2 管同时截止,T_3、T_4 管同时导通,故输出 F 为高电平"1",因此,该电路实现了或非逻辑关系,即

$$F = \overline{A+B}$$

利用与非门、或非门和反相器又可组成与门、或门、与或非门、异或门等逻辑门,这里不再一一列举。

3. CMOS 传输门

CMOS 传输门也是 CMOS 集成电路的基本单元,其功能是对所要传送的信号电平起允许通过或者禁止通过的作用。

CMOS 传输门的基本电路及逻辑符号如图 3-29(a)、(b)所示,它是由一只增强型 NMOS 管 T_N 和一只增强型 PMOS 管 T_P 按闭环互补形式连接而成的,T_P 的衬底接高电平(V_{DD}),T_N 的衬底接低电平(0V)。将两管的源极相连、漏极相连,分别作为传输门的输入端和输出端。两管的栅极作为控制端,分别接入互补控制信号 C 和 $\overline{C}$。由于 T_P 和 T_N 管的结构形式是对称的,即漏极和源极可互换使用,因而 CMOS 传输门属于双向器件,它的输入端和输出端也可以互换使用。这就是具有信号双向传输能力的 CMOS 传输门,简称 TG(Transmission Gate)。

如果控制端 C 为高电平"1"(V_{DD}),$\overline{C}$ 为低电平"0"(0V),则当 $0 < u_i < V_{DD} - U_{TN}$ 时 T_N 将导通,而当 $|U_{TP}| < u_i < V_{DD}$ 时 T_P 导通。因此,u_i 在 $0 \sim V_{DD}$ 变化时,T_P 和 T_N 至少有一个是导通的,使得 u_i 和 u_o 两端之间呈低阻态(<1kΩ),传输门导通。

当控制端 C 为低电平"0",$\overline{C}$ 为高电平"1"时,此时若 u_i 在 $0 \sim V_{DD}$,则 T_P 和 T_N 同时截止,输入与输出之间呈高阻态(>10^9Ω),传输门截止。

传输门的一个重要用途是用作模拟开关,用来传输连续变化的模拟电压信号。这一

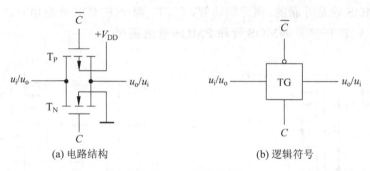

图 3-29 CMOS 传输门

点是无法用一般的逻辑门实现的。CC4066 是集成四双向模拟开关,内部集成了 4 个独立的可控双向开关。CC4051 是集成的八路模拟开关,其内部可以等效为由数字信号控制的单刀多掷开关,常用于多路数据采集系统的电路设计。

利用 CMOS 传输门和 CMOS 反相器可以组成各种复杂的逻辑电路,如数据选择器、寄存器、计数器等。

3.5.3 CMOS 集成逻辑门

CMOS 电路是目前应用最广泛的一类集成电路,于 1968 年推出的 4000 系列,仍是目前最受欢迎的系列。CMOS 集成电路的主要系列有标准 CMOS 4000 系列、高速 CMOS 74HC 系列、与 TTL 兼容的高速 CMOS 74HCT 系列、先进 CMOS 74AC 系列、与 TTL 兼容的先进 CMOS 74ACT 系列。CMOS 电路工作电压范围宽,4000 系列为 3～18V,74HC 系列为 2～6V。随着制造工艺的不断改进,CMOS 电路的工作速度已接近 TTL 电路,而在集成度、功耗、抗干扰能力等方面则远优于 TTL 电路。目前,几乎所有的超大规模集成器件,如超大规模存储器件、可编程逻辑器件等都采用 CMOS 工艺制造。

常用的 CMOS 逻辑门有 CMOS 4000 系列、高速 CMOS 74HC 系列。国产 CMOS 集成电路主要有 CC4000 系列,其中的第一个字母 C 代表中国,第二个字母 C 代表 CMOS。下面以 4000 系列为例,给出几种常用逻辑门的型号。

1. 基本逻辑门

常用的 CMOS 非门集成电路芯片有六反相器 4069;常用的 CMOS 与门集成电路芯片有四 2 输入与门 4081、双 4 输入与门 4082、三 3 输入与门 4073 等;常用的 CMOS 或门集成电路芯片有四 2 输入或门 4071、双 4 输入或门 4072、三 3 输入或门 4075 等。

2. 复合逻辑门

4000 系列常用的复合逻辑门有四 2 输入或非门 4001、双 4 输入或非门 4002、三 3 输入或非门 4025、四 2 输入与非门 4011、双 4 输入与非门 4012、三 3 输入与非门 4023 以及四异或门 4030 等。

有关各种 CMOS 集成门电路的详细资料可查阅 CMOS 集成电路芯片手册。

3. CMOS 逻辑门的使用注意事项

① 注意所有规定的极限参数指标，如电源电压、输入电压范围、允许功耗、工作环境和储存环境温度范围等。

② 保证正常的电源电压值。CMOS 逻辑门的电压工作范围较宽，大多在 3～18V 范围内均可以工作。一般令电源电压 $U_{DD}=(U_{DDmax}+U_{DDmin})/2$，其中 U_{DDmax} 和 U_{DDmin} 分别表示工作电压的上限和下限。

③ CMOS 器件输入端不允许悬空，否则会导致门电路被击穿，一般不用的输入端可视具体情况接电源或者接地，或者连接到被使用的另一个输入端。一般 CMOS 逻辑门的输出端不能并联使用。

④ 由于 CMOS 逻辑门电路中 MOS 管栅极的二氧化硅层很薄，容易被击穿，所以应注意采取一些常规的静电击穿防止措施。例如，在开始进行实验、测量、调试时，应先接通电源后加信号，结束时应先断开信号再关电源；插拔芯片时应先断开电源；储存、运输时应该采用金属屏蔽层作包装材料等。

本 章 小 结

逻辑门电路是构成各种复杂数字电路的基本逻辑单元，掌握各种门电路的逻辑功能和电气特性，有助于正确使用数字集成电路。

在逻辑电路发展初期，逻辑门电路由分立元件构成，日新月异的半导体工艺促进了集成电路的迅猛发展。本章在对数字集成电路的分类以及半导体器件开关特性进行介绍的基础上，重点介绍了目前应用最广泛的 TTL 和 CMOS 集成门电路。在学习这些集成电路时，应将重点放在它们的外部特性上。文中涉及集成电路的内部结构和工作原理，旨在帮助读者更好地理解和运用这些外部特性。外部特性包含逻辑功能（输出与输入之间的逻辑关系）和电气特性（电压传输特性、输入特性、输出特性和动态特性等）两方面内容。

无论逻辑电路内部结构多复杂，TTL 电路和 CMOS 电路的输入端和输出端的电路结构都分别与本章所讲的 TTL 电路和 CMOS 电路类似，本章介绍的外部电气特性对这些电路均适用。读者应熟悉集成逻辑门的主要特性参数以便规范使用数字集成电路。

习 题

3-1 根据制造工艺的不同，集成电路可分为哪两大类？各自的主要优缺点是什么？

3-2 简述二极管、三极管的开关条件。

3-3 二极管门电路如图 3-30 所示。已知二极管 D_1、D_2 导通压降为 0.7V，试回答下列问题：

(1) A 接 10V，B 接 0.3V，输出 u_O 为多少伏？

(2) A、B 都接 10V，输出 u_O 为多少伏？

(3) A 接 0.3V，B 悬空，用万用表测 B 端电压，u_B 为多

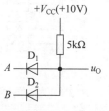

图 3-30 题 3-3 电路图

少伏？

3-4 TTL 与非门如有多余输入端能不能将它接地？为什么？TTL 或非门如有多余输入端能不能将它接 V_{CC} 或悬空？为什么？

3-5 试说明能否将与非门、或非门、异或门当作反相器使用？如果可以，各输入端应如何连接？

3-6 TTL 门电路的传输特性曲线可反映出它的哪些主要性能参数？

3-7 OC 门和 TS 门各有哪些特点？它们各自有什么主要用途？

3-8 在图 3-31(a)～(h)所示的 TTL 门电路中，已知关门电阻 $R_{OFF}=700\Omega$，开门电阻 $R_{ON}=2.3\mathrm{k}\Omega$，试判别哪些电路输出高电平 1，哪些电路输出低电平 0？

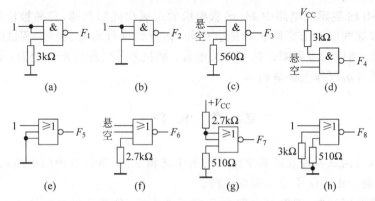

图 3-31 题 3-8 电路图

3-9 在图 3-32(a)～(c)所示的 TTL 门电路中，已知输入信号 A、B、C 的波形如图 3-32(d)所示，试写出 F_1～F_3 的逻辑表达式，并根据输入波形画出相应的输出波形。

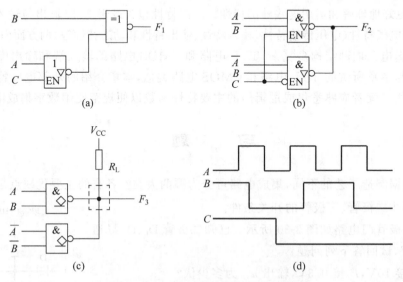

图 3-32 题 3-9 电路图及输入信号波形图

3-10 试分析图 3-33 所示电路的逻辑功能,写出输出 F 的逻辑函数表达式。

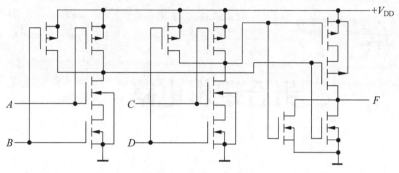

图 3-33 题 3-10 电路图

3-11 已知 CMOS 门电路及输入信号 A、B、EN 的波形,如图 3-34 所示,试画出输出信号 Y 的波形。

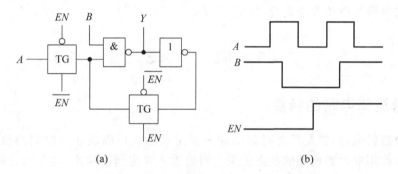

图 3-34 题 3-11 电路图和输入信号波形图

3-12 试用 CMOS 传输门和 CMOS 反相器构成双向模拟开关。

第 4 章 组合逻辑电路

逻辑运算描述了逻辑变量之间的因果关系,而数字电路就是实现逻辑运算的电子电路。根据电路结构和逻辑功能的不同特点,可以把数字逻辑电路分为两大类,一类叫作组合逻辑电路(简称组合电路),另一类叫作时序逻辑电路(简称时序电路)。本章将对组合逻辑电路的分析和设计方法进行讨论。

4.1 概述

4.1.1 组合逻辑电路的特点

所谓组合逻辑电路,就是任意时刻的输出稳定状态仅仅取决于该时刻的输入信号,而与输入信号作用前电路所处的状态无关。当前输入决定当前输出,这是组合逻辑电路在逻辑功能上的共同特点。

对于任何一个多输入、多输出的组合逻辑电路,都可以用图 4-1 所示的框图表示。图中 $a_1, a_2, \cdots, a_n$ 表示输入变量,$y_1, y_2, \cdots, y_m$ 表示输出变量。输出与输入的逻辑关系可以用一组逻辑函数表示:

图 4-1 组合逻辑电路框图

$$\begin{cases} y_1 = f_1(a_1, a_2, \cdots, a_n) \\ y_2 = f_2(a_1, a_2, \cdots, a_n) \\ \vdots \\ y_m = f_m(a_1, a_2, \cdots, a_n) \end{cases}$$

或者写成向量函数的形式:

$$Y = F(A)$$

从组合电路逻辑功能的特点不难想到,既然它的输出与电路的历史状态无关,那么电路中就不能包含存储单元。这就构成了组合逻辑电路在电路结构上的共同特点,即组合电路由逻辑门电路构成,不包含存储信息的记忆元件;电路中信号由输入端向输出端单向传输,不存在任何反馈回路。

4.1.2 组合电路逻辑功能的描述

从理论上讲,逻辑图本身就是逻辑功能的一种表达方式。然而在许多情况下,用逻辑图表示的逻辑功能不够直观,往往还需要把它转换为逻辑函数表达式、逻辑真值表或函数卡诺图的形式,以使电路的逻辑功能更加直观、明显。此外,还有一种逻辑功能描述方法,它就是描述电路的输出和输入信号在时间上对应关系的工作波形图,也叫时序图。波形图直观地反映了电路的输出信号随时间和输入信号变化的规律,有助于我们理解组合电路的工作特点。

图 4-2 是一个组合逻辑电路的例子,它有 3 个输入变量 A、B、C 和一个输出变量 F。由图 4-2 可知,在任何时刻,只要 A、B 和 C 的取值确定,则 F 的值也随之确定,与电路过去的工作状态无关。如图 4-3 所示的波形图给出了 3 个输入端 A、B、C 的输入波形,以及与之相对应的输出信号 F 的波形。

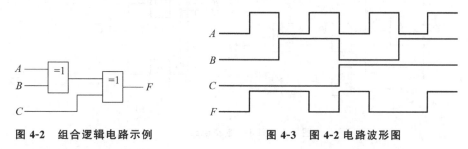

图 4-2 组合逻辑电路示例　　　　图 4-3 图 4-2 电路波形图

组合逻辑电路不但能独立完成各种复杂的逻辑功能,而且是时序逻辑电路的组成部分,在数字系统中的应用十分广泛。本章将运用前两章所介绍的逻辑代数和逻辑门电路等基本知识,重点讨论对组合逻辑电路进行分析和设计的基本方法,介绍常见的中规模组合逻辑器件及其应用,并对组合逻辑电路中的竞争与冒险问题作一般的介绍。

4.2 组合逻辑电路的分析

分析组合逻辑电路,就是根据已知的逻辑电路图,确定其逻辑功能,即找出输出逻辑函数与输入逻辑变量之间的逻辑关系。对逻辑电路进行分析,一方面可以吸取某些逻辑电路优秀的设计思想,另一方面也可以改进和完善某些不合理的设计方案等。

组合逻辑电路的分析通常可以按以下步骤进行。

(1) 根据逻辑电路图写出各输出端的逻辑函数表达式。一般从输入端开始,逐级写出各级门电路输出端的逻辑函数表达式,进而得到描述电路输出与输入变量之间逻辑关系的函数式。

(2) 化简输出函数表达式。为了简单、清晰地反映电路输入和输出之间的逻辑关系,一般应对各逻辑函数表达式进行化简和变换。此外,描述一个电路逻辑功能的函数表达式是否达到最简,是评价该电路设计是否经济、合理的依据。

(3) 列出输出函数真值表。根据化简后的逻辑函数表达式,列出相应的真值表。由于描述同一逻辑关系的表达式具有多样性,一般很难通过函数表达式推敲出电路的逻辑功能。而逻辑函数的真值表详尽地给出了电路输入、输出的取值关系,比较直观地描述了电路的逻辑功能。

(4) 功能评述。依据真值表和逻辑函数表达式对逻辑电路进行分析,归纳总结电路的逻辑功能,给出对该逻辑电路的评价,必要时提出改进意见和改进方案。

值得注意的是:在确定电路的逻辑功能时,其描述术语要尽量规范、简短和准确。在数字系统中,常见的组合逻辑电路的逻辑功能主要有二进制数的运算、二进制数的比较、编码与译码、数字信号的选择与分配、二进制代码的变换、奇偶校验等。

下面举例说明组合逻辑电路的分析方法。

例 4-1 分析图 4-4(a)所示的组合逻辑电路。

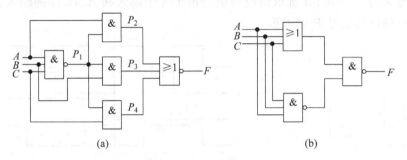

图 4-4 例 4-1 逻辑电路

解:(1) 根据逻辑电路图,写出逻辑函数表达式。

根据电路中每种逻辑门电路的功能,从输入端到输出端,逐级写出各级逻辑门的函数表达式:

$$P_1 = \overline{ABC}$$
$$P_2 = A \cdot P_1 = A \cdot \overline{ABC}$$
$$P_3 = B \cdot P_1 = B \cdot \overline{ABC}$$
$$P_4 = C \cdot P_1 = C \cdot \overline{ABC}$$
$$F = \overline{P_2 + P_3 + P_4} = \overline{A \cdot \overline{ABC} + B \cdot \overline{ABC} + C \cdot \overline{ABC}}$$

(2) 化简输出函数表达式。

用代数化简法对输出函数表达式化简如下:

$$F = \overline{A \cdot \overline{ABC} + B \cdot \overline{ABC} + C \cdot \overline{ABC}}$$
$$= \overline{\overline{ABC}(A + B + C)}$$
$$= \overline{\overline{ABC}} + \overline{A + B + C}$$
$$= ABC + \overline{A}\,\overline{B}\,\overline{C}$$

(3) 列出输出函数真值表。

根据化简后的逻辑函数表达式,列出逻辑函数真值表,如表 4-1 所示。

表 4-1 例 4-1 的真值表

A	B	C	F
0	0	0	1
0	0	1	0
0	1	0	0
0	1	1	0
1	0	0	0
1	0	1	0
1	1	0	0
1	1	1	1

（4）功能评述。

由真值表可知，该电路仅当输入 A、B、C 取值都为"0"或都为"1"时，输出 F 的值为 1，其他情况下输出 F 均为"0"。也就是说，当输入一致时输出为"1"，输入不一致时输出为"0"。可见，该电路具有检查输入信号是否一致的逻辑功能，通常称该电路为"一致性判别电路"。

在某些对信息的可靠性要求非常高的系统中，往往采用几套相同的设备同时工作，一旦运行结果不一致，便由"一致性判别电路"发出报警信号，通知操作人员排除故障，以确保系统的可靠性。比如，电视台进行现场直播时，多台摄像机要同时工作，但节目播放时只采用其中几台摄像机的画面。当工作中的摄像机出现故障，检测电路会发出报警信号，导播会立即启用正常工作的摄像机画面，以保障播放质量。

其次，由分析可知，该电路的设计方案并非最简电路。根据化简后的逻辑函数表达式，可作出如图 4-4(b) 所示的逻辑电路。显然，它比原电路简单、清晰。

例 4-2 分析图 4-5 所示的组合电路的逻辑功能。

解：（1）根据逻辑电路图 4-5，可写出逻辑函数表达式。

$F_1 = A \oplus B \oplus C = \overline{A}\overline{B}C + \overline{A}B\overline{C} + A\overline{B}\overline{C} + ABC$

$F_2 = A \oplus B \odot C = \overline{A}\overline{B}\overline{C} + \overline{A}BC + A\overline{B}C + AB\overline{C}$

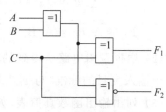

图 4-5 例 4-2 逻辑电路

（2）根据逻辑电路所得到的输出函数表达式已是最简"与-或"表达式。

（3）列出输出函数真值表，如表 4-2 所示。

表 4-2 例 4-2 的真值表

A	B	C	F_1	F_2
0	0	0	0	1
0	0	1	1	0
0	1	0	1	0
0	1	1	0	1
1	0	0	1	0
1	0	1	0	1
1	1	0	0	1
1	1	1	1	0

（4）确定电路的逻辑功能。由真值表可以看出，输入变量 A、B、C 的取值组合中，如果有奇数个 1 时，则输出 F_1 为 1，F_2 为 0；否则，有偶数个 1 时，则输出 F_1 为 0，F_2 为 1。这种电路被称为"奇偶校验电路"。奇偶校验电路是常用的一种电路，尤其在数据传输或数字通信中经常用来校验所传送的二进制代码是否有错。

例 4-3 分析图 4-6 所示组合电路的逻辑功能。

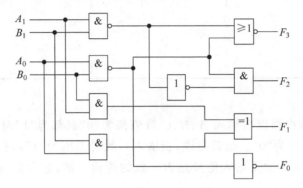

图 4-6 例 4-3 逻辑电路

解：(1) 根据逻辑电路图 4-6，可写出逻辑函数表达式。

$$F_3 = \overline{\overline{A_1 B_1} + \overline{A_0 B_0}} = \overline{\overline{A_1 B_1}} \cdot \overline{\overline{A_0 B_0}} = A_1 A_0 B_1 B_0 = m_{15}$$

$$F_2 = \overline{\overline{\overline{A_1 B_1}} \cdot \overline{A_0 B_0}} = A_1 \overline{A_0} B_1 + A_1 B_1 \overline{B_0} = \sum m(10,11,14)$$

$$F_1 = (A_1 B_0) \oplus (A_0 B_1) = A_1 \overline{B_1} B_0 + A_1 \overline{A_0} B_0 + A_0 B_1 \overline{B_0} + \overline{A_1} A_0 B_1$$
$$= \sum m(6,7,9,11,13,14)$$

$$F_0 = \overline{\overline{A_0 B_0}} = A_0 B_0 = \sum m(5,7,13,15)$$

(2) 根据逻辑电路所得到的输出函数表达式已是最简"与-或"表达式，并且已变换得到 4 个输入变量的标准"与-或"式。

(3) 列出输出函数真值表，如表 4-3 所示。

表 4-3 例 4-3 的真值表

A_1	A_0	B_1	B_0	F_3	F_2	F_1	F_0	A_1	A_0	B_1	B_0	F_3	F_2	F_1	F_0
0	0	0	0	0	0	0	0	1	0	0	0	0	0	0	0
0	0	0	1	0	0	0	0	1	0	0	1	0	0	1	0
0	0	1	0	0	0	0	0	1	0	1	0	0	1	0	0
0	0	1	1	0	0	0	0	1	0	1	1	0	1	1	0
0	1	0	0	0	0	0	0	1	1	0	0	0	0	0	0
0	1	0	1	0	0	0	1	1	1	0	1	0	0	1	1
0	1	1	0	0	0	1	0	1	1	1	0	0	1	1	0
0	1	1	1	0	0	1	1	1	1	1	1	1	0	0	1

（4）确定电路的逻辑功能。由真值表可以看出，如果将 A_1A_0 和 B_1B_0 分别作为 2 位二进制数，而 4 个输出变量 $F_3F_2F_1F_0$ 视为 4 位二进制数（以 F_3 为高位，F_0 为低位），则该电路实现了 2 个 2 位二进制数的乘法运算。

以上例子说明了组合逻辑电路分析的一般方法。从这些例子可以看出，分析组合逻辑电路时，按照一定的步骤得到逻辑真值表是比较容易的，而由真值表或输出逻辑函数表达式归纳总结电路的逻辑功能时，就会比较困难，需要有一定的知识积累和联想能力。

4.3 组合逻辑电路的设计

组合逻辑电路设计（或称逻辑综合），是逻辑分析的逆过程，即根据给出的实际逻辑问题或逻辑功能要求，求出在特定条件下实现该逻辑问题或逻辑功能的最简逻辑电路。这里所谓的"最简"，一般是指电路所用的器件数目最少、器件种类最少，而且器件之间的连线也最少。前面介绍的用代数法和卡诺图法化简逻辑函数，就是为了获得最简的函数形式，以便能用最少的门电路来实现组合逻辑电路。但是，由于在设计中普遍采用中、小规模集成电路产品，因此，应根据具体情况，尽可能减少所用的器件数目和种类，以便使组装好的电路结构紧凑，达到工作可靠而且经济的目的。

4.3.1 组合逻辑电路的一般设计方法

设计由小规模集成电路构成的组合逻辑电路时，强调的基本原则是获得最简的电路，即所用的门电路最少以及每个门的输入端数最少。组合逻辑电路的设计一般可按以下步骤进行。

1. 根据设计要求，进行逻辑抽象

在许多情况下，给出的实际逻辑问题或提出的设计要求，都是用文字描述的一个具有一定因果关系的事件。为了能够很好地设计出相关电路，就需要通过逻辑抽象的方法，用一个逻辑函数来描述这一因果关系。

逻辑抽象的工作可以通过如下步骤来完成。

（1）分析事件的因果关系，确定输入变量和输出变量。一般总是把引起事件的原因定为输入变量，而把事件的结果作为输出变量。

（2）定义逻辑状态的含义。

以二值逻辑的 0、1 两种状态分别代表输入变量和输出变量的两种不同状态。这里 0 和 1 的具体含义完全是由设计者人为选定的。这项工作叫作逻辑状态赋值。

（3）根据给定的因果关系列出逻辑真值表。

至此，便将一个实际的逻辑问题抽象成一个逻辑函数。而且，这个逻辑函数首先是以真值表的形式给出的。n 个输入变量，应有 2^n 个输入变量取值的组合，即真值表中有 2^n 行。但有些实际问题，只出现部分输入变量取值的组合。未出现的变量取值组合，在真值表中可以不列出，如果列出，可在相应的输出处记上"×"（或"d"）号，以示区别，化简逻辑函数时,可作为无关项处理。

2. 写出逻辑函数表达式

为了便于对逻辑函数进行化简和变换,需要把真值表转换为对应的逻辑函数表达式。对于逻辑关系比较简单、直观的逻辑问题,也可以不建立真值表,而是通过对设计要求的分析、理解,直接写出输出逻辑函数表达式。

3. 根据器件类型,化简、变换逻辑函数表达式

根据所选的器件(门电路)的类型及实际问题的要求,将逻辑函数转换成所需的表达式形式。在使用小规模集成门电路进行设计时,为获得最简的设计结果,应将函数式化简成最简"与-或"式。同时根据实际要求(如级数限制等)和客观条件(如使用门电路的种类、输入有无反变量等)将输出表达式变换成适当的形式。例如,要求用"与-非"门实现所设计的电路,则需将输出表达式变换成最简的"与非-与非"式。

在使用中规模集成的常用组合逻辑电路设计电路时,需要把函数式变换为适当的形式,以便能用最少的器件和最简的连线接成所要求的逻辑电路。在 4.4 节中将会看到,每一种中规模集成器件的逻辑功能都可以写成一个逻辑函数表达式。在使用这些器件设计组合逻辑电路时,应该把待产生的逻辑函数变换成与所用的逻辑器件的逻辑函数表达式相同或相似的形式。具体做法将在 4.4 节中介绍。

4. 画出逻辑电路图

根据化简或变换后的逻辑函数表达式绘制逻辑电路图。至此,原理性设计(或称逻辑设计)已经完成。

5. 工艺设计

为了把逻辑电路实现为具体的电路装置,还需要一系列的工艺设计工作。最后还必须完成装配、调试。这部分内容请读者自行参阅有关资料,这里就不作具体的介绍了。

应当指出,上述的设计步骤并非固定不变的程序,设计时应当根据具体情况和问题的难易程度进行取舍。此外,针对实际应用中遇到的某些特殊问题,应作相应的特殊处理。

通常在逻辑电路设计过程中还应注意以下几个问题。

(1) 输入变量的形式。输入变量有两种方式,一种是既提供原变量也提供反变量,另一种是只提供原变量而不提供反变量。

在信号源只提供原变量而不提供反变量时,只能由电路本身提供所需的反变量。最简便的方法是对每个输入的原变量增加一个非门,产生所需要的反变量。但是,这样处理往往是不经济的,而且增加了组合电路的级数,使信号的传输时间受到影响。通常需要采取适当的设计方法进行处理,以使组合逻辑电路尽可能简单,从而满足信号传输的时间要求。

(2) 对组合电路信号传输时间的要求,即对组合电路级数的要求。

(3) 单输出函数还是多输出函数。

在实际的问题中常常遇到多输出电路,即由同一组输入变量产生多个输出函数的电路。如后续要介绍的编码器、译码器、全加器等电路,都是多输出函数的组合电路。多输出函数电路的设计是以单输出函数设计为基础的。但又有其特点,多输出函数电路是一个整体,设计时要求对总体电路进行化简,而不是对局部进行化简,即应考虑同一个门电路能为多少个函数所公用,以便在逻辑电路中实现对逻辑门的共享,从而使电路整体结构达到最简。

(4) 逻辑门输入端数的限制。

在用小规模集成电路实现组合逻辑函数时,通常一个芯片中封装有几个逻辑门,每个逻辑门输入端数目是一定的。如 74LS00 芯片,一个芯片上有四个与非门,每个与非门都有两个输入端,又如 74LS10 芯片中有三个与非门,每个与非门有三个输入端。

当用这些逻辑门实现逻辑函数时,在许多情况下需要根据芯片中提供的逻辑门数目及输入端数目,在上述的设计方法基础上结合代数变换,以求使用的芯片数目最少,获得较好的设计。

4.3.2 设计举例

在熟悉了组合逻辑电路设计的一般步骤之后,下面将通过简单实例进一步掌握设计的基本方法。

例 4-4 用"与-非"门设计一个三人表决电路,其中一人有最终的否决权,即只要这个人反对,表决将不能通过;但是这个人如果同意,表决也不一定能通过,还要看另外两个人的意见,结果按"少数服从多数"的原则决定。

解:(1) 根据给定的设计要求进行逻辑抽象,建立真值表。

假设用 A、B、C 分别代表参加表决的三个逻辑变量,函数 F 表示表决结果。并约定,逻辑变量取值为 0 表示反对,逻辑变量取值为 1 表示赞成;表决通过则逻辑函数 F 取值为 1,表决没通过则逻辑函数 F 取值为 0。同时约定 A 是那个有最终否决权的人。那么,按照少数服从多数的原则可知,函数和变量的关系是:当 $A=0$ 时,则 $F=0$;当 $A=1$ 时,如果两个变量 B、C 中有一个或一个以上取值为 1,则函数 F 的取值为 1,其他情况下函数 F 的取值为 0。根据题意,可列出该逻辑问题的真值表如表 4-4 所示。

表 4-4 例 4-4 的真值表

A	B	C	F
0	0	0	0
0	0	1	0
0	1	0	0
0	1	1	0
1	0	0	0
1	0	1	1
1	1	0	1
1	1	1	1

（2）根据真值表写出函数的最小项表达式。

将真值表中 F 取值为1的变量取值组合对应的最小项相"或"，可写出函数 F 的最小项表达式为

$$F = A\bar{B}C + AB\bar{C} + ABC$$

（3）化简函数表达式，并转换成适当的形式。

将函数的最小项表达式填入卡诺图，利用卡诺图对逻辑函数进行化简，得到最简"与-或"表达式为

$$F = AB + AC$$

由于该题要求使用"与-非"门实现逻辑电路，故将表达式变换成"与非-与非"表达式，即

$$F = AB + AC = \overline{\overline{AB} \cdot \overline{AC}}$$

（4）画出逻辑电路图。

由逻辑函数的"与非-与非"表达式，可画出实现给定功能的逻辑电路图如图 4-7 所示。

例 4-5 设输入只有原变量，在不提供反变量的情况下，用最少的"与-非"门实现逻辑函数 $F(A,B,C,D) = \bar{A}B + B\bar{C} + A\bar{B}C + AC\bar{D}$ 的功能。

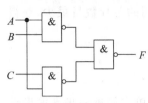

图 4-7 例 4-4 逻辑电路

解：因为给定函数已经为最简"与-或"表达式，假定直接使用非门产生反变量，可以直接将其变换成"与非-与非"表达式，然后画出实现该逻辑功能的逻辑电路，如图 4-8(a)所示，需要 9 个"与-非"门。

如果对函数 F 的表达式作如下整理：

$$F(A,B,C,D) = \bar{A}B + B\bar{C} + A\bar{B}C + AC\bar{D} = B(\bar{A} + \bar{C}) + AC(\bar{B} + \bar{D})$$
$$= B \cdot \overline{AC} + AC \cdot \overline{BD} = \overline{\overline{B \cdot \overline{AC}} \cdot \overline{AC \cdot \overline{BD}}}$$

根据整理后的表达式可画出对应的逻辑电路，如图 4-8(b)所示，用 5 个与非门可以实现该电路，它比图 4-8(a)节省 4 个与非门，连线也少了。显然图 4-8(b)所示的电路更为合理。

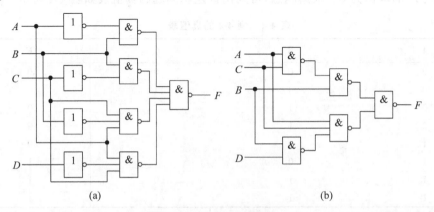

图 4-8 例 4-5 逻辑电路

由上述例子可以看出，在输入无反变量提供的场合，即使逻辑函数表达式已为最简，但直接使用非门产生输入反变量时，所得到的电路不一定是最简电路。通常对逻辑函数表达式做适当变换，可以减少电路中非门的数量，更好地简化电路结构。然而，当描述某种设计要求的表达式被确定下来后，并不是所有表达式都可以做类似的变换。在实际问题的设计中，可以根据具体情况做具体处理，尽可能使电路更简单。

4.4 常用中规模组合逻辑电路

由于人们在实践中遇到的逻辑问题层出不穷，因而为解决这些逻辑问题而设计的逻辑电路也不胜枚举。其中有些逻辑电路经常、大量地出现在各种数字系统中。这些电路包括算术逻辑运算电路、编码器、译码器、数据选择器、数据分配器、比较器等。为了使用上的方便，人们已经把这些逻辑电路制成了中规模集成电路(MSI)的标准化产品，使用时只需适当地进行连线就能实现预定的逻辑功能。此外，由于它们所具有的通用性、灵活性及多功能性，又可作为逻辑设计的基本部件完成更为复杂的逻辑部件设计。下面将分别介绍它们的工作原理和使用方法。

4.4.1 加法器

算术运算是数字系统的基本功能之一，更是数字计算机中不可缺少的组成单元。构成算术运算电路的基本单元则是加法器(Adder)，因为两个二进制数之间的算术运算，无论加、减、乘、除，都可化作若干步加法运算来进行。

1. 加法器的电路结构和工作原理

最基本的加法器是一位加法器，一位加法器按功能不同又分为半加器(Half Adder)和全加器(Full Adder)。

所谓"半加"是指不考虑来自低位进位的本位相加。实现半加运算的电路叫作半加器。

按二进制加法的运算规则可以列出半加器的真值表，如表 4-5 所示。其中 A、B 是两个加数，S(Sum)是相加的和，CO(Carry Out)是向高位的进位。由真值表可以写出输出逻辑表达式：

$$\begin{cases} S = \overline{A}B + A\overline{B} = A \oplus B \\ CO = AB \end{cases}$$

表 4-5 1 位半加器的真值表

A_i	B_i	S_i	C_i
0	0	0	0
0	1	1	0
1	0	1	0
1	1	0	1

显然,用异或门和与门即可分别实现 S 和 CO 而构成半加器,其逻辑图和逻辑符号如图 4-9 所示。半加器是运算器的基本单元电路。

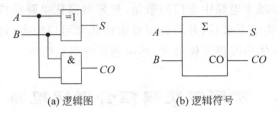

(a) 逻辑图　　　　　　(b) 逻辑符号

图 4-9　半加器

所谓"全加"是指将本位的加数、被加数以及来自低位的进位 3 个数相加。由于全加考虑了低位来的进位,所以它反映了两个多位二进制数相加过程中任何一位相加的一般情况。实现全加运算的逻辑电路称为全加器。显然,1 位全加器有 3 个输入(A_i,B_i,C_{i-1})和 2 个输出(S_i,C_i),其真值表如表 4-6 所示。

表 4-6　1 位全加器的真值表

A_i	B_i	C_{i-1}	S_i	C_i
0	0	0	0	0
0	0	1	1	0
0	1	0	1	0
0	1	1	0	1
1	0	0	1	0
1	0	1	0	1
1	1	0	0	1
1	1	1	1	1

由真值表可以写出逻辑函数表达式:

$$\begin{cases} S_i(A_i,B_i,C_{i-1}) = \sum m(1,2,4,7) \\ C_i(A_i,B_i,C_{i-1}) = \sum m(3,5,6,7) \end{cases} \quad (4-1)$$

画出 S_i 和 C_i 的卡诺图,如图 4-10 所示,采用合并 0 再求反的化简方法可得

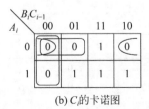

(a) S_i 的卡诺图

(b) C_i 的卡诺图

图 4-10　全加器的卡诺图

$$\begin{cases} S_i = \overline{\overline{A}_i \overline{B}_i \overline{C}_{i-1} + \overline{A}_i B_i C_{i-1} + A_i \overline{B}_i C_{i-1} + A_i B_i \overline{C}_{i-1}} \\ C_i = \overline{\overline{A}_i \overline{B}_i + \overline{B}_i \overline{C}_{i-1} + \overline{A}_i \overline{C}_{i-1}} \end{cases} \quad (4-2)$$

图 4-11 所示的全加器 74LS183 的逻辑图就是按式(4-2)组成的。

全加器的电路结构还有其他多种形式,但它们的功能都必须符合表 4-6 给出的全加器真值表。例如,将逻辑函数表达式(4-1)做适当变换后,则可用异或门和与非门来实现全加器。表达式变换过程如下:

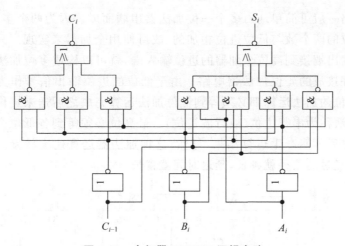

图 4-11　全加器 74LS183 逻辑电路

$$S_i = \overline{A}_i\overline{B}_i C_{i-1} + \overline{A}_i B_i \overline{C}_{i-1} + A_i \overline{B}_i \overline{C}_{i-1} + A_i B_i C_{i-1}$$
$$= \overline{A}_i(\overline{B}_i C_{i-1} + B_i \overline{C}_{i-1}) + A_i(\overline{B}_i \overline{C}_{i-1} + B_i C_{i-1})$$
$$= \overline{A}_i(B_i \oplus C_{i-1}) + A_i(\overline{B_i \oplus C_{i-1}})$$
$$= A_i \oplus B_i \oplus C_{i-1}$$
$$C_i = \overline{A}_i B_i C_{i-1} + A_i \overline{B}_i C_{i-1} + A_i B_i \overline{C}_{i-1} + A_i B_i C_{i-1}$$
$$= (\overline{A}_i B_i + A_i \overline{B}_i) C_{i-1} + A_i B_i (\overline{C}_{i-1} + C_{i-1})$$
$$= (A_i \oplus B_i) C_{i-1} + A_i B_i$$
$$= \overline{\overline{(A_i \oplus B_i) C_{i-1} + A_i B_i}}$$
$$= \overline{\overline{(A_i \oplus B_i) C_{i-1}} \cdot \overline{A_i B_i}} \tag{4-3}$$

可以看出，经变换后 S_i 和 C_i 的逻辑表达式中有公用项 $A_i \oplus B_i$，因此，在组成电路时，可令其共享同一个异或门，从而使整体得到简化。逻辑电路图 4-12(a) 就是按式(4-3)组成的，全加器逻辑符号如图 4-12(b)所示。

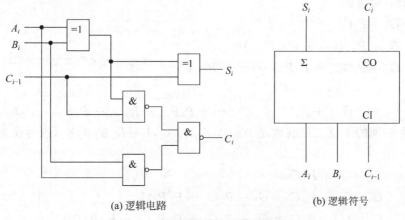

(a) 逻辑电路　　　　　　　　　　　(b) 逻辑符号

图 4-12　全加器逻辑电路及逻辑符号

多位加法电路一般可简单地由多个一位加法器串联而成。因为两个多位数相加时,每一位都是将该位的两个数与低位进位相加的,故可使用全加器来实现。只要依次将低位全加器的进位输出端接到高位全加器的进位输入端,就可以构成多位加法器。图 4-13 就是根据上述原理接成的 4 位加法器电路。由于低位的进位输出信号作为高位的进位输入信号,故每一位的加法运算都必须等到低位加法运算完成之后送来进位信号时才能进行,这种进位方法称为串行进位(或行波进位)。最高位必须等到各低位全部相加完成并送来进位信号之后才能产生运算结果,显然,这种加法器运算速度较慢。而且位数越多,进位信号传送经过的路径就越长,延迟时间就越长。

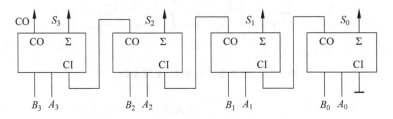

图 4-13　4 位串行进位加法器

为了提高加法器的运算速度,必须设法减小或去除由于进位信号逐级传送所花费的时间,使各位的进位直接由被加数和加数决定,而无须依赖低位进位。根据这一思想设计的加法器称为超前进位(或先行进位)二进制并行加法器。下面对超前进位的实现原理作一个简要的介绍。

从表 4-6 全加器的真值表中可以看到,在两种情况下会产生进位输出信号。第一种情况是 $A_iB_i=1$,则 $C_i=1$;第二种情况是 $A_i+B_i=1$ 且 $C_{i-1}=1$,则 $C_i=1$。于是,两个多位数中第 i 位相加产生的进位输出可表达为

$$C_i = A_iB_i + (A_i+B_i)C_{i-1}$$

若将 A_iB_i 定义为进位生成函数 G_i,同时将 A_i+B_i 定义为进位传送函数 P_i,则上式可改写为

$$C_i = G_i + P_iC_{i-1}$$

将上式展开后得到

$$\begin{aligned}C_i &= G_i + P_iC_{i-1} \\ &= G_i + P_i[G_{i-1} + P_{i-1}C_{i-2}] \\ &= G_i + P_iG_{i-1} + P_iP_{i-1}[G_{i-2} + P_{i-2}C_{i-3}] \\ &\vdots \\ &= G_i + P_iG_{i-1} + P_iP_{i-1}G_{i-2} + \cdots + P_iP_{i-1}\cdots P_2G_1 + P_iP_{i-1}\cdots P_1C_0\end{aligned}$$

假设两个相加的 4 位二进制数是 $A=A_4A_3A_2A_1$,$B=B_4B_3B_2B_1$,则各位的进位表达式为

$$C_1 = G_1 + P_1C_0$$
$$C_2 = G_2 + P_2C_1 = G_2 + P_2G_1 + P_2P_1C_0$$
$$C_3 = G_3 + P_3C_2 = G_3 + P_3G_2 + P_3P_2G_1 + P_3P_2P_1C_0$$

$$C_4 = G_4 + P_4C_3 = G_4 + P_4G_3 + P_4P_3G_2 + P_4P_3P_2G_1 + P_4P_3P_2P_1C_0$$

由以上分析可见，$C_1 \sim C_4$ 的产生仅仅依赖于 P_i、G_i 及 C_0（一般情况下，C_0 在运算前已预置），而 P_i、G_i 又是 A_i、B_i 的函数。所以，一旦参加运算的加数确定，便可同时产生各位进位，实现多位二进制数的并行相加。此种进位方式称为并行进位（或超前进位）。

2. 典型 MSI 加法器芯片

集成电路 74LS82 是由两个一位全加器串联构成的二位串行进位全加器组件，如图 4-14 所示。图中，A_2、A_1 和 B_2、B_1 为两组 2 位二进制加数，S_2、S_1 为相加产生的 2 位"和"，C_0 为低位来的进位，C_2 为向高位的进位信号。

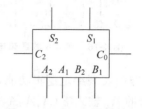

图 4-14　74LS82 逻辑符号

不难看出，由两片 74LS82 型二位全加器串接，即可实现两个四位二进制的加法运算。由 74LS82 构成的多位加法电路，虽然并不复杂，但它们的进位信号需要一位一位地传递，位数越多，所需的加法时间越长。

芯片型号为 74283/74LS283 的中规模集成电路，是常用的 4 位超前进位二进制并行加法器，其引脚排列图和逻辑符号分别如图 4-15(a)、(b) 所示。图中，A_4、A_3、A_2、A_1 和 B_4、B_3、B_2、B_1 为两组 4 位二进制加数；S_4、S_3、S_2、S_1 为相加产生的 4 位"和"；C_0 为最低位的进位输入；C_4 为最高位的进位输出。

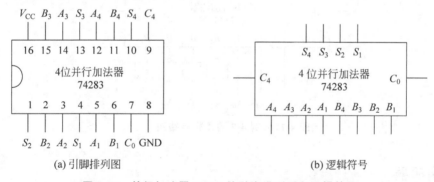

(a) 引脚排列图　　　　　　　　　(b) 逻辑符号

图 4-15　并行加法器 74283 的引脚排列图和逻辑符号

3. 加法器应用举例

二进制并行加法器除实现二进制加法运算外，还可实现代码转换、二进制减法运算、二进制乘法运算、十进制加法运算等功能。

例 4-6　用 4 位二进制并行加法器设计一个将 8421BCD 码转换成余 3 码的代码转换电路。

解：设代码转换电路的输入 $DCBA$ 为 8421BCD 码，输出 $Y_3Y_2Y_1Y_0$ 为余 3 码。根据余 3 码的定义可知，余 3 码是由 8421 码加 3 形成的代码。所以，只需从 4 位二进制并行加法器的一组输入端输入 8421BCD 码（$DCBA$），另一组输入端输入二进制数 0011，进位输入端 C_0 加上"0"，便可从输出端得到对应的余 3 码（$Y_3Y_2Y_1Y_0$）。其逻辑电路如

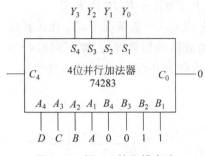

图 4-16 例 4-6 的逻辑电路

图 4-16 所示。

例 4-7 试用 4 位二进制并行加法器设计一个 4 位二进制并行减法器。

解：设 X 和 Y 分别为两个 4 位二进制数，其中 $X = X_3 X_2 X_1 X_0$ 为被减数，$Y = Y_3 Y_2 Y_1 Y_0$ 为减数，$D = D_3 D_2 D_1 D_0$ 为相减后的差数。假定减法采用补码运算，根据补码运算法则有：

$$D_3 D_2 D_1 D_0 = X_3 X_2 X_1 X_0 + \overline{Y}_3 \overline{Y}_2 \overline{Y}_1 \overline{Y}_0 + 1$$

由此可见，可用一个 4 位二进制并行加法器和 5 个非门实现给定逻辑功能，具体只需将 4 位二进制数 $X = X_3 X_2 X_1 X_0$ 直接加到并行加法器的 A_i 输入端 ($A_4 A_3 A_2 A_1$)，4 位二进制数 $Y = Y_3 Y_2 Y_1 Y_0$ 通过 4 个非门加到并行加法器的 B_i 输入端 ($B_4 B_3 B_2 B_1$)，并将并行加法器的进位输入端 C_0 接"1"，即可实现 4 位二进制并行加法器功能。另外，加法器进位输出端 C_4 加非门后得到的 B 信号，是借位信号，当 $X > Y$ 时，$B = 0$，说明不需向高位借位；当 $X < Y$ 时，$B = 1$，说明需要向高位借位。用 74283 实现 4 位减法器的逻辑电路图如图 4-17 所示。

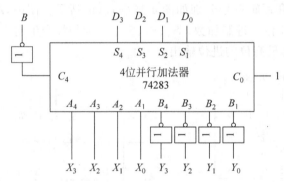

图 4-17 例 4-7 的逻辑电路图

4.4.2 编码器

编码（Encode），通俗地讲，就是给一个特定的对象起一个名字。比如，用汉字的组合构成的姓名，用十进制数码的组合给每个学生分配一个带有一定规则的学号，学校给每个班级、教室编号，等等，这都是编码。由于数字设备只能处理二进制代码信息，因此对需要处理的任何信息（如数据和字符等），都必须转换成符合一定规则的二进制代码。在数字系统中，编码指的就是用二进制代码表示特定信息的过程。完成编码功能的逻辑电路称为编码器（Encoder），其逻辑功能就是把输入的每一个高、低电平信号编成一个对应的二进制代码输出。

1. 编码器的电路结构和工作原理

目前经常使用的编码器有普通编码器和优先编码器（Priority Encoder）两类。普通编码器工作时，输入信号是互斥的，即在任何时刻只允许输入一个编码信号，否则输出将发生混乱。而优先编码器工作时，由于电路设计时考虑了信号按优先级排队处理过程，故当几个输入信号同时出现时，只对其中优先权最高的一个信号进行编码，从而保证了输出的稳定。

现以 3 位二进制普通编码器为例，分析一下普通编码器的工作原理。图 4-18 是 3 位二进制编码器框图，它的输入是 $I_0 \sim I_7$ 八个高电平信号，输出是 3 位二进制代码 $Y_2 Y_1 Y_0$。为此，又把它叫作 8 线-3 线编码器。输出与输入的对应关系如表 4-7 所示。

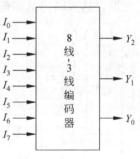

图 4-18 3 位二进制编码器的框图

表 4-7 3 位二进制编码器真值表

输 入								输 出		
I_0	I_1	I_2	I_3	I_4	I_5	I_6	I_7	Y_2	Y_1	Y_0
1	0	0	0	0	0	0	0	0	0	0
0	1	0	0	0	0	0	0	0	0	1
0	0	1	0	0	0	0	0	0	1	0
0	0	0	1	0	0	0	0	0	1	1
0	0	0	0	1	0	0	0	1	0	0
0	0	0	0	0	1	0	0	1	0	1
0	0	0	0	0	0	1	0	1	1	0
0	0	0	0	0	0	0	1	1	1	1

将表 4-7 的真值表写成对应的逻辑式可得

$$\begin{cases} Y_2 = \bar{I}_0 \bar{I}_1 \bar{I}_2 \bar{I}_3 I_4 \bar{I}_5 \bar{I}_6 \bar{I}_7 + \bar{I}_0 \bar{I}_1 \bar{I}_2 \bar{I}_3 \bar{I}_4 I_5 \bar{I}_6 \bar{I}_7 + \\ \qquad \bar{I}_0 \bar{I}_1 \bar{I}_2 \bar{I}_3 \bar{I}_4 \bar{I}_5 I_6 \bar{I}_7 + \bar{I}_0 \bar{I}_1 \bar{I}_2 \bar{I}_3 \bar{I}_4 \bar{I}_5 \bar{I}_6 I_7 \\ Y_1 = \bar{I}_0 \bar{I}_1 I_2 \bar{I}_3 \bar{I}_4 \bar{I}_5 \bar{I}_6 \bar{I}_7 + \bar{I}_0 \bar{I}_1 \bar{I}_2 I_3 \bar{I}_4 \bar{I}_5 \bar{I}_6 \bar{I}_7 + \\ \qquad \bar{I}_0 \bar{I}_1 \bar{I}_2 \bar{I}_3 \bar{I}_4 \bar{I}_5 I_6 \bar{I}_7 + \bar{I}_0 \bar{I}_1 \bar{I}_2 \bar{I}_3 \bar{I}_4 \bar{I}_5 \bar{I}_6 I_7 \\ Y_0 = \bar{I}_0 I_1 \bar{I}_2 \bar{I}_3 \bar{I}_4 \bar{I}_5 \bar{I}_6 \bar{I}_7 + \bar{I}_0 \bar{I}_1 \bar{I}_2 I_3 \bar{I}_4 \bar{I}_5 \bar{I}_6 \bar{I}_7 + \\ \qquad \bar{I}_0 \bar{I}_1 \bar{I}_2 \bar{I}_3 \bar{I}_4 I_5 \bar{I}_6 \bar{I}_7 + \bar{I}_0 \bar{I}_1 \bar{I}_2 \bar{I}_3 \bar{I}_4 \bar{I}_5 \bar{I}_6 I_7 \end{cases}$$

如果任何时刻 $I_0 \sim I_7$ 当中仅有一个取值为 1，即输入变量取值的组合仅有表 4-7 中列出的 8 种状态，则输入变量 $I_0 \sim I_7$ 中有两个或两个以上取值为 1 的那些最小项均为约束项。利用这些约束项可将上式化简，得

$$\begin{cases} Y_2 = I_4 + I_5 + I_6 + I_7 \\ Y_1 = I_2 + I_3 + I_6 + I_7 \\ Y_0 = I_1 + I_3 + I_5 + I_7 \end{cases}$$

根据表达式画出的编码器逻辑电路图如图 4-19 所示。

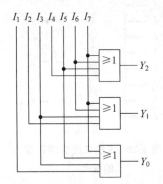

图 4-19 3 位二进制编码器

上述编码器要求在任何时刻仅有一个输入信号有效,若不满足这个条件,输出将出现错误。例如,若同时使 I_1 和 I_4 为高电平 1,则由 Y_2、Y_1、Y_0 的表达式可得 $Y_2Y_1Y_0=101$,和 I_5 的代码发生混淆。另外,在没有编码信号输入,即 $I_1 \sim I_7$ 均为 0 时,$Y_2Y_1Y_0=000$,它代表 I_0 的代码。

2. 优先编码器 74LS148

8 线-3 线优先编码器 74LS148 是典型的 MSI 编码器电路。74LS148 的引脚排列图和逻辑符号分别如图 4-20(a)、(b) 所示。

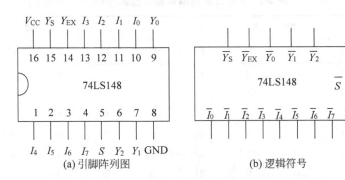

(a) 引脚阵列图 (b) 逻辑符号

图 4-20 74LS148 编码器的引脚排列图和逻辑符号

图 4-20(b) 中,$\bar{I}_0$、$\bar{I}_1$、$\bar{I}_2$、$\bar{I}_3$、$\bar{I}_4$、$\bar{I}_5$、$\bar{I}_6$、$\bar{I}_7$ 为编码输入端;$\bar{Y}_2$、$\bar{Y}_1$、$\bar{Y}_0$ 为编码输出端;$\bar{S}$ 为使能端,使能端的作用是使编码器处于禁止状态或选通状态;选通输出端 $\bar{Y}_S$ 和 $\bar{Y}_{EX}$ 用于扩展编码功能。该优先编码器的功能表如表 4-8 所示。

表 4-8 74LS148 的功能表

	输 入								输 出				
$\bar{S}$	$\bar{I}_0$	$\bar{I}_1$	$\bar{I}_2$	$\bar{I}_3$	$\bar{I}_4$	$\bar{I}_5$	$\bar{I}_6$	$\bar{I}_7$	$\bar{Y}_2$	$\bar{Y}_1$	$\bar{Y}_0$	$\bar{Y}_S$	$\bar{Y}_{EX}$
1	×	×	×	×	×	×	×	×	1	1	1	1	1
0	1	1	1	1	1	1	1	1	1	1	1	0	1
0	×	×	×	×	×	×	×	0	0	0	0	1	0
0	×	×	×	×	×	×	0	1	0	0	1	1	0
0	×	×	×	×	×	0	1	1	0	1	0	1	0
0	×	×	×	×	0	1	1	1	0	1	1	1	0
0	×	×	×	0	1	1	1	1	1	0	0	1	0
0	×	×	0	1	1	1	1	1	1	0	1	1	0
0	×	0	1	1	1	1	1	1	1	1	0	1	0
0	0	1	1	1	1	1	1	1	1	1	1	1	0

由表 4-8 可知,只有在 $\bar{S}=0$ 的条件下,编码器才能正常工作。而在 $\bar{S}=1$ 时,所有的输出端均被封锁在高电平。在 $\bar{S}=0$ 电路正常工作状态下,允许 $\bar{I}_0 \sim \bar{I}_7$ 中有几个输入端同时为低电平,即有编码输入信号。$\bar{I}_7$ 的优先权最高,$\bar{I}_0$ 的优先权最低。当 $\bar{I}_7=0$ 时,无论其他输入端有无输入信号(表中以×表示),输出端只给出 $\bar{I}_7$ 的二进制码的反码,即 $\bar{Y}_2\bar{Y}_1\bar{Y}_0=000$。同时扩展输出端 $\bar{Y}_{EX}$ 为 0,而选通输出端 $\bar{Y}_S$ 为 1。当 $\bar{I}_7=1$、$\bar{I}_6=0$ 时,无论其他输入端有无输入信号,只对 $\bar{I}_6$ 编码,即输出为 $\bar{Y}_2\bar{Y}_1\bar{Y}_0=001$,其余可以此类推。

当输出 $\bar{Y}_2\bar{Y}_1\bar{Y}_0=111$ 时,究竟是 $\bar{I}_0=0$ 时的正常编码输出,还是 $\bar{I}_0 \sim \bar{I}_7$ 全为 1 的无编码信号输入状态,或者是 $\bar{S}=1$ 禁止编码时的输出,可由 $\bar{Y}_S$ 和 $\bar{Y}_{EX}$ 的不同状态加以区分。

我们可以利用两片 8 线-3 线优先编码器 74LS148 构成一个 16 线-4 线的优先编码器,连接图如图 4-21 所示。图中将(2)片(高位片)选通输出端 $\bar{Y}_S$ 接到(1)片(低位片)的选通输入端 $\bar{S}$。当高位片 $\bar{I}_8 \sim \bar{I}_{15}$ 输入线中有一个为"0"时,则 $\bar{Y}_S=1$,控制低位片 $\bar{S}$,使 $\bar{S}=1$,则低位片输出被封锁,$\bar{Y}_2\bar{Y}_1\bar{Y}_0=111$。此时编码器的输出 $\bar{Y}_3\bar{Y}_2\bar{Y}_1\bar{Y}_0$ 取决于高位片 $\bar{Y}_2\bar{Y}_1\bar{Y}_0$ 的输出。例如,$\bar{I}_{13}$ 线输入为低电平"0",则高位片的 $\bar{Y}_2\bar{Y}_1\bar{Y}_0=010$,$\bar{Y}_{EX}=0$,因此,总输出为 $\bar{Y}_3\bar{Y}_2\bar{Y}_1\bar{Y}_0=0010$。当高位片 $\bar{I}_8 \sim \bar{I}_{15}$ 线输入全为高电平"1"时,则 $\bar{Y}_S=0$,$\bar{Y}_{EX}=1$,所以低位片 $\bar{S}=0$,低位片正常工作,例如,$\bar{I}_4$ 输入为低电平"0",则低位片 $\bar{Y}_2\bar{Y}_1\bar{Y}_0=011$,总编码输出为 $\bar{Y}_3\bar{Y}_2\bar{Y}_1\bar{Y}_0=1011$。

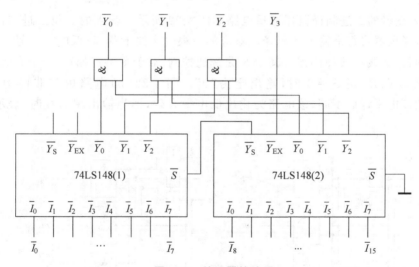

图 4-21 编码器的扩展

在数字设备中,优先编码器常用于优先中断电路及键盘编码电路。

3. 二-十进制编码器

二-十进制编码器的逻辑功能是将十进制的 10 个数字 0~9 分别编成对应的 BCD 码。这种编码器通常用 10 个输入信号分别代表 10 个不同数字,4 个输出信号代表 BCD

代码,故常称为10线-4线编码器。根据对被编信号的不同要求,二-十进制编码器也可分为普通二-十进制编码器和二-十进制优先编码器。它们的工作原理和上述二进制编码器是类似的,这里不再赘述。

常用的二-十进制优先编码器有中规模集成电路芯片74147、40147等,相关详细介绍可查阅集成电路手册。

4.4.3 译码器

译码器(Decoder)的逻辑功能与编码器相反,它是将具有特定含义的不同二进制代码辨别出来,并转换成对应的高电平、低电平输出信号。译码器的种类很多,但工作原理相似,设计方法相同。常见的译码器电路有二进制译码器、二-十进制译码器(又称为BCD码-十进制译码器)和数字显示译码器等。

1. 译码器的电路结构和工作原理

下面以二进制译码器为例介绍译码器的电路结构和工作原理。将具有特定含义的一组二进制代码,按其原意"翻译"成对应的输出信号的逻辑电路,叫作二进制译码器。由于 n 位二进制代码可对应 2^n 个特定含义,所以二进制译码器是一个具有 n 根输入线和 2^n 根输出线的逻辑电路。对每一组可能的输入代码,译码器仅有一个输出信号为有效电平。因此,我们可以将二进制译码器当作一个最小项发生器,即每个输出正好对应一个最小项。

两个输入变量的二进制译码器逻辑电路如图4-22所示。输入的2位二进制代码共有4种状态,译码器将每个输入代码译成对应的一根输出线上的高、低电平信号。因此,这个译码器叫作2线-4线译码器。其中 S 是选通控制,对于图4-22(a),$S=1$ 有效,即输出取决于输入 A、B,当 $S=0$ 时,输出全为"0"。图4-22(b)电路由与非门构成,与图4-22(a)的高电平译码不同,该电路为输出低电平有效,即当输出端为0时,表示有译码信号输出。

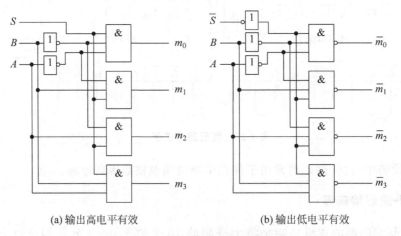

(a) 输出高电平有效　　　　　　　　(b) 输出低电平有效

图 4-22　二进制译码器逻辑电路图

2. 典型芯片

译码器的中规模集成电路品种很多,有 2 线-4 线译码器、3 线-8 线译码器、4 线-10 线译码器、4 线-16 线译码器等。这里仅介绍 2 种通用译码器,一种是 3 线-8 线译码器,其商品型号为 74138;另一种是 4 线-10 线译码器,其商品型号是 7442。

74138 的引脚排列图和逻辑符号分别如图 4-23(a)、(b)所示。图中,A_2、A_1、A_0 为输入端;$\overline{Y}_0 \sim \overline{Y}_7$ 为输出端;S_1、$\overline{S}_2$、$\overline{S}_3$ 为使能端,使能端的作用是使译码器处于禁止状态或选通状态。利用译码器的使能端,可将多片译码器级联在一起,以扩展译码器的功能。74138 译码器的真值表如表 4-9 所示。

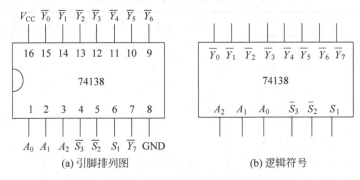

图 4-23 74138 的引脚排列图和逻辑符号

表 4-9 3 线-8 线译码器 74138 真值表

输入					输出							
S_1	$\overline{S}_2+\overline{S}_3$	A_2	A_1	A_0	$\overline{Y}_0$	$\overline{Y}_1$	$\overline{Y}_2$	$\overline{Y}_3$	$\overline{Y}_4$	$\overline{Y}_5$	$\overline{Y}_6$	$\overline{Y}_7$
0	×	×	×	×	1	1	1	1	1	1	1	1
×	1	×	×	×	1	1	1	1	1	1	1	1
1	0	0	0	0	0	1	1	1	1	1	1	1
1	0	0	0	1	1	0	1	1	1	1	1	1
1	0	0	1	0	1	1	0	1	1	1	1	1
1	0	0	1	1	1	1	1	0	1	1	1	1
1	0	1	0	0	1	1	1	1	0	1	1	1
1	0	1	0	1	1	1	1	1	1	0	1	1
1	0	1	1	0	1	1	1	1	1	1	0	1
1	0	1	1	1	1	1	1	1	1	1	1	0

由真值表可知,当 $S_1=1$,$\overline{S}_2+\overline{S}_3=0$ 时,译码器处于选通工作状态。否则,译码器被禁止,所有的输出端被封锁在高电平。并且,当译码器选通工作时,无论 A_2、A_1、A_0 取何值,输出 $\overline{Y}_0 \sim \overline{Y}_7$ 中有且仅有一个为有效的低电平 0,其余都是无效的高电平 1。显然输出 $\overline{Y}_i$ 即输入变量构成的最大项 M_i,亦是最小项之非 $\overline{m}_i$。

带控制输入端的译码器又是一个完整的数据分配器。对于 3 线-8 线译码器 74138,如果把 S_1 作为"数据"输入端 D(同时令 $\overline{S}_2=\overline{S}_3=0$),而将 $A_2A_1A_0$ 作为地址输入端,那

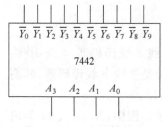

图 4-24　7442 逻辑符号

么从 S_1 送来的数据 D 在地址 $A_2A_1A_0$ 的控制下,被送到了相应的 $\bar{Y}_i$ 输出端。例如,当 $A_2A_1A_0=100$ 时,S_1 送来的数据 D 以反码的形式从 $\bar{Y}_4$ 输出,而不会被送到其他任何一个输出端。

7442 则是一个典型的二-十进制译码器(Binary-Coded Decimal Decoder),其逻辑符号如图 4-24 所示。7442 的 4 线输入是 BCD 码,输出是 10 个高、低电平信号。7442 译码器的真值表如表 4-10 所示。

表 4-10　4 线-10 线译码器 7442 真值表

序号	A_3	A_2	A_1	A_0	$\bar{Y}_0$	$\bar{Y}_1$	$\bar{Y}_2$	$\bar{Y}_3$	$\bar{Y}_4$	$\bar{Y}_5$	$\bar{Y}_6$	$\bar{Y}_7$	$\bar{Y}_8$	$\bar{Y}_9$
0	0	0	0	0	0	1	1	1	1	1	1	1	1	1
1	0	0	0	1	1	0	1	1	1	1	1	1	1	1
2	0	0	1	0	1	1	0	1	1	1	1	1	1	1
3	0	0	1	1	1	1	1	0	1	1	1	1	1	1
4	0	1	0	0	1	1	1	1	0	1	1	1	1	1
5	0	1	0	1	1	1	1	1	1	0	1	1	1	1
6	0	1	1	0	1	1	1	1	1	1	0	1	1	1
7	0	1	1	1	1	1	1	1	1	1	1	0	1	1
8	1	0	0	0	1	1	1	1	1	1	1	1	0	1
9	1	0	0	1	1	1	1	1	1	1	1	1	1	0
伪码	1	0	1	0	1	1	1	1	1	1	1	1	1	1
	1	0	1	1	1	1	1	1	1	1	1	1	1	1
	1	1	0	0	1	1	1	1	1	1	1	1	1	1
	1	1	0	1	1	1	1	1	1	1	1	1	1	1
	1	1	1	0	1	1	1	1	1	1	1	1	1	1
	1	1	1	1	1	1	1	1	1	1	1	1	1	1

由真值表可知,对于 BCD 代码的伪码(即 1010～1111 六个代码),$\bar{Y}_0$～$\bar{Y}_9$ 均无低电平信号产生,译码器拒绝"翻译",所以这个电路结构具有拒绝伪码输入的功能。

3. 应用举例

二进制译码器在数字系统中的应用非常广泛,它的典型用途是实现存储器的地址译码、控制器中的指令译码等。除此之外,还可用译码器实现各种组合逻辑电路功能。下面举例说明。

例 4-8　已知某组合逻辑电路的输出函数表达式为

$$F_1 = A \oplus B \oplus C$$
$$F_2 = AB + AC + BC$$

试用译码器和适当的逻辑门实现该电路功能。

解：由输出逻辑函数表达式可知，该电路有三个输入变量和两个输出变量。所以可以用 3-8 线译码器 74138 和适当的"与-非"门实现。由于 74138 的输出 $\overline{Y_i}$ 即输入变量构成的最小项之非 $\overline{m_i}$，而任何逻辑函数均可表示成最小项相"或"的形式，然后变换成最小项之非再与非的形式，所以可以用 74138 和 2 个"与-非"门实现该电路功能。

首先，将逻辑函数表示成最小项相"或"的形式，并变换成最小项之非再与非的形式。

$$F_1 = A \oplus B \oplus C = m_1 + m_2 + m_4 + m_7 = \overline{\overline{m_1} \cdot \overline{m_2} \cdot \overline{m_4} \cdot \overline{m_7}}$$

$$F_2 = AB + AC + BC = m_3 + m_5 + m_6 + m_7 = \overline{\overline{m_3} \cdot \overline{m_5} \cdot \overline{m_6} \cdot \overline{m_7}}$$

然后，将逻辑函数的输入变量 A、B、C 分别与译码器的输入 A_2，A_1，A_0 相连接，并令译码器使能输入端 $S_1 = 1$，$\overline{S_2} = 0$，$\overline{S_3} = 0$，便可在译码器输出端得到 3 变量的 8 个最小项之非，再根据函数表达式将译码器的相应输出端和"与-非"门的输入端相连接，即可实现给定函数的功能，其逻辑电路如图 4-25 所示。再仔细观察 F_1、F_2 函数，可以发现它们实际上就是一个一位全加器函数，这里 F_1 即一位全加器的和，F_2 即本位向高位的进位。

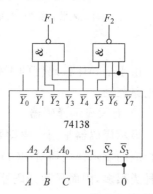

图 4-25 例 4-8 的逻辑电路图

4. 数字显示译码器

在各种数字系统中，常常需要将数字量以十进制数码直观地显示出来，供人们直接读取结果或监视数字系统的工作状况。因此，数字显示系统电路是许多数字设备中不可缺少的部分。数字显示电路通常由显示译码器和数字显示器两部分组成，下面分别对数码显示器和显示译码器的电路结构和工作原理加以简单介绍。

1) 七段字符显示器

七段字符显示器(Seven-Segment Character Mode Display)是目前广泛使用的一种数码显示器件，常称为七段数码管。这种数字显示器由七段可发光的"线段"拼合而成。常见的七段字符显示器有半导体数码管和液晶显示器(Liquid Crystal Display，LCD)两种。

半导体数码管是用发光二极管(Light Emitting Diode，LED)组成的七段字形显示器件。发光二极管的 PN 结由磷化镓、砷化镓或磷砷化镓等特殊的半导体材料制成，且杂质浓度很高。当外加正向电压时，其中的电子可以直接与空穴复合，放出光子，即将电能转换成光能，从而发出清晰悦目的光线。七段发光二极管排列成"日"字形，通过不同发光段的组合，显示 0～9 的 10 个十进制数字。

这种数码管的内部接法有两种：一种是七个发光二极管共用一个阳极，称为共阳极电路，当二极管的阴极接低电平时，则该段亮，接高电平则该段灭；另一种是七个发光二极管共用一个阴极，称为共阴极电路，当二极管的阳极接高电平时，则该段亮，接低电平则该段灭。半导体数码管结构如图 4-26 所示。图 4-26(a)是共阳极七段数码管的原理图；图 4-26(b)是共阴极七段发光数码管的原理图。

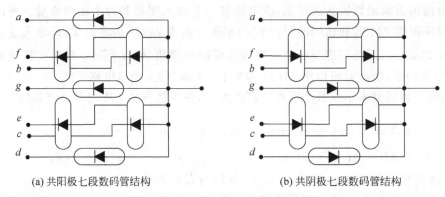

(a) 共阳极七段数码管结构　　　　(b) 共阴极七段数码管结构

图 4-26　半导体数码管的结构

由于半导体数码管的工作电压比较低(1.5～3V)，所以能直接用 TTL 或 CMOS 集成电路驱动。

2) 七段显示译码器

显示译码器是用于驱动数码管显示数字或字符的组合逻辑组件。与七段字符显示器相应的显示译码器有 BCD 码-七段译码器和 BCD 码-十进制译码器两类。由于显示器件种类很多，因而显示译码器有多种型号。这里只介绍用于驱动七段半导体数码管的显示译码器。

半导体数码管有共阳极和共阴极两种结构，因而与之对应的七段译码器有低电平输出和高电平输出两类。输出有效电平为低电平的 BCD 码-七段译码器有 7447、74LS47 和 74LS247 等，输出有效电平为高电平的 BCD 码-七段译码器有 7448、74LS48 和 74LS248 等。

图 4-27 给出 BCD 码-七段显示译码器 7448 的逻辑图。如果不考虑逻辑图中由 G_1～G_4 组成的附加控制电路的影响（即 G_3 和 G_4 的输出为高电平），则 Y_a～Y_g 与 A_3、A_2、A_1、A_0 之间的逻辑关系为

$$\begin{cases} Y_a = \overline{\overline{A}_3\overline{A}_2\overline{A}_1A_0 + A_3A_1 + A_2\overline{A}_0} \\ Y_b = \overline{A_3A_1 + A_2A_1\overline{A}_0 + A_2\overline{A}_1A_0} \\ Y_c = \overline{A_3A_2 + \overline{A}_2A_1\overline{A}_0} \\ Y_d = \overline{A_2A_1A_0 + A_2\overline{A}_1\overline{A}_0 + \overline{A}_2\overline{A}_1A_0} \\ Y_e = \overline{A_2\overline{A}_1 + A_0} \\ Y_f = \overline{\overline{A}_3\overline{A}_2A_0 + \overline{A}_2A_1 + A_1A_0} \\ Y_g = \overline{\overline{A}_3\overline{A}_2A_1 + A_2A_1A_0} \end{cases}$$

该逻辑电路的真值表如表 4-11 所示。

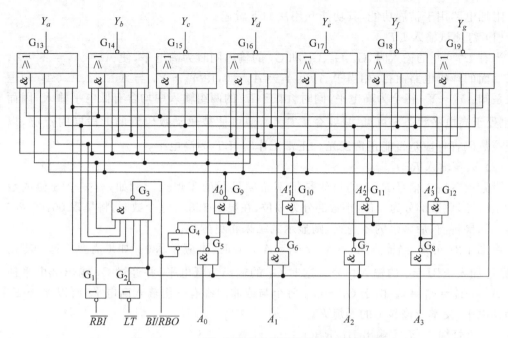

图 4-27　BCD 码-七段显示译码器 7448 的逻辑图

表 4-11　BCD 码-七段显示译码器的真值表

数字	输入				输出							字形
	A_3	A_2	A_1	A_0	Y_a	Y_b	Y_c	Y_d	Y_e	Y_f	Y_g	
0	0	0	0	0	1	1	1	1	1	1	0	0
1	0	0	0	1	0	1	1	0	0	0	0	1
2	0	0	1	0	1	1	0	1	1	0	1	2
3	0	0	1	1	1	1	1	1	0	0	1	3
4	0	1	0	0	0	1	1	0	0	1	1	4
5	0	1	0	1	1	0	1	1	0	1	1	5
6	0	1	1	0	0	0	1	1	1	1	1	6
7	0	1	1	1	1	1	1	0	0	0	0	7
8	1	0	0	0	1	1	1	1	1	1	1	8
9	1	0	0	1	1	1	1	0	0	1	1	9
10	1	0	1	0	0	0	0	1	1	0	1	c
11	1	0	1	1	0	0	1	1	0	0	1	⊃
12	1	1	0	0	0	1	0	0	0	1	1	u
13	1	1	0	1	1	0	0	1	0	1	1	c
14	1	1	1	0	0	0	0	1	1	1	1	t
15	1	1	1	1	0	0	0	0	0	0	0	

附加电路用于扩展功能,其功能和用法如下所述。

(1) 灯测试输入 $\overline{LT}$

当有 $\overline{LT}=0$ 的输入时,G_4、G_5、G_6 和 G_7 的输出同时为高电平,使 $A_0'=A_1'=A_2'=0$,对于后面的译码电路而言,相当于 $A_0=A_1=A_2=0$,由 $Y_a \sim Y_f$ 与 A_3、A_2、A_1、A_0 的逻辑关系知:$Y_a \sim Y_f$ 将全为高电平,同时,由于 G_{19} 的两组输入中均含有低电平输入,因而 Y_g 也处于高电平状态。可见,只要令 $\overline{LT}=0$,便可使被驱动数码管的七段同时点亮,以检查该数码管各段是否能正常发光。正常工作时,$\overline{LT}$ 为高电平。

(2) 灭零输入 $\overline{RBI}$

设置灭零输入信号 $\overline{RBI}$ 的目的是把不希望显示的零熄灭。例如,有一个 8 位的数码显示电路,整数部分为 5 位,小数部分为 3 位,在显示 168.2 这个数时,将呈现 00168.200 字样。如果将前、后多余的零熄灭,则显示的结果将更醒目。

由图 4-27 可知,当输入 $A_3=A_2=A_1=A_0=0$ 时,本应显示 0。如果需要将这个零熄灭,则可加入 $\overline{RBI}=0$ 的输入信号。这时 G_3 的输出为低电平,并经过 G_4 输出低电平使 $A_3'=A_2'=A_1'=A_0'=1$。由于 $G_{13} \sim G_{19}$ 每个与或非门都有一组输入高电平,所以 $Y_a \sim Y_g$ 全为低电平,使本应该显示的零熄灭。

(3) 灭灯输入/灭零输出 $\overline{BI}/\overline{RBO}$

这是一个双功能的输入/输出端。$\overline{BI}/\overline{RBO}$ 作为输入端使用时,称为灭灯输入控制端。只要加入灭灯控制信号 $\overline{BI}=0$,无论 $A_3A_2A_1A_0$ 的状态是什么,定可将被驱动的数码管的各段同时熄灭。由图 4-27 可见,此时 G_4 肯定输出低电平,使 $A_3'=A_2'=A_1'=A_0'=1$,$Y_a \sim Y_g$ 同时为低电平,因而将被驱动的数码管熄灭。

$\overline{BI}/\overline{RBO}$ 作为输出端使用时,称灭零输出端。由图 4-27 可得:

$$\overline{RBO} = \overline{\overline{A}_3\overline{A}_2\overline{A}_1\overline{A}_0} \cdot \overline{LT} \cdot RBI$$

上式表明,只有当输入为 $A_3=A_2=A_1=A_0=0$,而且有灭零输入信号($\overline{RBI}=0$)时,$\overline{RBO}$ 才会给出低电平。因此 $\overline{RBO}=0$ 表示译码器已将本应该显示的零熄灭了。

将灭零输入端与灭零输出端配合使用,即可实现多位数码显示系统的灭零控制。只需在整数部分把高位的 $\overline{RBO}$ 与低位的 $\overline{RBI}$ 相连,在小数部分将低位的 $\overline{RBO}$ 与高位的 $\overline{RBI}$ 相连,就可以把前、后多余的零熄灭。在这种连接方式下,整数部分中有高位是零,而且被熄灭的情况下,低位才有灭零输入信号。同理,小数部分只有在低位是零,且其被熄灭时,高位才有灭零输入信号。

4.4.4 数据选择器和数据分配器

数据选择器和数据分配器是数字系统中常用的中规模集成电路,其基本功能是完成对多路数据的选择与分配,在公共传输总线上实现多路数据的分时传送。此外,还可完成数据的并串转换、序列信号产生等多种逻辑功能以及实现各种逻辑函数功能。

1. 数据选择器

数据选择器又称多路选择开关(Multiplexer),常用 MUX 表示。它是一种多路输入、单路输出的组合逻辑电路,其逻辑功能是从多路输入数据中选中一路送至数据输出端,输出端对输入数据的选择通常受选择控制变量控制,对一个具有 2^n 路输入和 1 路输出的 MUX 有 n 个选择控制变量,对应控制变量的每种取值组合选中相应的一路输入数据送至输出端。

1) 典型芯片

常见的 MSI 数据选择器有双 4 路 MUX74153、8 路 MUX74151、16 路 MUX74150 等。下面以 8 选 1 数据选择器(8 路 MUX)74151 为例对其外部特性进行介绍。

8 选 1 数据选择器 74151 的引脚排列图和逻辑符号分别如图 4-28(a)和图 4-28(b)所示。其中,$\overline{S}$ 为使能控制端,低电平有效;A_2、A_1、A_0 为选择控制端;$D_0 \sim D_7$ 为数据输入端;Y 为输出端。

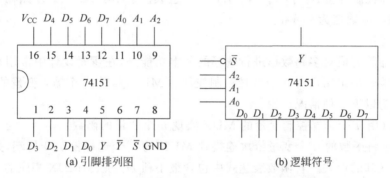

(a) 引脚排列图　　　　　　　　(b) 逻辑符号

图 4-28　8 选 1 数据选择器 74151 引脚排列图和逻辑符号

8 选 1 数据选择器 74151 的功能表如表 4-12 所示。

表 4-12　数据选择器 74151 功能表

使能输入	选择输入			数 据 输 入								输出
$\overline{S}$	A_2	A_1	A_0	D_0	D_1	D_2	D_3	D_4	D_5	D_6	D_7	Y
1	×	×	×	×	×	×	×	×	×	×	×	0
0	0	0	0	D_0	×	×	×	×	×	×	×	D_0
0	0	0	1	×	D_1	×	×	×	×	×	×	D_1
0	0	1	0	×	×	D_2	×	×	×	×	×	D_2
0	0	1	1	×	×	×	D_3	×	×	×	×	D_3
0	1	0	0	×	×	×	×	D_4	×	×	×	D_4
0	1	0	1	×	×	×	×	×	D_5	×	×	D_5
0	1	1	0	×	×	×	×	×	×	D_6	×	D_6
0	1	1	1	×	×	×	×	×	×	×	D_7	D_7

由表 4-12 可知,在工作状态下($\overline{S}=0$),当 $A_2A_1A_0=000$ 时,$Y=D_0$;当 $A_2A_1A_0=001$ 时,$Y=D_1$;当 $A_2A_1A_0=010$ 时,$Y=D_2$;以此类推,当 $A_2A_1A_0=110$ 时,$Y=D_6$;当 $A_2A_1A_0=111$ 时,$Y=D_7$。即在 $A_2A_1A_0$ 的控制下,依次选中 $D_0 \sim D_7$ 端的数据送至输出端。则 8 路 MUX 的输出逻辑函数表达式为

$$Y = \overline{A}_2\overline{A}_1\overline{A}_0 D_0 + \overline{A}_2\overline{A}_1 A_0 D_1 + \overline{A}_2 A_1\overline{A}_0 D_2 + \overline{A}_2 A_1 A_0 D_3 + A_2\overline{A}_1\overline{A}_0 D_4 + $$
$$A_2\overline{A}_1 A_0 D_5 + A_2 A_1\overline{A}_0 D_6 + A_2 A_1 A_0 D_7$$
$$= \sum_{i=0}^{7} m_i D_i$$

式中，m_i 为选择控制变量 A_2、A_1、A_0 组成的最小项，D_i 为第 i 端的输入数据，取值为 0 或 1。

类似 8 选 1 数据选择器，可以写出 2^n 选一数据选择器的输出逻辑函数表达式为

$$Y = \sum_{i=0}^{2^n-1} m_i D_i$$

式中，m_i 为选择控制变量 A_{n-1}，A_{n-2}，$\cdots$，A_1，A_0 组成的最小项；D_i 为 2^n 路输入数据中的第 i 路数据输入，取值为 0 或 1。

2) 应用举例

数据选择器除完成对多路数据进行选择的基本功能外，在逻辑设计中常用来实现各种逻辑函数功能。假定用具有 n 个选择控制变量的 MUX 实现 m 个输入变量的函数，具体方法可以分为以下 3 种情况讨论：

(1) $m = n$（用 n 个选择控制变量的 MUX 实现 n 个变量的函数）。

实现方法：将函数的 n 个变量依次连接到 MUX 的 n 个选择控制变量端，并将函数表示成最小项之和的形式。若函数表达式中包含最小项 m_i，则令 MUX 相应的 D_i 接 1，否则 D_i 接 0。

(2) $m = n + 1$（用 n 个选择控制变量的 MUX 实现 $n+1$ 个变量的函数）。

实现方法：从函数的 $n+1$ 个变量中任选 n 个变量作为 MUX 的选择控制变量，并根据所选定的选择控制变量将函数变换成 $Y = \sum\limits_{i=0}^{2^n-1} m_i D_i$ 的形式，以便确定各数据输入 D_i。

假定剩余变量为 X，则 D_i 的取值只可能是 0、1、X 或 $\overline{X}$ 四者之一。

(3) $m \geqslant n + 2$（用 n 个选择控制变量的 MUX 实现 $n+1$ 个以上变量的函数）。

实现方法与情况(2)类似，但确定各数据输入 D_i 时，数据输入是去除选择控制变量之外剩余变量的函数，因此，一般需要增加适当的逻辑门辅助实现，且所需逻辑门的多少通常与选择控制变量的确定相关。

例 4-9 试用 8 选 1 数据选择器 74151 实现逻辑函数 $F(A, B, C) = A\overline{B} + \overline{A}C$。

解：8 选 1 数据选择器 74151 的输出逻辑函数表达式为

$$Y = \overline{A}_2\overline{A}_1\overline{A}_0 D_0 + \overline{A}_2\overline{A}_1 A_0 D_1 + \overline{A}_2 A_1\overline{A}_0 D_2 + \overline{A}_2 A_1 A_0 D_3 + $$
$$A_2\overline{A}_1\overline{A}_0 D_4 + A_2\overline{A}_1 A_0 D_5 + A_2 A_1\overline{A}_0 D_6 + A_2 A_1 A_0 D_7$$
$$= \sum_{i=0}^{7} m_i D_i$$

给定逻辑函数的表达式为

$$F(A, B, C) = A\overline{B} + \overline{A}C = A\overline{B}\,\overline{C} + A\overline{B}C + \overline{A}\overline{B}C + \overline{A}BC$$
$$= 0 \cdot m_0 + 1 \cdot m_1 + 0 \cdot m_2 + 1 \cdot m_3 + 1 \cdot m_4 + 1 \cdot m_5 + 0 \cdot m_6 + 0 \cdot m_7$$

比较上述两个表达式可知,要使 $Y=F$,只需令 8 选 1 数据选择器 74151 的 $A_2=A$,$A_1=B$,$A_0=C$,且 $D_1=D_3=D_4=D_5=1$,$D_0=D_2=D_6=D_7=0$ 即可。据此可作出用 8 选 1 数据选择器 74151 实现给定函数功能的逻辑电路,如图 4-29 所示。

例 4-10 试用 8 路数据选择器 74151 实现逻辑函数 $F(A,B,C,D)=\sum(0,2,7,8,13)$。

解:给定逻辑函数的表达式为

$$F(A,B,C,D)=\sum(0,2,7,8,13)$$
$$=\overline{A}\,\overline{B}\,\overline{C}\,\overline{D}+\overline{A}B\overline{C}D+\overline{A}BCD+A\overline{B}\,\overline{C}\,\overline{D}+AB\overline{C}D$$
$$=(\overline{A}+A)\overline{B}\,\overline{C}\,\overline{D}+\overline{A}(\overline{B}C\overline{D})+A(B\overline{C}D)+\overline{A}(BCD)$$
$$=1\cdot m_0+\overline{A}\cdot m_2+A\cdot m_5+\overline{A}\cdot m_7$$

对照逻辑函数 F 和 8 路数据选择器 74151 的输出函数表达式 Y,令 8 路数据选择器 74151 的 $A_2=B$,$A_1=C$,$A_0=D$,且 $D_0=1$,$D_1=D_3=D_4=D_6=0$,$D_5=A$,$D_2=D_7=\overline{A}$。此时,数据选择器的输出 Y 和给定逻辑函数的输出 F 完全一致,据此可作出用 8 路数据选择器 74151 实现给定函数功能的逻辑电路,如图 4-30 所示。类似地,也可以选择其他 3 个输入变量作为选择控制变量,选择控制变量不同或者连接顺序不同,都将使数据输入也不相同。

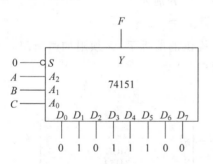

图 4-29 例 4-9 的逻辑电路图

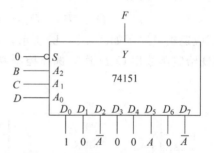

图 4-30 例 4-10 的逻辑电路图

通过上述两个例题的分析可以看出,用具有 n 个选择控制变量的 MUX 实现 n 个变量的函数或 $n+1$ 个变量的函数时,无须任何辅助电路,可由 MUX 直接实现。

例 4-11 用 4 路数据选择器 74153 实现 4 变量逻辑函数 $F(A,B,C,D)=\sum(0,2,3,7,8,9,10,13)$ 的功能。

解:采用 4 路数据选择器实现 4 变量逻辑函数时,应首先从函数的 4 个变量中选出 2 个作为 MUX 的选择控制变量。理论上讲,这种选择是任意的,但选择合适时可以简化设计方案。

方案 1:选用变量 A 和 B 作为选择控制变量。

假定用变量 A 和 B 作为选择控制变量与选择控制端 A_1、A_0 相连,则可对给定逻辑函数做如下变换:

$$F(A,B,C,D) = \sum(0,2,3,7,8,9,10,13)$$
$$= \bar{A}\bar{B}\bar{C}\bar{D} + \bar{A}\bar{B}C\bar{D} + \bar{A}\bar{B}CD + \bar{A}BCD + A\bar{B}\bar{C}\bar{D} + A\bar{B}\bar{C}D + A\bar{B}C\bar{D} + AB\bar{C}D$$
$$= \bar{A}\bar{B}(\bar{C}\bar{D} + C\bar{D} + CD) + \bar{A}B \cdot CD + A\bar{B}(\bar{C}\bar{D} + \bar{C}D + C\bar{D}) + AB \cdot \bar{C}D$$
$$= \bar{A}\bar{B}(C + \bar{D}) + \bar{A}B \cdot CD + A\bar{B}(\bar{C} + \bar{D}) + AB \cdot \bar{C}D$$

根据变换后的逻辑表达式,即可确定各数据输入 D_i 分别为

$$D_0 = C + \bar{D}, \quad D_1 = C \cdot D, \quad D_2 = \bar{C} + \bar{D} = \overline{CD}, \quad D_3 = \bar{C}D$$

据此可得到实现给定函数功能的逻辑电路图,如图 4-31(a)所示。该电路在 4 路选择器的基础上附加了 4 个逻辑门。

方案 2:选用变量 C 和 D 作为选择控制变量。

如果选用变量 C 和 D 作为选择控制变量与选择控制端 A_1、A_0 相连,则可对给定逻辑函数做如下变换:

$$F(A,B,C,D) = \sum(0,2,3,7,8,9,10,13)$$
$$= \bar{A}\bar{B}\bar{C}\bar{D} + \bar{A}\bar{B}C\bar{D} + \bar{A}\bar{B}CD + \bar{A}BCD + A\bar{B}\bar{C}\bar{D} + A\bar{B}\bar{C}D + A\bar{B}C\bar{D} + AB\bar{C}D$$
$$= \bar{C}\bar{D}(\bar{A}\bar{B} + A\bar{B}) + \bar{C}D(A\bar{B} + AB) + C\bar{D}(\bar{A}\bar{B} + A\bar{B}) + CD(\bar{A}B + \bar{A}\bar{B})$$
$$= \bar{C}\bar{D} \cdot \bar{B} + \bar{C}D \cdot A + C\bar{D} \cdot \bar{B} + CD \cdot \bar{A}$$

根据变换后的逻辑表达式,即可确定各数据输入 D_i 分别为

$$D_0 = \bar{B}, \quad D_1 = A, \quad D_2 = \bar{B}, \quad D_3 = \bar{A}$$

相应逻辑电路图如图 4-31(b)所示,在有反变量提供的前提下,无须附加逻辑门。显然,实现给定函数用 C、D 作为选择控制变量更为简单。

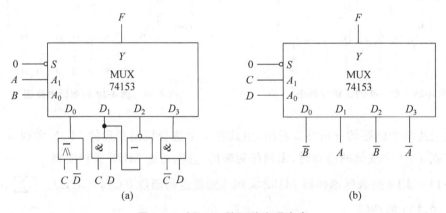

图 4-31 例 4-11 的两种实现方案

该例表明,用 n 个选择控制变量的 MUX 实现等于或大于 $n+2$ 个变量的逻辑函数时,MUX 的数据输入函数 D_i 一般是 2 个或 2 个以上变量的函数。函数 D_i 的复杂程度与选择控制变量的确定相关,只有通过对各种方案的比较,才能从中得到简单而且经济的方案。

2. 数据分配器

数据分配器又称多路分配器（Demultiplexer），常用 DEMUX 表示，其结构与数据选择器正好相反，它是一种单输入多输出的逻辑部件，输入数据具体从哪一路输出由选择控制变量决定。图 4-32 为 4 路 DEMUX 的逻辑符号。图中，D 为数据输入端，A_1、A_0 为选择控制输入端，$Y_0 \sim Y_3$ 为数据输出端。

4 路 DEMUX 的功能表如表 4-13 所示。

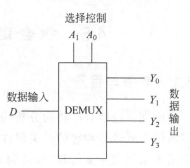

图 4-32　4 路 DEMUX 的逻辑符号

表 4-13　4 路 DEMUX 的功能表

A_1	A_0	Y_0	Y_1	Y_2	Y_3
0	0	D	0	0	0
0	1	0	D	0	0
1	0	0	0	D	0
1	1	0	0	0	D

由表 4-13 可知，4 路 DEMUX 的输出函数表达式为

$$Y_0 = \overline{A}_1\overline{A}_0 \cdot D = m_0 \cdot D \qquad Y_1 = \overline{A}_1 A_0 \cdot D = m_1 \cdot D$$
$$Y_2 = A_1\overline{A}_0 \cdot D = m_2 \cdot D \qquad Y_3 = A_1 A_0 \cdot D = m_3 \cdot D$$

式中，$m_i (i = 0 \sim 3)$ 是由选择控制变量构成的 4 个最小项。

由此可见，数据分配器与二进制译码器十分相似，若将图 4-32 中的 D 端接固定的 1，则表 4-13 所示为一个高电平有效的 2-4 线译码器功能表，即该电路可实现 2-4 线译码器的功能。在集成电路设计中，通常由同一块芯片实现数据分配器和二进制译码器两者的功能。例如，双 2-4 线译码器/数据分配器 74155，4-16 线译码器/数据分配器 74159 等。

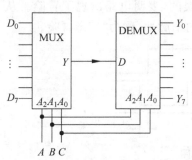

图 4-33　8 路数据传输示意图

DEMUX 常与 MUX 联用，以实现多通道数据分时传送。通常在发送端由 MUX 将多路数据分时送至公共传输线（总线），接收端再由 DEMUX 将公共线上的数据分配到相应的多个输出端。图 4-33 为利用一根数据传输线分时传送 8 路数据的示意图，在公共选择控制变量 A、B、C 的控制下，实现 $D_i - Y_i (i = 0 \sim 7)$ 的分时传送。

以上仅对几种最常用的 MSI 组合逻辑部件进行了介绍，更多的 MSI 组合逻辑部件可查阅集成电路手册。在逻辑设计时，可以灵活使用各种 MSI 组合逻辑部件并辅之以适当的 SSI 器件实现各种逻辑功能。

4.5 组合逻辑电路中的竞争-冒险

4.5.1 竞争与冒险

在前面讨论组合电路的分析与设计问题时,都是在理想的情况下进行的,即把所有的逻辑门都看成是理想的开关器件,认为电路中的连线及逻辑门都没有延迟。电路中有多个输入信号发生变化时,都是同时在瞬间完成的。但是,事实上信号的变化需要一定的过渡时间,信号通过逻辑门也需要一个响应时间,多个信号发生变化时,也可能有先后快慢的差异。因此,在理想情况下设计的组合逻辑电路,受上述因素的影响,可能在输入信号变化的瞬间,在输出端出现一些不正确的尖峰信号。这些尖峰信号的出现称为冒险(Hazard)现象。

输入同一门的一组信号,由于来自不同途径,因此会通过不同数目的门,经过不同长度的导线,它们到达的时间总会有先有后。这种现象好像运动员进行赛跑,到达终点的时间有快有慢一样,故称逻辑电路中信号传输过程中的这一时差现象为竞争(Race)。在逻辑电路中,竞争现象是随时随地都可能出现的,这一现象也可广义地理解为多个信号经过不同的路径(即经过不同个数的门电路)到达某一点有时差所引起的现象。

值得注意的是,输入有竞争,输出不一定都会产生冒险。组合逻辑电路中的冒险是一种瞬态现象,它表现为在输出端产生不应有的尖峰脉冲,并暂时地破坏正常逻辑关系。多数情况下,一旦瞬态过程结束,即可恢复正常的逻辑关系,但仍会导致工作不可靠。冒险使输出信号产生的毛刺,可能会被后级电路误认为是一次有效的电平翻转(高→低或低→高),从而产生错误的动作。因此,要重视冒险造成的影响,保证电路的稳定可靠。

如图 4-34 所示的电路,若不考虑门电路的时延,则 $F = A + \overline{A} = 1$,即无论输入 A 如何变化,输出 F 恒为 1。考虑到 G_1 门的时延,$\overline{A}$ 将滞后于 A 到达 G_2 门。此时若 A 由 1 转 0,而 $\overline{A}$ 由于时延的存在不能立即由 0 转 1,则在一个短暂的瞬间,或门 G_2 的两个输入将同时为 0,电路输出为 0。显然,这个瞬间的结果是错误的,表明电路出现了冒险。从图 4-34 的波形图可以看出,输出波形中出现了瞬间的负向窄脉冲,称为"0"态冒险。

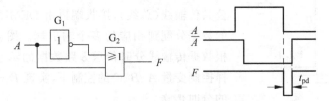

图 4-34 "0"态冒险电路及波形图

同样,在图 4-35 所示电路中,理想情况下,$F = A \cdot \overline{A} = 0$,即无论输入 A 如何变化,输出 F 恒为 0。若考虑 G_1 门的时延,则在 A 由 0 转 1 时,$\overline{A}$ 由于时延的存在不能立即由 1 转 0,即在一个短暂的瞬间,与门 G_2 的两个输入将同时为 1,电路输出为 1。显然,这个瞬间的结果也是错误的,即电路出现了冒险。从图 4-35 的波形图中,可以看出,输出波形中出现了瞬间的正向窄脉冲,即"1"态冒险。

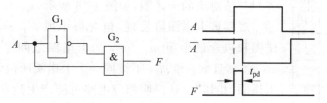

图 4-35 "1"态冒险电路及波形图

4.5.2 竞争-冒险现象的判断

判断一个逻辑电路是否可能产生冒险现象的方法可归纳为代数法、卡诺图法、实验分析和计算机辅助分析等。

代数法是从逻辑函数表达式的结构来判断是否具有产生冒险的条件。其具体方法是:首先检查逻辑函数表达式中是否存在具备竞争条件的变量,即是否有某个变量 A 同时以原变量和反变量的形式出现在逻辑函数表达式中。若有,则消去逻辑函数表达式中的其他变量,即将这些变量的各种取值组合依次代入逻辑函数表达式中,从而把它们从逻辑函数表达式中消去,而仅保留被研究的变量 A,再看逻辑函数表达式的形式是否能成为 $A+\overline{A}$ 或 $A \cdot \overline{A}$ 的形式,若能,则说明对应的逻辑电路可能产生冒险现象。

例 4-12 已知描述某组合电路的逻辑函数表达式为 $F=\overline{A}C+\overline{A}B+AC$,试判断该逻辑电路是否可能产生冒险现象。

解:观察函数表达式可知,变量 A 和 C 均具备竞争条件,所以应对这两个变量分别进行分析。先考察变量 A,为此将 B 和 C 的各种取值组合分别代入函数表达式中,可得到如下结果:

$$BC=00 \quad F=\overline{A}$$
$$BC=01 \quad F=A$$
$$BC=10 \quad F=\overline{A}$$
$$BC=11 \quad F=A+\overline{A}$$

由此可见,当 $B=C=1$ 时,A 的变化可能使电路产生冒险现象。类似地,将 A 和 B 的各种取值组合分别代入函数表达式中,可由代入结果判断出变量 C 发生变化时不会产生冒险现象。

卡诺图是判断冒险现象的另一种方法,它比代数法更直观、方便。其具体方法是:首先作出逻辑函数的卡诺图,并画出函数表达式中各与项对应的卡诺圈,若发现某两个卡诺圈存在"相切"关系,即两个卡诺圈之间存在不被同一卡诺圈包含的相邻最小项,则该电路可能存在冒险现象。

例 4-13 已知某组合逻辑电路对应的函数表达式为 $F=\overline{A}D+\overline{A}C+AB\overline{C}$,试判断该电路是否可能产生冒险现象。

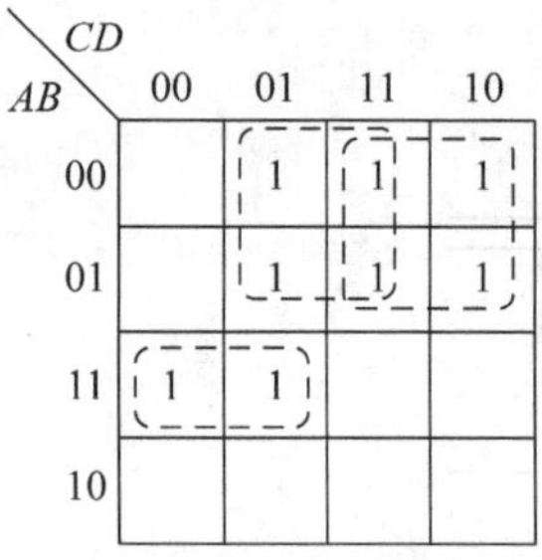

解：首先作出给定函数的卡诺图,并画出函数表达式中各"与"项对应的卡诺圈,如图 4-36 所示。

观察该卡诺图可发现,包含最小项 m_1、m_3、m_5、m_7 的卡诺圈和包含最小项 m_{12}、m_{13} 的卡诺圈之间存在相邻最小项 m_5、m_{13},且 m_5 和 m_{13} 不被同一个卡诺圈所包含,所以这两个卡诺圈"相切"。这说明相应电路可能产生险象。这一结论可用代数法验证,即假定 $B=D=1$,$C=0$,代入函数表达式可得 $A+\overline{A}=1$,可见相应电路可能由于 A 的变化而产生冒险现象。

图 4-36 例 4-13 卡诺图

上述方法虽然简单,但局限性较大,如果输入变量的数目很多,就很难从逻辑函数式或卡诺图上简单地找出所有产生竞争—冒险的情况。

将计算机辅助分析的手段用于分析数字电路,为从原理上检查复杂数字电路的竞争—冒险现象提供了有效的手段。通过在计算机上运行数字电路的模拟程序,能够迅速查出电路是否会存在竞争—冒险现象。目前已有这类成熟的程序可供选用。

此外,用实验来检查电路的输出端,是否有因为竞争—冒险而产生的尖峰脉冲,也是一种十分有效的判断方法。这时加到输入端的信号波形,应该包含输入变量的所有可能发生的状态变化。

值得注意的是:即使是用计算机辅助手段检查过的电路,往往也还需要经过实验的方法检验,才能最后确定电路是否存在竞争—冒险现象。因为在用计算机软件模拟数字电路时,只采用标准化的典型参数,有时还要做一些近似,所以得到的模拟结果有时和实际电路的工作状态会有出入。因此可以认为,只有实验检查的结果才是最终的结论。

4.5.3 冒险现象的处理方法

1. 接入滤波电容

由于竞争—冒险而产生的尖峰脉冲一般都很窄(多在几十纳秒以内),所以只要在输出端并接一个很小的滤波电容 C_f,如图 4-37(a)所示,就足以把尖峰脉冲的幅度削弱至门电路的阈值(门限)电压以下。在 TTL 电路中 C_f 的数值通常在几十至几百皮法的范围内。

这种方法的优点是简单易行,而缺点是增加了输出电压波形的上升时间和下降时间,使波形变坏。因此,接滤波电容的方法只适用于对输出波形的前、后沿要求不严格的场合。

2. 引入选通脉冲

第二种常用的方法是在电路中引入一个选通脉冲 P,如图 4-37 所示。在选通脉冲到来之前,选通控制线为低电平,门 $G_0 \sim G_3$ 关闭,电路输出被封锁,每个门的输出都不会出现尖峰脉冲。当选通脉冲到来后,门 $G_0 \sim G_3$ 开启,使电路送出稳定输出信号。通常把这种在时间上让信号有选择地通过的方法称为选通法。

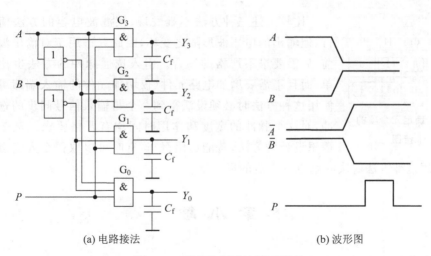

(a) 电路接法 (b) 波形图

图 4-37 引入选通脉冲避开险象

但需注意，这时 $G_0 \sim G_3$ 正常的输出信号将变成脉冲信号，而且它们的宽度与选通脉冲相同。例如，当输入信号 AB 变成 11 后，Y_3 并不马上变成高电平，而要等到 P 端的正脉冲出现时才给出一个正脉冲。

引入选通脉冲的方法也比较简单，而且不需要增加电路元件（仅增加元件的输入端即可），但使用这种方法时必须设法得到一个与输入信号同步的选通脉冲，对这个脉冲的宽度和作用的时间均有严格的要求。

3. 修改逻辑设计

以图 4-38（实线部分）电路为例，我们可以得到它的输出逻辑函数式为 $Y = AB + \overline{A}C$，而且可以知道在 $B = C = 1$ 的条件下，当 A 改变状态时存在竞争-冒险。

根据逻辑代数的常用公式可知

$$Y = AB + \overline{A}C = AB + \overline{A}C + BC$$

我们发现，在增加 BC 项以后，当 $B = C = 1$ 时，无论 A 如何改变，输出始终保持 $Y = 1$。因此，A 状态变化不再会引起竞争-冒险。

因为 BC 一项对函数 Y 来说是多余的，所以把它叫作 Y 的冗余项，同时把这种修改逻辑设计的方法称为增加冗余项的方法。增加冗余项（对应虚线部分）以后的电路如图 4-38 所示。

增加冗余项的选择也可以通过在函数卡诺图上增加多余的卡诺圈实现。具体方法是：若卡诺图上的某两个卡诺圈相切，则用一个多余的卡诺圈将它们之间

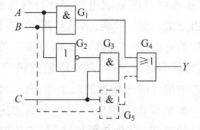

图 4-38 用增加冗余项消除竞争-冒险

的相邻最小项圈起来，与多余卡诺圈对应的与项即为需要加入函数表达式的冗余项。例如，图 4-39 给出了本问题中用来确定冗余项的卡诺图。图中虚线卡诺圈对应的与项 BC 即为需要加入函数表达式的冗余项。

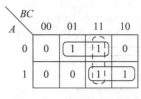

图 4-39 确定冗余项的卡诺图

比较上述三种方法不难发现,接滤波电容的方法简单易行,但输出的电压波形随之变坏,因此只适用于对输出波形的前、后沿要求不严格的场合。引入选通脉冲的方法也比较简单,而且不需要增加电路元件(仅增加元件的输入端即可),但使用这种方法时必须设法得到一个与输入信号同步的选通脉冲,对这个脉冲的宽度和作用时间均有严格要求。至于修改逻辑设计的方法,若能运用得当,有时可以取得令人满意的效果。然而,用这种方法解决问题也有一定的局限性。

本 章 小 结

1. 组合逻辑电路的特点

组合逻辑电路在逻辑功能上的特点是,任意时刻的输出仅仅取决于该时刻的输入,而与电路过去的状态无关。它在电路结构上的特点是只包含门电路,并且不带有反馈回路。

2. 组合逻辑电路的分析与设计

掌握了组合逻辑电路分析的一般方法就可以识别任何一个组合电路的逻辑功能。

组合逻辑电路分析的一般步骤为:首先根据给定的逻辑电路图写出逻辑函数表达式,然后化简表达式并列出真值表,最后由真值表或表达式归纳电路逻辑功能。

掌握了组合逻辑电路设计的一般方法,就可以根据给定的设计要求,设计出相应的逻辑电路。组合逻辑电路设计的一般步骤为首先根据实际问题通过逻辑抽象列出真值表,由真值表写出逻辑函数表达式,然后根据器件类型,对逻辑函数表达式进行化简、变换,最后画出逻辑电路图。

3. 常用的中规模组合逻辑电路

常用的中规模组合逻辑器件有加法器、编码器、译码器、数据选择器和数据分配器等,这些中规模集成电路(MSI)器件除了具有基本逻辑功能以外,通常还具有输入使能、输出使能、输入扩展、输出扩展功能,增加了应用的灵活性,便于构成较复杂的逻辑系统。加法器电路是实现算术运算的基本单元电路,串行进位加法器电路结构简单,但运算速度慢,为提高运算速度,常采用超前进位加法器。由于二进制译码器和数据选择器的逻辑表达式中包含输入变量的最小项,所以经常将这两种器件当作设计组合逻辑电路的通用器件。

本章要求了解组合逻辑电路的定义和结构特点,重点掌握组合逻辑电路的分析方法和设计方法,以及并行加法器、二进制译码器、数据选择器等几种常用 MSI 组合逻辑部件的功能及其应用。

4. 组合逻辑电路的竞争-冒险

竞争和冒险是逻辑电路面临的实际问题,可以说能否正确设计应用逻辑电路,关键在于对竞争和冒险问题的判断和处理。

习　题

4-1　试分析图 4-40 所示电路的逻辑功能。

4-2　试分析图 4-41 所示组合电路的逻辑功能。

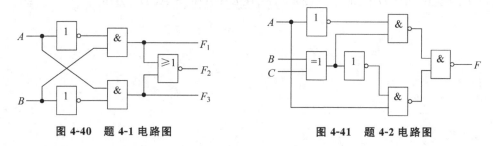

图 4-40　题 4-1 电路图　　　　　图 4-41　题 4-2 电路图

4-3　设 A、B、C、D 是一个 8421BCD 码的四位，若此码表示的数字 x 符合条件 $4 < x \leqslant 9$，输出 F 为 1，否则输出为 0，请用与非门实现此逻辑电路。

4-4　用与非门设计一个组合电路，该电路输入为 1 位十进制数的余 3 码，当输入的数字为合数时，输出 F 为 1，否则 F 为 0。

4-5　选用合适的逻辑门，设计一个代码转换电路，将 4 位二进制代码转换为 4 位循环码。

4-6　医院有 1、2、3、4 号病室 4 间，每室设有呼叫按钮，同时在护士值班室内对应地装有 1 号、2 号、3 号、4 号 4 个指示灯。现要求当 1 号病室的按钮按下时，无论其他病室内的按钮是否按下，只有 1 号灯亮。当 1 号病室的按钮没有按下，而 2 号病室的按钮按下时，无论 3、4 号病室的按钮是否按下，只有 2 号灯亮。当 1、2 号病室的按钮都未按下而 3 号病室的按钮按下时，无论 4 号病室的按钮是否按下，只有 3 号灯亮。只有在 1、2、3 号病室的按钮均未按下，而 4 号病室的按钮按下时，4 号灯才亮。试用 74LS148 和适当的门电路设计满足上述要求的逻辑电路。

4-7　试用 4 位二进制加法器 74283 设计一个能将余 3 码转换为 8421BCD 码的代码转换器。

4-8　试用 3 线-8 线译码器 74LS138 及与非门组成有奇偶校验输出的 4 位奇偶校验电路，并列出功能表。

4-9　用红、黄、绿 3 个指示灯表示 3 台设备的工作情况。绿灯亮表示 3 台设备全部正常工作；红灯亮表示 1 台设备发生故障；黄灯亮表示 2 台设备发生故障；红、黄灯都亮表示 3 台设备同时发生故障。请设计相应的故障检测电路，列出真值表，并选用合适的集成电路来实现。

4-10　全减器是一个能对两个 1 位二进制数以及来自低位的借位进行减法运算，产生本位差及向高位借位的逻辑电路。

(1) 自选逻辑门设计一个全减器；

（2）试用双 4 选 1 数据选择器 74153 和少量逻辑门实现 1 位全减器。

4-11　试设计一个四变量的多数表决电路。当输入变量 A、B、C、D 有 3 个或 3 个以上为 1 时输出为 1，输入为其他状态时输出为 0。要求：

（1）用与非门设计此多数表决器；

（2）用 8 路数据选择器 74151 实现上述逻辑功能。

4-12　判断下列函数是否存在冒险，并消除可能出现的冒险。

（1）$F_1 = AB + \overline{A}CD + BC$　　（2）$F_2 = \overline{A}\overline{C}D + AB\overline{C} + ACD + \overline{A}BC$

第 5 章

触 发 器

5.1 概 述

在数字系统中,常常需要将二进制信息暂时保存起来,以实现某些特定功能。触发器(Flip-Flop)是具有记忆功能、能存储数字信号的最常用的基本单元电路。触发器为了实现记忆 1 位二值信号的功能,必须具备两个基本的特点:一是具有两个能自行保持的稳定状态,用来表示二值信号的"0"或"1";二是不同的输入信号可以将触发器置成"0"或"1"的状态。

触发器与前面已介绍过的各种门电路以及由它们组成的各种组合逻辑电路相比较,其显著特点是输出与输入之间存在反馈路径,因此它的输出不仅取决于研究时刻的输入,而且还依赖于研究时刻之前的输入。触发器可由双极型器件(如 TTL)构成,也可由单极型器件(如 MOS)构成。本章主要介绍由 TTL 构成的触发器。

触发器的种类很多,根据触发器电路结构的特点,可以将触发器分为基本 RS 触发器、同步触发器、主从触发器和维持阻塞触发器等。

根据触发器逻辑功能的不同,又可以将触发器分为 RS 触发器、JK 触发器、D 触发器、T 触发器和 T′触发器等类型。

本章主要介绍各种触发器的结构特点、工作原理、逻辑功能表示方法、相互之间的转换,最后简要介绍集成触发器的脉冲工作特性和动态参数。

5.2 基本 RS 触发器

5.2.1 基本 RS 触发器的逻辑结构和工作原理

基本 RS 触发器是各种触发器中电路结构最简单的一种,同时,它也是构成各种复杂电路结构触发器的基本组成部分,因而称为基本触发器。它既可以用与非门构成,也可以用或非门构成。下面介绍基本 RS 触发器的电路结构与工作原理。

图 5-1 是用两个与非门构成的基本 RS 触发器的电路结构图及逻辑符号。它有两个输出端 Q 和 $\bar{Q}$,在触发器正常工作时,这两个输出端的逻辑关系应该是互补的,即一个为

高电平,另一个为低电平。通常以 Q 端的逻辑电平来定义触发器的状态,即当 $Q=0$,$\bar{Q}=1$ 时,称触发器处于 0 态;当 $Q=1$,$\bar{Q}=0$ 时,称触发器处于 1 态,即它们总是处于互补状态。

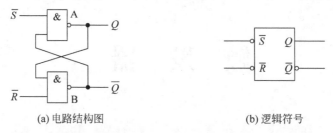

(a) 电路结构图　　　　　　　　　(b) 逻辑符号

图 5-1　与非门组成的基本 RS 触发器电路结构和逻辑符号

$\bar{R}$ 和 $\bar{S}$ 为触发器的两个输入端,$\bar{R}$ 称为置 0 或复位(Reset)输入端,$\bar{S}$ 称为置 1 或置位(Set)输入端。字母上的非号表示低电平或负脉冲有效(在逻辑符号中用小圆圈表示)。根据与非逻辑关系可写出触发器输出端的逻辑表达式:

$$Q=\overline{\bar{S}\bar{Q}} \quad \bar{Q}=\overline{\bar{R}Q}$$

根据以上两式,可得如下结论:

① 当 $\bar{R}=0$、$\bar{S}=1$ 时,则 $Q=0$,$\bar{Q}=1$,触发器置 0。
② 当 $\bar{R}=1$、$\bar{S}=0$ 时,则 $Q=1$,$\bar{Q}=0$,触发器置 1。
③ 当 $\bar{R}=1$、$\bar{S}=1$ 时,触发器状态保持不变,触发器具有保持功能。
④ 当 $\bar{R}=0$、$\bar{S}=0$ 时,则 $Q=1$,$\bar{Q}=1$,触发器置两输出端均为 1。如果 $\bar{R}=0$ 和 $\bar{S}=0$ 的持续时间相同,并且同时发生由 0 变到 1,则两个与非门输出都要由 1 向 0 转换,这就出现了所谓的竞争现象。假若与非门 A 的延迟时间小于 B 门的延迟时间,则触发器将最终稳定在 $Q=1$,$\bar{Q}=0$ 的状态。而假若与非门 A 的延迟时间大于 B 门的延迟时间,则触发器将最终稳定在 $Q=0$,$\bar{Q}=1$ 的状态。因此,在 $\bar{R}=0$ 和 $\bar{S}=0$ 而且又都同时变为 1 时,电路的竞争使得最终稳定状态不能确定。这种状态应尽可能避免。但假若 $\bar{R}=0$

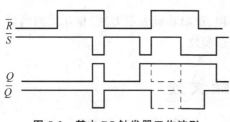

图 5-2　基本 RS 触发器工作波形

和 $\bar{S}=0$ 后,$\bar{R}$ 和 $\bar{S}$ 不是同时恢复为 1,那么最后稳定状态的新状态仍按上述结论①或②的情况确定,即触发器或被置 0 或被置 1。图 5-2 所示为基本 RS 触发器的工作波形,图中虚线部分表示不确定。因此,触发器处在正常工作情况下,应遵守 $\bar{R}+\bar{S}=1$,即 $RS=0$ 的约束条件。

由上述分析可见,两个与非门交叉耦合构成的基本 RS 触发器具有置 0、置 1 及保持功能。通常称 $\bar{S}$ 为置 1 端,因为 $\bar{S}=0$ 时被置 1,所以是低电平有效。$\bar{R}$ 为置 0 端,因为 $\bar{R}=0$ 时置 0,所以也是低电平有效。基本触发器又称置 0 置 1 触发器,或 RS 触发器。

需要强调的是,当 $\bar{S}=0$、$\bar{R}=1$ 时,触发器置 1 后,$\bar{S}$ 由 0 恢复至 1,即 $\bar{S}=1$,$\bar{R}=1$,触发器保持在 1 状态,即 $Q=1$。同理,当 $\bar{S}=1$、$\bar{R}=0$ 时,触发器置 0 后,$\bar{R}$ 由 0 恢复至 1,

即 $\bar{S}=1$、$\bar{R}=1$ 时，触发器保持 0 状态，即 $Q=0$。这一保持功能和前面介绍的组合电路是完全不同的，因为在组合电路中，如果输入信号确定后，将只有唯一的一种输出。

基本 RS 触发器也可以用两个或非门交叉耦合构成，用或非门组成的基本 RS 触发器电路结构图及逻辑符号如图 5-3 所示。

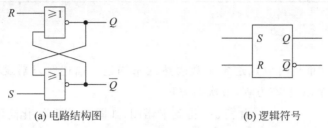

(a) 电路结构图　　　　　　　　　　(b) 逻辑符号

图 5-3　或非门组成的 RS 触发器电路结构与逻辑符号

其工作原理与图 5-1 所示的电路工作原理十分相似，所不同的是，它的两个输入信号都是以高电平作为有效信号。其中 R 称为置 0 或复位(Reset)输入端，S 称为置 1 或置位(Set)输入端。当 $R=1$、$S=0$ 时，$Q=0$，$\bar{Q}=1$，触发器置 0；当 $R=0$、$S=1$ 时，$Q=1$，$\bar{Q}=0$，触发器置 1；当 $R=0$、$S=0$ 时，触发器具有保持功能；当 $R=1$、$S=1$ 时，触发器置两输出端均为 0。当两个输入信号同时回到 0 以后，无法确定触发器的状态，因此，正常工作时，同样应当遵守 $RS=0$ 的约束条件。

5.2.2 基本触发器功能的描述

描述触发器的逻辑功能，通常采用下面几种方法。

1. 特性表

为了表明触发器在输入信号作用下，触发器次态 Q^{n+1} 与触发器现态 Q 以及输入信号之间的关系，可用表格形式进行描述，如表 5-1 所示，该表称为触发器特性表，将表 5-1 简化后得到如表 5-2 所示的简化特性表。

表 5-1　基本 RS 触发器特性表

现　态	输　入　信　号	次　态	功　能
Q	R　S	Q^{n+1}	
0	0　1	1	置 1
1	0　1	1	
0	1　0	0	置 0
1	1　0	0	
0	0　0	0	保持
1	0　0	1	
0	1　1	不确定	不正常（不允许）
1	1　1		

注意：触发器在输入信号作用之前的状态称为"现态"，记作 Q^n 或 $\bar{Q}^n$；为简便起见，通常省略右上标 n，直接用 Q 和 $\bar{Q}$ 表示；而将某个现态下输入信号作用后的新状态称为"次态"，记作 Q^{n+1} 和 $\bar{Q}^{n+1}$。

表 5-2 基本 RS 触发器简化特性表

R S	Q^{n+1}	R S	Q^{n+1}
0 1	1	0 0	Q
1 0	0	1 1	不定

2. 特性方程

触发器的逻辑功能还可以用逻辑函数表达式来描述。描述触发器逻辑功能的函数表达式称为特性方程，或状态方程，或次态方程。

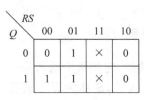

图 5-4 基本 RS 触发器卡诺图

由表 5-1 得到卡诺图，如图 5-4 所示，化简可得

$$\begin{cases} Q^{n+1} = S + \bar{R}Q \\ RS = 0 \end{cases}$$

其中，$RS=0$ 称为约束条件。由于 S 和 R 同时为 1 又同时恢复为 0 时，状态 Q^{n+1} 是不确定的。为了获得确定的 Q^{n+1}，输入信号 S 和 R 应满足 $RS=0$。

3. 状态转移图

状态转移图是一种反映触发器两种状态之间转移关系的有向图，又称为状态图。基本 RS 触发器的状态转移图如图 5-5 所示。图中两个圆圈分别代表触发器的两个稳定状态，箭头表示在输入信号作用下状态转移的方向，箭头旁边的标注表示状态转移的条件。

4. 激励表

激励表反映了触发器从现态转移到某种次态时，对输入信号的要求。它以触发器的现态和次态作为自变量，把触发器的输入（或激励）作为因变量。激励表可以由功能表导出。基本 RS 触发器的激励表如表 5-3 所示。

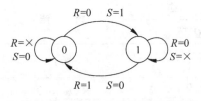

图 5-5 基本 RS 触发器的状态转移图

表 5-3 基本 RS 触发器激励表

Q → Q^{n+1}	R	S
0 0	×	0
0 1	0	1
1 0	1	0
1 1	0	×

特性表、特性方程、状态转移图和激励表分别从不同角度对触发器的功能进行了描述，其本质是相通的，可以互相转换。它们在时序逻辑电路的分析和设计中有着不同的用途。

5.3 同步触发器

基本 RS 触发器是直接受输入信号控制,即输入端触发信号直接控制触发器的状态。在实际应用中,为了协调各个部件的动作,往往要求某些触发器在同一时刻动作,这就需要引入同步信号,只有当同步信号到达时,这些触发器才能按照输入信号改变状态。通常把这个同步信号叫作时钟脉冲信号,用 CP(Clock Pulse)表示。而把受时钟信号控制的触发器叫作时钟控制触发器。时钟控制触发器的种类很多,其中最简单、最基本的一类是下面介绍的同步触发器。

5.3.1 同步 RS 触发器

由与非门构成的同步 RS 触发器逻辑图如图 5-6(a)所示,其逻辑符号如图 5-6(b)所示。图 5-6(a)中,门 A 和门 B 构成基本触发器,门 C 和门 E 构成触发引导电路。

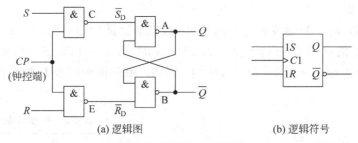

(a) 逻辑图　　　　　　　　(b) 逻辑符号

图 5-6　同步 RS 触发器

由图 5-6(a)可见,基本触发器的输入为

$$\overline{S}_D = \overline{S \cdot CP} \qquad \overline{R}_D = \overline{R \cdot CP}$$

当 $CP=0$ 时,门 C、E 截止,不论 S、R 是什么,$\overline{S}_D$、$\overline{R}_D$ 的值都为 1,由基本 RS 触发器功能可知,触发器状态 Q 维持不变。当 $CP=1$ 时,门 C、E 打开,$\overline{S}_D = \overline{S}$,$\overline{R}_D = \overline{R}$,触发器状态将发生转移,其特性表如表 5-4 所示。

由此可知,只有在 $CP=1$ 时,触发器输出端的状态才受输入信号的控制,此时的状态转换特性与基本 RS 触发器的状态转换特性相同。在同步 RS 触发器中,输入信号同样需要遵守 $RS=0$ 的约束条件。

在 $CP=1$ 时,同步 RS 触发器的特性表如表 5-4 所示;激励表如表 5-5 所示;状态转移图如图 5-7 所示。

表 5-4　同步 RS 触发器特性表

R	S	Q^{n+1}
0	0	Q
0	1	1
1	0	0
1	1	不定

表 5-5　同步 RS 触发器激励表

$Q \to Q^{n+1}$		R	S
0	0	×	0
0	1	0	1
1	0	1	0
1	1	0	×

图 5-8 是同步 RS 触发器的工作波形。当 $CP=0$ 时，不论 R、S 如何变化，触发器状态维持不变。只有当 $CP=1$ 时，R、S 的变化才能引起状态的改变。

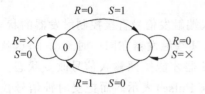

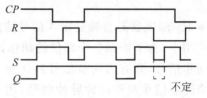

图 5-7　同步 RS 触发器的状态转移图　　图 5-8　同步 RS 触发器工作波形图

5.3.2　同步 D 触发器

为了避免同步 RS 触发器的输入信号同时为 1，可以在 R 和 S 之间接一个"非门"，信号只从 S 端输入，并将 S 端改称为数据输入端 D，如图 5-9 所示。这种单输入的触发器称为同步 D 触发器。

由图 5-9 可知，同步 D 触发器是将同步 RS 触发器改进后形成的，$S=D,R=\overline{D}$。当 $CP=0$ 时，触发器的状态 Q 维持不变。当 $CP=1$ 时，若 $D=1$，则 $S=1,R=\overline{D}=0$，故 $Q^{n+1}=1$；若 $D=0$，则 $S=0,R=\overline{D}=1$，故 $Q^{n+1}=0$。由此得到同步 D 触发器的特性表，如表 5-6 所示。

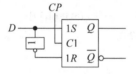

图 5-9　同步 D 触发器

表 5-6　同步 D 触发器的特性表

D	Q^{n+1}
0	0
1	1

由特性表可直接列出同步 D 触发器的状态方程为

$$Q^{n+1}=D$$

同步 D 触发器的逻辑功能表明：只要向同步触发器送入一个 CP，即可将输入数据 D 存入触发器。CP 过后，触发器将存储该数据，直到下一个 CP 到来时为止，故 D 触发器也称为 D 锁存器。

同理可得同步 D 触发器在 $CP=1$ 时的激励表，如表 5-7 所示，状态转移图如图 5-10 所示。

表 5-7　同步 D 触发器的激励表

$Q \rightarrow Q^{n+1}$	D
0　　0	0
0　　1	1
1　　0	0
1　　1	1

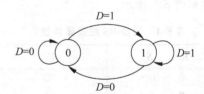

图 5-10　同步 D 触发器的状态转移图

5.3.3 同步触发器的触发方式和空翻问题

1. 触发方式

同步触发器的共同特点是,当 $CP=0$ 期间,触发器保持原来状态不变;当 $CP=1$ 期间,触发器在输入信号作用下发生状态改变。换言之,触发器状态转移是被控制在一个约定的时间间隔内,而不是控制在某一个时刻进行,触发器的这种控制方式被称为电平触发方式。

2. 空翻问题

电平触发方式的同步触发器存在一个共同的问题,就是可能出现"空翻"现象。所谓"空翻"是指在同一个时钟脉冲作用期间,触发器状态发生两次或两次以上变化的现象。

引起"空翻"的原因是在 $CP=1$ 期间,同步触发器的触发引导门都是开放的,触发器可以接收输入信号而翻转。如果在此期间,输入信号发生多次变化,触发器的状态有可能发生多次翻转,同步 D 触发器的"空翻"波形如图 5-11 所示。

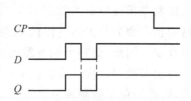

图 5-11 同步触发器的空翻波形

因触发器正常工作的干扰信号可能会引起空翻,所以,触发器的空翻将影响触发器的抗干扰能力。由于同步触发器存在空翻现象,其应用范围也就受到了限制。如果要使这类触发器在每个时钟脉冲作用期间仅发生一次翻转,则必须一方面对时钟信号的宽度加以限制,另一方面要求在时钟脉冲作用期间,输入信号保持不变。为了克服同步触发器的"空翻"现象,必须对控制电路进行改进。为此,引出了主从钟控触发器、边沿钟控触发器等不同类型的集成触发器。

5.4 主从触发器

5.4.1 主从触发器基本原理

主从 RS 触发器逻辑电路图如图 5-12(a)所示,逻辑符号如图 5-12(b)所示。它是由两个高电平触发方式的同步 RS 触发器构成,一个称为主触发器,另一个称为从触发器。其中门 E、F、G、H 构成主触发器,时钟信号为 CP,输出为 Q'、$\bar{Q}'$,输入为 R、S;门 A、B、C、D 构成从触发器,时钟信号为 $\overline{CP}$,输入为主触发器的输出 Q'、$\bar{Q}'$,输出为 Q、$\bar{Q}$。从触发器的输出为整个主从触发器的输出,主触发器的输入为整个主从触发器的输入。

当 $CP=1$ 时,主触发器 G、H 门被打开,而从触发器的 C、D 门被封锁,相当于主触发器与从触发器被隔离。此时,主触发器根据输入信号 R、S 的状态翻转,而从触发器则保持原来的状态不变。

如果 CP 从高电平跳变到低电平时,CP 信号将产生一个脉冲下降沿信号,则由于 G、H 门被封锁,因而无论 R、S 的状态如何改变,在 $CP=0$ 期间主触发器的状态不再变化。此时 C、D 门被打开,从触发器将按照与主触发器相同的状态进行翻转。

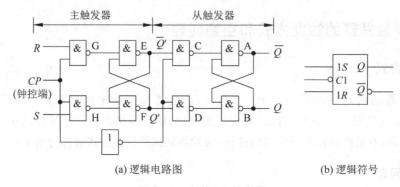

(a) 逻辑电路图   (b) 逻辑符号

图 5-12 主从 RS 触发器

从上述分析可知,在 $CP=1$ 期间,主触发器接收 R、S 的信号并将它暂时保存起来,而从触发器保持原来的状态不变。仅当 CP 由 1 变 0 时,主触发器和从触发器沟通,从触发器的状态变为与主触发器的状态一致,而此时的主触发器被 CP 的低电平封锁,状态不再改变。因此,就整个触发器而言,它的状态在 $CP=1$ 期间是不变的,仅在 CP 由 1 变为 0 时状态改变一次。这样在 CP 的一个变化期间内,触发器输出端的状态只可能改变一次,因而避免了空翻现象。

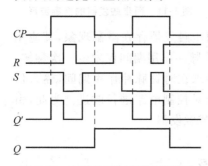

图 5-13 主从 RS 触发器工作波形

由于主从 RS 触发器状态的变化发生在时钟脉冲 CP 由 1 变为 0 的时刻,即只有在 CP 下降沿来到的瞬间,触发器输出状态(Q、$\overline{Q}$)才能发生一次翻转,这种触发方式称为脉冲触发。因此,这种触发器能有效地克服空翻。主从 RS 触发器的工作波形如图 5-13 所示。

另外,主从 RS 触发器从触发器的输出状态是主触发器输出的延迟,而且触发器状态的变化发生在脉冲下降沿到来之时,在图 5-12(b)所示逻辑符号的时钟端,小圆圈"○"表示触发器是 CP 下降沿触发的。

5.4.2 主从 JK 触发器及其一次翻转现象

主从 JK 触发器是对主从 RS 触发器稍加修改后形成的。其逻辑电路图和逻辑符号如图 5-14 所示。主从 JK 触发器通过将输出端 Q 和 $\overline{Q}$ 交叉反馈到两个控制门的输入端,克服了主从 RS 触发器两个输入端不能同时为 1 的约束条件。

主从 RS 触发器在 $CP=1$ 时,当输入 $R=S=1$ 时,主触发器也会出现输出状态不定的情况,因而限制了它的实际应用。为了使触发器的逻辑功能更加完善,可以利用 $CP=1$ 期间,Q、$\overline{Q}$ 的状态不变且互补的特点,将 Q 和 $\overline{Q}$ 反馈到输入端,并将 S 改为 J,R 改为 K,则构成如图 5-14 所示的主从 JK 触发器。

由于主从 JK 触发器的基本结构仍然是主从结构,所以它的工作原理和主从 RS 触发器基本相同。由图 5-14 可得 $S=J\overline{Q}$,$R=KQ$,将它们代入主从 RS 触发器的状态方程即可得到主从 JK 触发器的状态方程为

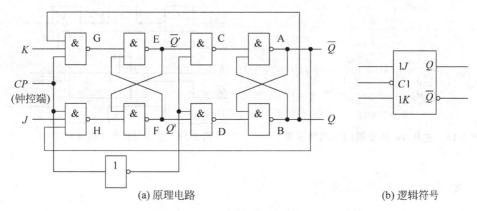

(a) 原理电路　　　　　　　　(b) 逻辑符号

图 5-14　主从 JK 触发器

$$Q^{n+1} = J\bar{Q} + \bar{K}Q \quad CP \text{ 下降沿到来后有效}$$

由于 $S \cdot R = J\bar{Q} \cdot KQ = 0$，对于 JK 的任意取值都不会使 R、S 同时为 1，因此，J、K 之间不会有约束。

根据主从 JK 触发器的状态方程，可以得到 JK 触发器的特性表 5-8、激励表 5-9 以及状态转移图 5-15。由表 5-8 可见，JK 触发器在 $J = K = 0$ 时具有保持功能；在 $J = 0$，$K = 1$ 时具有置"0"功能；在 $J = 1$，$K = 0$ 时具有置"1"功能；在 $J = 1$，$K = 1$ 时具有翻转功能。

表 5-8　JK 触发器特性表

J	K	Q^{n+1}
0	0	Q
0	1	0
1	0	1
1	1	$\bar{Q}$

表 5-9　JK 触发器激励表

$Q \to Q^{n+1}$		J	K
0	0	0	×
0	1	1	×
1	0	×	1
1	1	×	0

使用主从 JK 触发器，要求其 JK 输入端的信号在 $CP = 1$ 期间保持恒定，以免产生一次翻转现象，造成逻辑错误。一次翻转和空翻是两个不同的现象。所谓主从 JK 触发器的一次翻转现象是指，在 $CP = 1$ 期间，无论输入信号 J、K 变化多少次，主触发器能且仅能翻转一次。下面举例说明。

设触发器的状态 $Q = 0$，主触发器状态 $Q' = 0$，$J = 0$，$K = 1$。在正常工作情况下，在 CP 脉冲作用后，Q 应维持 0 状态。现在的情况是在 CP 脉冲作用期间，在 J 端发生一个正脉冲干扰，因为 $Q = 0$（见图 5-14(a)），门 G 关闭，门 H 开启，J 端上的正脉冲经门 H 倒相传输，使门 E、F 组成的基本 RS 触发器置 1，即 $Q' = 1$。当这个正脉冲结束时，基本 RS 触发器的输入为 11（即门 G、门 H 输出均为 1），所以它维持 1 状态，即 $Q' = 1$。在 CP 脉冲下降沿，主触发器的状态传送到从触发器，所以，$Q = 1$，即在 J 端的正脉冲干扰引起了主从 JK 触发器的一次翻转，导致了永久性的逻辑错误，工作波形如图 5-16 所示。为了避免此现象，要求在 CP 脉冲作用期间输入信号保持恒定，这就使主从 JK 触发器的抗干扰能力下降，所以，这类触发器适合于窄脉冲触发条件下的工作。

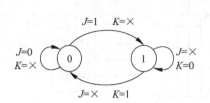

图 5-15 主从 JK 触发器的状态转移图

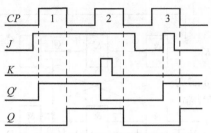

图 5-16 主从 JK 触发器工作波形

5.4.3 常用主从触发器芯片

常用集成主从触发器芯片有 TTL 与输入 RS 主从触发器 74LS71、TTL 与输入 JK 主从触发器 74LS72 和双 JK 主从触发器 74LS107 等。图 5-17 为 RS 主从触发器 74LS71 的逻辑符号和引脚分配图。该触发器有 3 个 R 端和 3 个 S 端,分别为与逻辑关系,即 $1R = R_1 R_2 R_3$,$1S = S_1 S_2 S_3$。触发器带有置 0 端 R_D 和置 1 端 S_D,其有效电平均为低电平。

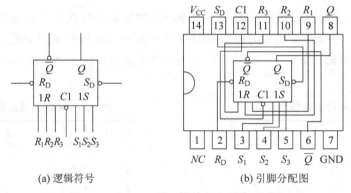

(a) 逻辑符号　　　　　　　　　(b) 引脚分配图

图 5-17 74LS71 的逻辑符号和引脚分配图

图 5-18 为 JK 主从触发器 74LS72 的逻辑符号和引脚分配图。该触发器有 3 个 J 端和 3 个 K 端,分别为与逻辑关系,即 $1J = J_1 J_2 J_3$,$1K = K_1 K_2 K_3$。触发器带有置 0 端 R_D 和置 1 端 S_D,有效电平均为低电平。

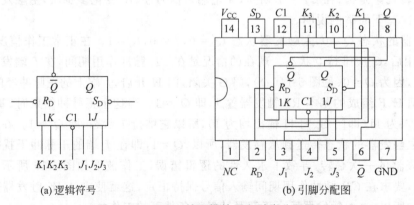

(a) 逻辑符号　　　　　　　　　(b) 引脚分配图

图 5-18 74LS72 的逻辑符号和引脚分配图

5.5 边沿触发器

为了提高触发器的可靠性,增强抗干扰能力,人们设计了边沿触发器。边沿触发器仅在时钟脉冲 CP 的上升沿或下降沿响应输入信号,维持阻塞触发器是一种广泛使用的边沿触发器。

维持阻塞触发器因设置了防止空翻现象的维持阻塞线路而得名。下面介绍广泛使用的维持阻塞 D 触发器的工作原理和触发特点。

5.5.1 维持阻塞 D 触发器

图 5-19 所示为维持阻塞 D 触发器逻辑电路图和逻辑符号。它由一个基本 RS 触发器(A、B)和 4 个附加门(C、E、F、G)的引导电路组成。其中 $\bar{S}_D$ 和 $\bar{R}_D$ 为异步置 1 和置 0 输入端。当 $\bar{R}_D=0$,$\bar{S}_D=1$ 时,$\bar{R}_D$ 封锁门 F 使 $Q_2=1$,封锁门 E 使 $Q_3=1$,这样保证触发器可靠置 0,在 $CP=0$ 时,也能保证触发器可靠置 0;当 $\bar{R}_D=1$,$\bar{S}_D=0$ 时,$\bar{S}_D$ 封锁门 G 使 $Q_1=1$,在 $CP=1$ 时,使 $Q_3=0$,从而使 $Q_4=1$,保证了触发器可靠置 1,在 $CP=0$ 时,也能保证触发器可靠置 1,故 $\bar{S}_D$ 和 $\bar{R}_D$ 输入端对触发器的影响与时钟信号无关。

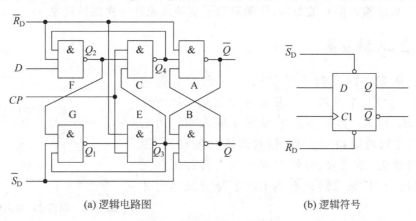

(a) 逻辑电路图　　　　　　　　(b) 逻辑符号

图 5-19　维持阻塞 D 触发器

下面讨论 $\bar{R}_D=\bar{S}_D=1$ 时的逻辑功能。

① 当 $CP=0$ 时,门 C、E 被封锁,其输出 $Q_3=Q_4=1$,基本 RS 触发器的状态保持不变。换言之,若无 CP 脉冲作用,D 触发器保持状态不变。

② 设 $D=0$:在 $CP=0$ 时,门 C、E 被封锁,其输出 $Q_3=Q_4=1$,又由于 $D=0$,所以 $Q_2=1$,$Q_1=0$,对于 CP 脉冲而言,门 E 被封锁,门 C 是开启的。在 $CP=1$,即 CP 脉冲出现时,经门 C 倒相在 Q_4 端输出置 0 负脉冲,使基本 RS 触发器置 0,即 $Q=0$。由于 Q_4 端输出的负脉冲与 CP 脉冲具有相同的宽度,它一方面使基本 RS 触发器置 0,同时又通过反馈线加在门 F 的一个输入端,使在 $CP=1$ 期间 Q_2 保持 1,而门 G 的两个输入均为 1 ($\bar{R}_D$、$\bar{S}_D$ 平时都是 1 电平,这里暂不讨论),所以 $Q_1=0$。这样,就保证了在整个 CP 脉冲

高电平期间,门 C 总是开启,而门 E 总是关闭,即 Q_4 端输出的负脉冲既维持了置 0 负脉冲的存在,又阻塞了产生置 1 负脉冲的可能。因此在 $CP=1$ 期间,即使 D 端的值发生变化,也不会对触发器的状态产生影响。当 CP 脉冲由 1 变为 0 之后,触发器便维持 0 态,通常把 Q_4 至门 F 输入端的连线称为置 0 维持线,而把 Q_2 至门 G 输入端的连线称为置 1 阻塞线。

③ 设 $D=1$:在 $CP=0$ 时,$Q_2=0$,$Q_1=1$,所以对 CP 脉冲而言,门 E 被开启,门 C 被封锁。CP 脉冲出现之后,经门 E 倒相在 Q_3 端输出置 1 负脉冲,使基本 RS 触发器置 1,同样的分析可知,在 $CP=1$ 期间,Q_3 端输出的负脉冲既维持 Q_1 为 1,保证门 E 总是开启,又通过 Q_3 至门 C 输入端的反馈线阻塞了 Q_4 端产生置 0 负脉冲的可能。在 CP 脉冲由 1 变为 0 之后,触发器便维持 1 态,通常把 Q_3 至门 G 输入端的连线称为置 1 维持线,而把 Q_3 至门 C 输入端的连线称为置 0 阻塞线。

综上所述,该类触发器由于采用了维持阻塞结构,在 CP 脉冲上升沿到来之后,经过几个门的延迟便完成了状态的转换,而在上升沿过后的时钟脉冲期间,无论 D 的值如何变化,触发器的状态始终以时钟脉冲上升沿时所采样的值为准。由于是在时钟脉冲的上升沿采样 D 触发器的数据,所以要求 D 触发器在 CP 脉冲由 0 变为 1 之前将数据准备好。

维持阻塞 D 触发器是上升沿时触发,CP 输入端处">"表示边沿触发,如图 5-19(b)所示。上升沿后的输入信号被封锁,从而克服了空翻现象和一次翻转现象。

5.5.2 边沿 JK 触发器

边沿 JK 触发器的逻辑符号如图 5-20 所示。图中">"表示边沿触发,小圆圈"○"表示触发器是 CP 下降沿触发的。$\overline{S}_D$ 和 $\overline{R}_D$ 为异步置 1 和置 0 输入端。边沿 JK 触发器的逻辑功能和主从 JK 触发器的功能相同,因此,它们的特性表、激励表、特性方程和状态转移图都是相同的。但边沿 JK 触发器只有在 CP 下降沿到达时才有效。

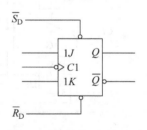

图 5-20 边沿 JK 触发器的逻辑符号

5.5.3 常用边沿触发器芯片

常用集成边沿触发器芯片有 TTL 双 D 正沿(脉冲上升沿触发)触发器 74LS74、CMOS 双 D 正沿触发器 CC4013,双 JK 负沿(脉冲下降沿触发)触发器 74LS76、74LS112 等,以及 CMOS 双 JK 正沿触发器 CC4027 等不同类型。

图 5-21(a)所示为 TTL 集成 D 触发器 74LS74 的引脚分配图。该芯片包含 2 个上升沿触发的 D 触发器,每个触发器都有置 0 端 R_D 和置 1 端 S_D,有效电平均为低电平。
图 5-21(b)所示为 TTL 集成 JK 触发器 74LS76 的引脚分配图。该芯片包含 2 个下降沿触发的 JK 触发器,每个触发器都有置 0 端 R_D 和置 1 端 S_D,有效电平均为低电平。

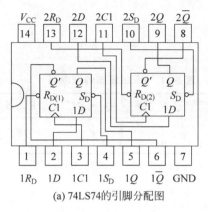
(a) 74LS74的引脚分配图

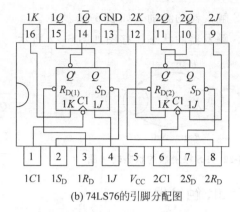
(b) 74LS76的引脚分配图

图 5-21　74LS74 和 74LS76 的引脚分配图

5.6　触发器的类型及类型转换

根据前面的介绍可知，从电路结构形式的角度不同，触发器常分为基本 RS 触发器、同步触发器、主从触发器、维持阻塞触发器等；根据在时钟脉冲 CP 控制下逻辑功能的不同，常把钟控触发器分成 RS、D、JK、T 和 T′ 等。这些不同类型的触发器可以按照一定的方法互相转换。

5.6.1　RS 触发器

凡在时钟信号作用下符合 RS 触发器特性表（如表 5-10 所示）逻辑功能的触发器都称为 RS 触发器。

表 5-10　RS 触发器特性表

现　态	输 入 信 号		次　态	功　能
Q	R	S	Q^{n+1}	
0	0	0	0	保持
1	0	0	1	
0	0	1	1	置1
1	0	1	1	
0	1	0	0	置0
1	1	0	0	
0	1	1	不确定	不正常（不允许）
1	1	1	不确定	

除了特性表以外，还有其他方法可以表示 RS 触发器的逻辑功能。

RS 触发器的特性方程：

$$\begin{cases} Q^{n+1} = S + \bar{R}Q \\ RS = 0 \end{cases}$$

RS 触发器的激励表如表 5-11 所示。

RS 触发器的状态转移图如图 5-22 所示。

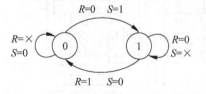

图 5-22 RS 触发器的状态转移图

表 5-11 RS 触发器的激励表

$Q \to Q^{n+1}$	R	S	$Q \to Q^{n+1}$	R	S
0 0	×	0	1 0	1	0
0 1	0	1	1 1	0	×

5.6.2 JK 触发器

凡在时钟信号作用下符合 JK 触发器特性表（如表 5-12 所示）逻辑功能的触发器都称为 JK 触发器。

表 5-12 JK 触发器特性表

现 态	输入信号		次 态	功 能
Q	J	K	Q^{n+1}	
0	0	0	0	保持
1	0	0	1	
0	0	1	0	置0
1	0	1	0	
0	1	0	1	置1
1	1	0	1	
0	1	1	1	翻转
1	1	1	0	

JK 触发器的激励表如表 5-13 所示。

JK 触发器的状态转移图如图 5-23 所示。

表 5-13 JK 触发器的激励表

$Q \to Q^{n+1}$	J	K
0 0	0	×
0 1	1	×
1 0	×	1
1 1	×	0

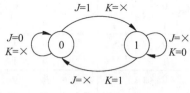

图 5-23 JK 触发器的状态转移图

JK 触发器的特性方程为

$$Q^{n+1} = J\bar{Q} + \bar{K}Q$$

5.6.3 D 触发器

凡在时钟信号作用下符合 D 触发器特性表（如表 5-14 所示）逻辑功能的触发器都称为 D 触发器。

表 5-14 D 触发器特性表

现 态	输入信号	次 态	功 能
Q	D	Q^{n+1}	
0	0	0	置 0
1	0	0	
0	1	1	置 1
1	1	1	

D 触发器的激励表如表 5-15 所示。

D 触发器的状态转移图如图 5-24 所示。

表 5-15 D 触发器的激励表

$Q \to Q^{n+1}$		D
0	0	0
0	1	1
1	0	0
1	1	1

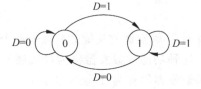

图 5-24 D 触发器的状态转移图

D 触发器的特性方程为

$$Q^{n+1} = D$$

5.6.4 T 触发器

在数字电路中常需要这种功能的触发器：当控制信号 $T=0$ 时，在时钟脉冲作用下，触发器的状态保持不变；而当 $T=1$ 时，每来一个时钟脉冲，触发器的状态都要翻转一次。具有这种功能的触发器称为 T 触发器。它的特性表如表 5-16 所示。

T 触发器的特性方程为

$$Q^{n+1} = T\bar{Q} + \bar{T}Q$$

T 触发器的激励表如表 5-17 所示。

表 5-16 T 触发器特性表

T	Q^{n+1}
0	Q
1	$\bar{Q}$

表 5-17 T 触发器激励表

$Q \to Q^{n+1}$		T
0	0	0
0	1	1
1	0	1
1	1	0

T 触发器的状态转移图及逻辑符号如图 5-25 所示。

应当指出的是，在实际中并没有专门的 T 触发器产品，它通常是用 D 触发器或 JK 触发器经过适当的外部连接构成的。例如，只要将 JK 触发器的两个输入端 J 和 K 连在一起作为 T 端，就可以构成 T 触发器，如图 5-25(b) 所示。

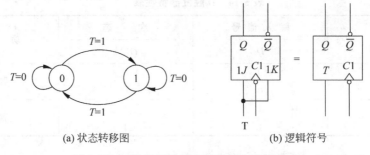

(a) 状态转移图　　　　　　(b) 逻辑符号

图 5-25　T 触发器的状态转移图和逻辑符号

如果将 T 触发器的输入端 T 接固定的高电平,即 T 恒等于 1,则 T 触发器的状态方程为

$$Q^{n+1} = \overline{Q}$$

此时 T 触发器的功能为:每来一个时钟脉冲,触发器的状态就必然翻转一次。通常将具有这种功能的触发器称为计数触发器。由于它只是 T 触发器的特定工作状态,所以将这种触发器简称为 T′ 触发器。

5.6.5　触发器的类型转换

触发器按照电路结构或逻辑功能分类有许多种,它们各自具有不同的特点和适用场合。而在实际产品中通常只有 JK 触发器和 D 触发器,如果在设计数字电路时需要用到其他形式的触发器,可以由这两种触发器经过变换后得到。

所谓触发器的类型转换,就是用一个已有的触发器去实现另一类型触发器的功能。一般转换要求示意图如图 5-26 所示。

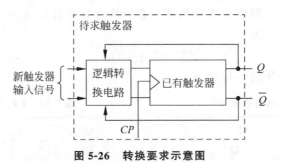

图 5-26　转换要求示意图

例 5-1　将 D 触发器转换为 JK 触发器。

解:(1) 列出各自的状态方程并将其化简成相同的格式如下。

JK 触发器: $Q^{n+1} = J\overline{Q} + \overline{K}Q$

D 触发器: $Q^{n+1} = D$

(2) 通过输出函数找输入等价关系为

$$Q^{n+1} = D = J\overline{Q} + \overline{K}Q = \overline{\overline{J\overline{Q}} \cdot \overline{\overline{K}Q}}$$

(3) 根据等价关系用组合电路实现,得到新触发器的逻辑框图,如图 5-27 所示。

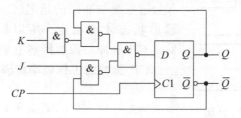

图 5-27　D→JK 触发器转换逻辑图

5.7　集成触发器的脉冲工作特性和动态参数

为了保证触发器在时钟信号到来时能可靠地翻转,有必要进一步分析一下触发器的动态翻转过程,从而找出对输入信号、时钟信号以及两者相互配合关系的要求。

在介绍触发器脉冲工作特性之前,先定义几个时间参数。

① 建立时间 t_{set}

时钟信号 CP 脉冲有效沿到来之前,输入信号必须保持稳定的时间,称为建立时间。

② 保持时间 t_h

时钟信号 CP 脉冲有效沿到来之后,输入信号仍然需要保持不变的时间,称为保持时间。

③ 传输延迟时间 t_{CPHL} 和 t_{CPLH}

从时钟信号 CP 脉冲有效沿触发到触发器输出状态稳定建立所需时间,称为传输延迟时间。输出端从 0 变为 1 所需延时称为 t_{CPLH};输出端从 1 变为 0 所需延时称为 t_{CPHL}。

④ 持续时间 t_{CPH} 和 t_{CPL}

时钟信号 CP 脉冲高电平必须保持的时间,称为持续时间 t_{CPH};时钟信号 CP 脉冲低电平必须保持的时间,称为持续时间 t_{CPL}。

下面就以图 5-19 所示的维持阻塞 D 触发器为例,介绍集成触发器的脉冲工作特性及动态参数。为了叙述方便,假定图中一级与非门的平均延迟时间为 t_{pd}。

根据前面分析可知,维持阻塞 D 触发器的工作情况为:在 $CP=0$ 时,准备阶段;CP 由 0 向 1 正向跳变时刻为状态转移阶段。为了使维持阻塞 D 触发器能可靠工作,要求:

在 CP 正跳变触发沿到来之前,门 F 和门 G 输出端 Q_2 和 Q_1 应建立起稳定状态。由于 Q_2 和 Q_1 稳定状态的建立需要经历两个与非门的延迟时间,这段时间称为建立时间 $t_{set}=2t_{pd}$,在这段时间内要求输入激励信号 D 不能发生变化。所以 $CP=0$ 的持续时间应满足 $t_{CPL} \geqslant t_{set}=2t_{pd}$。

在 CP 正跳变触发沿来到后,要达到维持阻塞作用,必须使 Q_4 或 Q_3 由 1 变为 0,这需要经历一个与非门延迟时间。在这段时间内,输入激励信号 D 也不能发生变化,将这段时间称为保持时间 t_h,其中 $t_h=t_{pd}$。

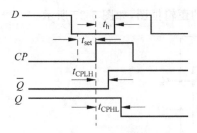

图 5-28 维持 D 触发器对 CP 和输入信号的要求及触发器翻转时间的示意图

CP 脉冲上升沿出现后，触发器开始进行翻转，必须经过三级与非门的延迟（C→A→B 或 E→B→A），输出状态才能稳定。所以传输延迟时间 $t_{CPHL} = 3t_{pd}$，CP 脉冲必须维持高电平的时间 $t_{CPH} > t_{CPHL}$。

CP 脉冲的工作频率应满足

$$f_{CP_{max}} = \frac{1}{t_{CPH} + t_{CPL}} = \frac{1}{5t_{pd}}$$

维持阻塞 D 触发器对输入信号 D 及触发脉冲 CP 的要求示意如图 5-28 所示。

本 章 小 结

触发器是时序逻辑电路中最常用的存储单元，它有两个稳定状态，在一定的输入条件下，两个稳定状态之间可以相互转换。

触发器的种类繁多，各具特色。依据逻辑功能可分为 RS 触发器、JK 触发器、D 触发器、T 触发器等。讨论它们的特性表、状态方程、激励表和状态转移图等是本章的重点内容。

触发器的电路结构形式有多种。由于电路结构的不同，各种触发器在逻辑功能和触发方式上也不一样。"逻辑功能"是指稳态下触发器的次态和触发器的现态与输入之间的逻辑关系。"触发方式"则表示触发器在动态翻转过程中的动作特点。虽然目前触发器的名目和分类方法繁多，然而只要掌握了每一种触发器的逻辑功能和触发方式这两个基本属性，就可以正确地选择和使用。

习 题

5-1 输入信号 u_i 如图 5-29 所示。试画出在该输入信号 u_i 作用下，由"与非"门组成的基本 RS 触发器 Q 端的波形：

(1) u_i 加于 $\bar{S}$ 端，且 $\bar{R}=1$，初始状态 $Q=0$；

(2) u_i 加于 $\bar{R}$ 端，且 $\bar{S}=1$，初始状态 $\bar{Q}=1$。

5-2 图 5-30 为两个"与或非"门构成的基本触发器，试写出其状态方程、真值表及状态转移图。

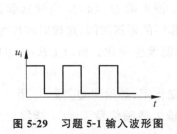

图 5-29 习题 5-1 输入波形图

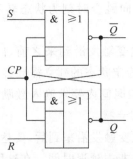

图 5-30 习题 5-2 电路

5-3 主从 JK 触发器的输入端波形如图 5-31 所示,试画出输出端的波形。

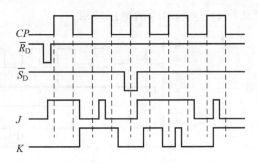

图 5-31 习题 5-3 波形图

5-4 如图 5-32 所示电路是否是由 JK 触发器组成的二分频电路？请通过画出输出脉冲 Y 与输入脉冲 CP 的波形图说明什么是二分频。

5-5 在图 5-33 电路中,设 Q_A 初始状态为 0,不计延迟时间,试根据输入波形画出对应的输出波形 Q_A、Q_B。

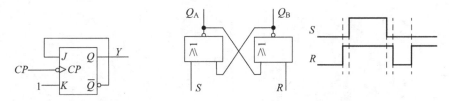

图 5-32 习题 5-4 电路   图 5-33 习题 5-5 电路与输入波形图

5-6 设计一个 4 人抢答逻辑电路,具体要求如下:
(1) 每个参赛者控制一个按钮,通过按动按钮发出抢答信号。
(2) 竞赛主持人另有一个按钮,用于将电路复位。
(3) 竞赛开始后,先按动按钮者将对应的一个发光二极管点亮,此后其他 3 人再按动按钮对电路不起作用。

5-7 电路如图 5-34(a) 所示,若已知 CP 和 x 的波形如图 5-34(b) 所示。设触发器的初始状态为 $Q=0$,试画出 Q 端的波形图。

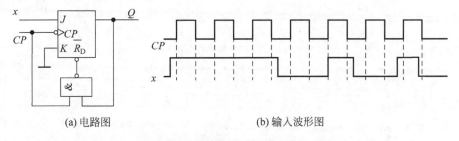

(a) 电路图   (b) 输入波形图

图 5-34 习题 5-7 电路与输入波形图

5-8 若主从 JK 触发器逻辑符号如图 5-35(a)所示，其 CP、$\overline{R}_D$、$\overline{S}_D$、J、K 端的电压波形如图 5-35(b)所示，试画出 Q、$\overline{Q}$ 端对应的电压波形。

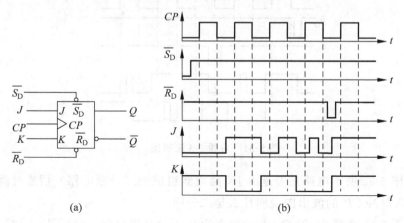

图 5-35 习题 5-8 逻辑符号与波形图

第 6 章 时序逻辑电路

时序逻辑电路是不同于组合逻辑电路的另一类常用逻辑电路。组合逻辑电路任意时刻的稳定输出仅取决于当时的输入取值组合,与过去的输入无关,电路没有记忆功能。而时序逻辑电路在任何时刻产生的稳定输出信号不仅与电路该时刻的输入信号有关,还与电路过去的输入信号有关,因而,电路必须具有记忆功能,以便保存过去的输入信息。

6.1 概 述

6.1.1 时序逻辑电路的特点

所谓时序逻辑电路(简称时序电路)是指其稳定输出不仅与当前的输入有关,而且还与电路原来状态有关的逻辑电路。因此,在时序逻辑电路中,除了有反映现在输入状态的组合电路外,还应包含能记忆过去状态的存储电路。

时序逻辑电路的组成框图如图 6-1 所示。它由组合电路和存储电路组成,通过反馈回路将两部分连成一个整体。图中 X 是时序逻辑电路的输入变量,Z 是时序逻辑电路的输出变量,W 是驱动触发器状态变化的输入变量,Q 是描述触发器输出状态的状态变量。根据图 6-1 可得时序逻辑电路各变量之间的逻辑关系式为

$Z = F[X,Q]$　　时序逻辑电路的输出方程

$W = G[X,Q]$　　存储电路的驱动方程

$Q^{n+1} = H[W,Q]$　　存储电路的状态方程

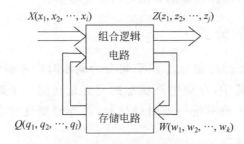

图 6-1　时序逻辑电路框图

由上述关系式可以看出,时序逻辑电路的输出方程描述了时序逻辑电路输出变量 Z 与输入变量 X、状态变量 Q 之间的逻辑关系;存储电路的驱动方程描述了时序逻辑电路中触发器的驱动变量 W 与输入变量 X、状态变量 Q 之间的逻辑关系;存储电路的状态方程描述了时序逻辑电路中触发器状态变量的次态 Q^{n+1} 与驱动变量 W、状态变量的现态 Q 之间的逻辑关系。

图 6-1 所示的时序逻辑电路在结构上的两个特点:

(1) 时序逻辑电路包括组合逻辑电路和存储电路两部分。时序逻辑电路的状态是靠具有记忆功能的存储电路记忆和表征的,因此存储电路是必不可少的,一般由触发器构成。

(2) 组合电路至少有一个输出反馈到存储电路的输入端,而存储电路的输出至少有一个是组合逻辑电路的输入,同其他外输入共同决定电路的输出。

6.1.2 时序逻辑电路的功能描述方法

时序逻辑电路特点表明:电路当前的输出除与输入有关外还与电路的状态有关。而电路的状态是靠触发器记忆的,因此,描述触发器的方法也适合时序逻辑电路。

(1) 逻辑方程

时序逻辑电路的结构和功能,可用三组逻辑方程来描述,分别是时序逻辑电路的输出方程、存储电路的驱动方程和存储电路的状态方程。

(2) 状态转移表

状态转移表是能够描述时序电路逻辑功能的表格形式,它清晰地反映了时序逻辑电路输出 Z、次态 Q^{n+1} 与电路输入 X、现态 Q 之间对应的取值关系,又称为状态表。

(3) 状态转移图

状态转移图是一种反映时序逻辑电路状态转移规律及相应输入、输出取值关系的几何图形,又称为状态图。

(4) 时序图

时序图是用波形图的形式来表示输入信号、输出信号、电路状态等的取值在各时刻的对应关系,又称为工作波形图。在时序图上,可以把电路状态转移的时刻形象地表示出来。

以上几种描述时序逻辑电路功能的方法可以相互转换。

6.1.3 时序逻辑电路的分类

时序逻辑电路按其状态的改变方式不同,可分为同步时序逻辑电路和异步时序逻辑电路。在同步时序逻辑电路中,存储电路状态的变更是在同一个时钟脉冲控制下进行的。在异步时序逻辑电路中没有统一的时钟信号,各存储器件状态的变更不是同时发生的。

时序逻辑电路按其输出与输入的关系不同,可分为米里(Mealy)型和摩尔(Moore)型两类。在米里型时序逻辑电路中,输出信号不仅取决于当前输入信号,而且还取决于存储电路的状态。在摩尔型时序逻辑电路中,输出信号仅取决于存储电路的状态。

6.2 时序逻辑电路的分析方法

时序逻辑电路的分析,就是对一个给定的时序逻辑电路找出在输入信号及时钟脉冲作用下,电路状态和输出的变化规律,进而确定电路的逻辑功能。

6.2.1 同步时序逻辑电路的分析

首先讨论同步时序逻辑电路的分析方法。由于同步时序逻辑电路中所有的触发器都是在同一个时钟信号作用下工作的,所以分析方法比较简单。

分析同步时序逻辑电路的一般步骤是:

(1) 从给定的逻辑图中写出每个触发器的驱动方程,将得到的驱动方程代入相应触发器的特性方程,得出每个触发器的状态方程,从而得到整个时序逻辑电路的状态方程组;

(2) 根据给定的逻辑图写出电路的输出方程;

(3) 根据时序电路的状态方程组和输出方程,列出状态转移表,画出状态转移图或时序图;

(4) 说明时序逻辑电路可实现的逻辑功能。

下面通过具体例子来说明同步时序逻辑电路的分析方法。

例 6-1 分析如图 6-2 所示电路的逻辑功能。

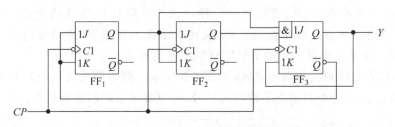

图 6-2 例 6-1 逻辑电路图

解:由图 6-2 可见,该时序逻辑电路由 3 个触发器组成,且这 3 个触发器的 CP 端接在一起,说明这 3 个触发器的状态翻转同时进行,所以该时序逻辑电路为同步时序逻辑电路。根据图 6-2 所示的电路可列出时序逻辑电路的驱动方程为

$$\begin{cases} J_1 = K_1 = \bar{Q}_3 \\ J_2 = K_2 = Q_1 \\ J_3 = Q_1 Q_2, K_3 = Q_3 \end{cases}$$

该时序逻辑电路中的触发器为 JK 触发器,JK 触发器的特性方程为 $Q^{n+1} = J\bar{Q} + \bar{K}Q$,将电路的驱动方程代入 JK 触发器的特性方程,可得图 6-2 所示电路的状态方程为

$$\begin{cases} Q_1^{n+1} = J_1\bar{Q}_1 + \bar{K}_1 Q_1 = \bar{Q}_3\bar{Q}_1 + Q_3 Q_1 \\ Q_2^{n+1} = J_2\bar{Q}_2 + \bar{K}_2 Q_2 = \bar{Q}_2 Q_1 + Q_2 \bar{Q}_1 \\ Q_3^{n+1} = J_3\bar{Q}_3 + \bar{K}_3 Q_3 = \bar{Q}_3 Q_2 Q_1 + \bar{Q}_3 Q_3 = \bar{Q}_3 Q_2 Q_1 \end{cases}$$

根据图 6-2 所示电路可列出电路的输出方程为

$$Y = Q_3$$

根据电路的状态方程、输出方程列出状态转移表（如表 6-1 所示）、画出状态转移图（如图 6-3 所示）和时序图（如图 6-4 所示）。

表 6-1 例 6-1 电路的状态转移表

CP 脉冲序号	现态			次态			输出
	Q_3^n	Q_2^n	Q_1^n	Q_3^{n+1}	Q_2^{n+1}	Q_1^{n+1}	Y
0	0	0	0	0	0	1	0
1	0	0	1	0	1	0	0
2	0	1	0	0	1	1	0
3	0	1	1	1	0	0	0
4	1	0	0	0	0	0	1
0	1	0	1	0	1	1	1
1	1	1	0	0	1	0	1
2	1	1	1	0	0	1	1

因 3 个触发器所描述的状态共有 8 种，表 6-1 的上半部只有 5 种，尚缺少 $Q_3 Q_2 Q_1 =$ 101、110 和 111 三种状态，因此，需要将这三种状态补充到表中，方法依然是分别将这三种状态代入逻辑电路状态方程和输出方程，从而求出次态和输出，最后将得到的结果补充到表中（见表 6-1 的下半部），才能得到完整的状态转移表。

由状态转移表可以画出状态转移图，如图 6-3 所示。图中箭头表示电路状态转换的过程，箭头旁边分式的分子表示电路的输入信号，分母表示电路的输出信号。

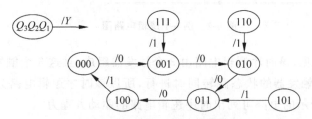

图 6-3 例 6-1 电路的状态转移图

因图 6-2 所示电路除 CP 信号外，没有其他输入信号，所以，分式的分子空着。在数字电路中，除 CP 信号外，没有其他输入信号的时序逻辑电路称为摩尔型数字电路。

由图 6-3 可见，电路每输入 5 个脉冲（闭合循环圈内有 5 个箭头），电路的状态将重复一次，说明图 6-2 所示电路具有五进制计数的功能，由此可得，电路的功能为五进制计数器。

在计数器电路中,闭合圈内的状态称为有效循环状态,闭合圈外的状态称为无效循环状态或无效状态。在正常计数的过程中,无效状态不会出现,只有在刚给计数器通电的随机状态下,或运行过程中计数器受到严重干扰时,才有可能脱离有效状态而进入无效状态。电路进入无效状态后,若在计数脉冲的作用下可以自动进入有效状态的过程,称为电路的自启动过程。可以实现自启动的时序逻辑电路称为带自启动功能的时序逻辑电路。所以,图 6-2 所示电路的全称为带自启动功能的五进制计数器。

也可以画出其时序图,如图 6-4 所示。设电路的初态为 $Q_3Q_2Q_1=000$。由图 6-4 可见,在图 6-2 所示电路的 CP 端输入 5 个脉冲,输出信号 Y 输出 1 个脉冲,说明输出信号的频率是输入信号频率的 1/5,即五进制计数器电路可以作为 5 分频器使用。5 分频器电路可以实现将输入信号的频率降低 1/5 后输出的目的。

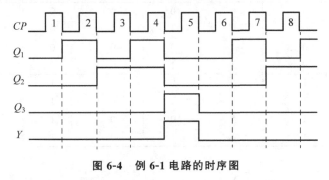

图 6-4 例 6-1 电路的时序图

例 6-2 分析如图 6-5 所示电路的逻辑功能。

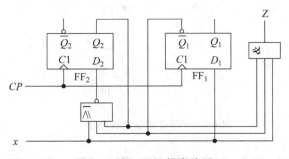

图 6-5 例 6-2 逻辑电路图

解:该时序逻辑电路由 2 个 D 触发器和 2 个逻辑门组成,电路中 2 个触发器的 CP 端接在一起,说明这 2 个触发器的状态翻转同时进行,所以该时序逻辑电路为同步时序逻辑电路。电路中,除了有触发脉冲 CP 输入外,还有外界输入信号 x,因此,该电路属于米里型电路。根据图 6-5 可列出该时序逻辑电路的驱动方程为

$$\begin{cases} D_1 = x \\ D_2 = \overline{x+Q_2+\overline{Q}_1} = \overline{x}\,\overline{Q}_2 Q_1 \end{cases}$$

时序逻辑电路中的触发器为 D 触发器,其特性方程为 $Q^{n+1}=D$,将驱动方程代入 D 触发器的特性方程,可得图 6-5 所示电路的状态方程为

$$\begin{cases} Q_1^{n+1} = D_1 = x \\ Q_2^{n+1} = D_2 = \bar{x}\bar{Q}_2 Q_1 \end{cases}$$

由图 6-5 所示的电路图可列出输出方程为

$$Z = xQ_2\bar{Q}_1$$

根据状态方程、输出方程列出状态转移表(如表 6-2 所示),画出状态转移图(如图 6-6 所示)和时序图(如图 6-7 所示)。

表 6-2 例 6-2 的状态转移表

CP 脉冲序号	输入 x	现态 Q_2	现态 Q_1	次态 Q_2^{n+1}	次态 Q_1^{n+1}	输出 Z
0	0	0	0	0	0	0
1	0	0	1	1	0	0
2	0	1	0	0	0	0
3	0	1	1	0	0	0
0	1	0	0	0	1	0
1	1	0	1	0	1	0
2	1	1	0	0	1	1
3	1	1	1	0	1	0

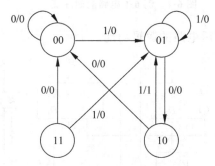

图 6-6 例 6-2 的状态转移图

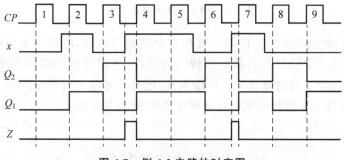

图 6-7 例 6-2 电路的时序图

由状态转移图和时序图可知,当电路输入端连续输入的 3 位代码为"101"时,输出端 Z 产生一个"1"输出,其他情况下输出端 Z 均为"0"。在数字系统中,通常将从随机输入序列中发现某个特定序列的时序电路称为序列检测器,因此,该电路是一个"101"序列检测器。

6.2.2 异步时序逻辑电路的分析

异步时序逻辑电路的分析方法和同步时序逻辑电路的分析方法有所不同。在异步时序逻辑电路中,每次电路状态发生转换时并不是所有触发器都有时钟信号。只有那些有时钟信号的触发器才需要用特性方程去计算次态,而没有时钟信号的触发器将保持原来的状态不变。

因此,分析异步时序逻辑电路时,还需要找出每次电路状态转换时哪些触发器有时钟信号,哪些触发器没有时钟信号。由此可见,分析异步时序逻辑电路要比分析同步时序逻辑电路复杂。

下面通过例子具体说明异步时序逻辑电路分析的方法和步骤。

例 6-3 分析如图 6-8 所示电路的逻辑功能。

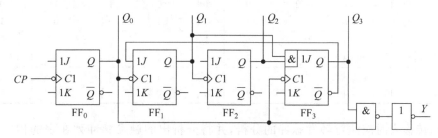

图 6-8 例 6-3 逻辑电路图

解:图示电路中各触发器的触发脉冲输入端没有接在一起,触发器的状态翻转不同步,所以该电路是异步时序逻辑电路。分析异步时序逻辑电路除了要分析触发信号外,其他的方法和步骤与同步时序逻辑电路的分析方法相同。

根据图 6-8 可列出时序逻辑电路的驱动方程为

$$J_0 = K_0 = 1$$
$$J_1 = \overline{Q}_3, \quad K_1 = 1$$
$$J_2 = K_2 = 1$$
$$J_3 = Q_2 Q_1, \quad K_3 = 1$$

将触发器的驱动方程代入触发器的特性方程,可得电路的状态方程为

$$Q_0^{n+1} = J_0 \overline{Q}_0 + \overline{K}_0 Q_0 = \overline{Q}_0$$
$$Q_1^{n+1} = J_1 \overline{Q}_1 + \overline{K}_1 Q_1 = \overline{Q}_3 \overline{Q}_1$$
$$Q_2^{n+1} = J_2 \overline{Q}_2 + \overline{K}_2 Q_2 = \overline{Q}_2$$
$$Q_3^{n+1} = J_3 \overline{Q}_3 + \overline{K}_3 Q_3 = \overline{Q}_3 Q_2 Q_1$$

由图 6-8 可列出电路的输出方程为

$$Y = Q_3 Q_0$$

根据状态方程、输出方程列出状态转移表(如表 6-3 所示)、画出状态转移图(如图 6-9 所示)和时序图(如图 6-10 所示)。

表 6-3　例 6-3 的状态转移表

CP 脉冲序号	现态				次态				输出
	Q_3	Q_2	Q_1	Q_0	Q_3^{n+1}	Q_2^{n+1}	Q_1^{n+1}	Q_0^{n+1}	Y
0	0	0	0	0	0	0	0	1	0
1	0	0	0	1	0↓	0	1↓	0	0
2	0	0	1	0	0	0	1	1	0
3	0	0	1	1	0↓	1↓	0↓	0	0
4	0	1	0	0	0	1	0	1	0
5	0	1	0	1	0↓	1	1↓	0	0
6	0	1	1	0	0	1	1	1	0
7	0	1	1	1	1↓	0↓	0↓	0	0
8	1	0	0	0	1	0	0	1	0
9	1	0	0	1	1↓	0	0↓	0	1
0	1	0	1	0	1	0	1	1	0
1	1	0	1	1	1↓	1↓	0↓	0	1
0	1	1	0	0	1	1	0	1	0
1	1	1	0	1	0↓	0↓	0↓	0	1
0	1	1	1	0	1	1	0	1	0
1	1	1	1	1	0↓	0↓	0↓	0	1

列状态转移表时应注意触发脉冲的分析，并将分析出的触发脉冲列在表的相应位置上。在列表时，要特别注意状态方程中每一个表达式有效的时钟条件，只有在相应时钟脉冲沿到来时，触发器才能按照方程式规定的次态进行转换，否则触发器仍然保持原来状态。例如，$Q_3 Q_2 Q_1 Q_0 = 0000$ 时，当输入时钟脉冲下降沿到来时，触发器 FF_0 具备时钟条件，所以 $Q_0^{n+1} = \overline{Q}_0 = 1$；而 $CP_1 = Q_0$，虽然在触发器 FF_0 由 0 变为 1 时，Q_0 端出现上升沿，但触发器是下降沿触发的，所以触发器 FF_1 不具备时钟条件，故触发器 FF_1 保持原来状态，即 $Q_1^{n+1} = Q_1 = 0$；至于触发器 FF_2、FF_3，显然更不会翻转。又如 $Q_3 Q_2 Q_1 Q_0 = 0111$ 时，在下一个脉冲输入后，触发器 FF_0 由 1 变为 0，Q_0 产生一个下降沿触发触发器 FF_1，使触发器 FF_1 由 1 变为 0，Q_1 产生一个下降沿触发触发器 FF_2，使触发器 FF_2 由 1 变为 0，Q_2 产生一个下降沿触发触发器 FF_3，使触发器 FF_3 由 0 变为 1。这时触发器的状态由 0111 转移到 1000。

根据表 6-3 可画出图 6-8 所示电路的状态转移图，如图 6-9 所示。

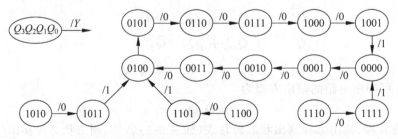

图 6-9　例 6-3 电路的状态转移图

由图 6-9 可见,图 6-8 所示电路是带自启动功能的异步十进制计数器。

图 6-8 所示电路在初态 $Q_3Q_2Q_1Q_0=0000$ 时的时序图,如图 6-10 所示。

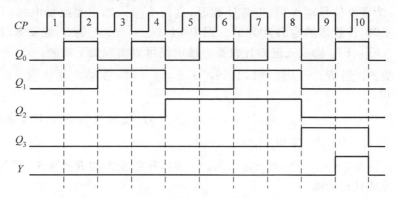

图 6-10　例 6-3 电路的时序图

由图 6-10 可见,计数器不仅有计数的功能,还可以当分频器使用。在计数器的 CP 控制端输入信号,从计数器 Q_0 输出端引出信号,可得到 2 分频的输出信号;从计数器 Q_1 输出端引出信号,可得到 4 分频的输出信号;从计数器 Q_2 输出端引出信号,可得到 8 分频的输出信号;从计数器 Q_3 输出端引出信号,可得到 10 分频的输出信号。

计数器是数字系统中常用的单元电路,在图 6-8 所示电路的基础上,增加置 0 输入端 R_D 和置 9 输入端 S_D 后,组成的集成电路产品为 74LS290,该器件的逻辑图如图 6-11 所示,该芯片的引脚排列图和逻辑符号如图 6-12(a)和图 6-12(b)所示。

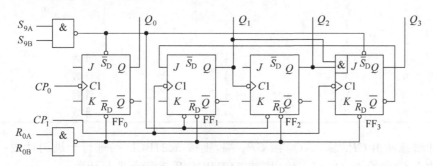

图 6-11　74LS290 的逻辑电路图

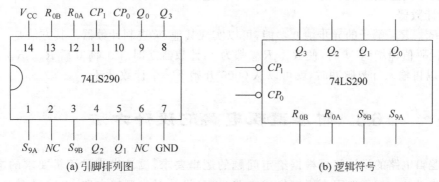

(a) 引脚排列图　　　　　　　　　　(b) 逻辑符号

图 6-12　74LS290 的引脚排列图和逻辑符号

图 6-11 中的 Q_3、Q_2、Q_1、Q_0 是计数信号的输出端；R_{0A}、R_{0B} 为置 0 信号输入端，正常计数时，这两个输入端要接低电平，当这两个输入端接高电平时，计数器的输出为 0000；S_{9A}、S_{9B} 为置 9 信号输入端，正常计数时，这两个输入端也要接低电平，当这两个输入端接高电平时，计数器的输出为 1001。图中 FF_0 是一个单独的 T' 触发器（因为 $J=1$，$K=1$）；FF_3、FF_2、FF_1 构成五进制计数器。该电路可以实现如下功能：

(1) 异步清 0。当 $R_{0A}=R_{0B}=1$，且 $S_{9A} \cdot S_{9B}=0$ 时，各触发器的 $\overline{R}_D$ 均为 0，使 $Q_3Q_2Q_1Q_0=0000$。

(2) 异步置 9。当 $S_{9A}=S_{9B}=1$，且 $R_{0A} \cdot R_{0B}=0$ 时，使触发器 FF_0、FF_3 的 $\overline{S}_D$ 和触发器 FF_1、FF_2 的 $\overline{R}_D$ 为 0，故 $Q_3Q_2Q_1Q_0=1001$。

(3) 计数。当 $R_{0A} \cdot R_{0B}=0$，且 $S_{9A} \cdot S_{9B}=0$ 时，各触发器的 $\overline{R}_D$ 与 $\overline{S}_D$ 都为 1，此时电路就可用来完成计数功能。

二进制计数：由 CP_0 输入计数脉冲，Q_0 输出，可以完成 1 位二进制计数。

五进制计数：由 CP_1 输入计数脉冲，由 Q_3、Q_2、Q_1 输出，可以完成五进制计数。

十进制计数：将二、五进制计数器按异步方式串接，则可以实现十进制计数。

不同的连接方式实现不同编码的十进制计数。74LS290 的功能表如表 6-4 所示。

表 6-4 74LS290 的功能表

输入					输出			
R_{0A}	R_{0B}	S_{9A}	S_{9B}	CP	Q_3	Q_2	Q_1	Q_0
1	1	0	×	×	0	0	0	0
1	1	×	0	×	0	0	0	0
0	×	1	1	×	1	0	0	1
×	0	1	1	×	1	0	0	1
×	0	0	×	↓		计数		
×	0	×	0	↓		计数		
0	×	0	×	↓		计数		
0	×	×	0	↓		计数		

如果计数脉冲由 CP_0 输入，Q_0 接 CP_1 端，则按 8421BCD 码进行十进制计数；如果将计数脉冲由 CP_1 输入，Q_3 接 CP_0，则按 5421BCD 码进行十进制计数。

因处在不同连接方式下的 74LS290 为不同进制的计数器，所以 74LS290 又称为二-五-十进制计数器。

利用 R_{0A}、R_{0B} 端子的异步清 0 功能，可以实现其他 N 进制计数器。其方法是：当计数输出的代码值递增到 N 时，使 R_{0A}、R_{0B} 都为 1，计数器立即清 0，清 0 后 R_{0A}、R_{0B} 不再都为 1，所以再输入计数脉冲时，就可以从 0000 开始下一个计数循环。

6.3 时序逻辑电路的设计方法

时序逻辑电路的设计就是根据给定问题的逻辑要求，设计出满足逻辑要求的电路，并力求电路最简。如果选用小规模集成电路（SSI）设计时序逻辑电路，电路最简单的标准是选用的触发器和逻辑门数目最少,而且触发器和逻辑门的输入端的数目亦最少。如果选用中规模集成电路(MSI)设计时序逻辑电路,电路最简单的标准是集成电路的数目最少、种类最少,而且相互连线最少。

本节着重介绍采用 SSI 器件的同步时序逻辑电路的一般设计方法和步骤,而对异步时序逻辑电路的设计仅通过具体例子简要介绍设计方法和步骤。采用 MSI 器件的时序逻辑电路的设计也作一定的介绍。

采用 SSI 器件设计时序逻辑电路的步骤如下。

(1) 分析设计要求,建立原始状态图或状态表。

由于状态图或状态表能够直观、清晰、形象地将设计要求描述出来,所以设计的第一步是根据对设计要求的文字描述,抽象出电路的输入、输出及状态之间的关系,进而形成原始状态图或原始状态表。这是时序逻辑电路设计中关键的一步,是以下各步骤的基础。在建立原始状态图时,关键在于要对实际逻辑问题给予正确的理解,要把各种可能的情况尽可能没有遗漏地考虑到,而不考虑状态数的多少。因为,即使有多余的状态,在状态化简时也会消去。

(2) 状态化简,求出最简状态图或状态表。

在构成原始状态图或原始状态表时,为了全面描述设计要求,列出的状态数目不一定是最少的,有时会包含等效状态。所谓等效状态是指电路的两个(或多个)状态在相同输入的情况下有相同的输出,并且转换到相同的次态。显然,等效状态是重复的,应当合并为一个状态。一般来说,电路的状态数越少,所需触发器的个数就越少,设计出的电路就越简单。

(3) 状态分配。

将电路的每一种状态按照一定的规律用一个二进制代码进行编码,这一过程叫作状态分配或状态编码。时序逻辑电路的状态是用多个触发器状态的不同组合表示的,因此,需要根据电路状态数确定触发器的数目。设电路状态数为 N,所需的触发器个数为 n,由于 n 个触发器最多可以表示 2^n 种状态,因此,n 的值可由下式确定:

$$2^{n-1} < N \leqslant 2^n$$

如果所需的状态数少于全部的状态数(即 $N<2^n$),则应当考虑如何从 2^n 种状态中选择 N 种状态,以及如何确定 N 种状态的排列序列。如果编码方案选择得当,设计结果可以很简单。反之,编码方案选得不好,设计出来的电路就会复杂得多,这里面有一定的技巧。

根据不同的编码方案,设计出的逻辑电路有繁有简。在此介绍一般的原则。

① "次态相同,现态相邻"。在相同输入的条件下,具有相同次态的现态尽可能分配相邻的二进制代码。所谓相邻代码是指两个代码中只有一个变量的取值不同,其余变量均相同。

② "同一现态,次态相邻"。在相同输入的条件下,同一现态的次态尽可能分配相邻的二进制代码。

③ "输出相同,现态相邻"。在不同输入取值下,具有相同输出的现态应尽可能分配相邻的二进制代码。

(4) 确定触发器的数目和类型并写出驱动方程和输出方程。

因为不同逻辑功能的触发器特性方程不同,所以首先要确定触发器的类型,然后列出激励表和输出函数表,求出驱动函数和输出函数表达式;也可以作次态卡诺图求出次态方程,然后求驱动函数等。

(5) 检查设计的电路能否自启动。

如果电路不能自启动,则需要对电路的设计进行修改,常用的方法是修改无效状态的次态,或者重新选择编码,或者采取其他措施(例如用异步输入端强行置入有效状态),使得电路从任何状态都能进入有效循环状态。

(6) 画出逻辑电路图。

6.3.1 同步时序逻辑电路的设计

在同步时序逻辑电路中,所有的触发器都共用一个时钟脉冲。在时钟脉冲作用下,各触发器同时翻转工作,所以在设计时,可以不考虑时钟脉冲而把主要设计集中在逻辑功能的实现上。

例 6-4 用 JK 触发器设计一个串行数据检测器。该电路有一个输入端 x 和一个输出端 Z。电路从输入端 x 接收随机输入的二进制码,当输入序列中出现"1001"时,输出 Z 产生一个 1 输出,其他情况下输出 0。

解:(1) 建立原始状态图和原始状态表。由于只有一个输入,电路从任一个状态出发,都有 $2^1=2$ 种可能的转移方向。设电路的初始状态为 S_0,S_1 表示收到了序列"1001"中的第一个信号"1",状态 S_2 表示收到了序列"1001"中的前两位"10",状态 S_3 表示收到了序列"1001"中的前三位"100",状态 S_4 表示收到了序列信号"1001"。由此可得原始状态图,如图 6-13(a)所示。根据原始状态图可得到原始状态表,如表 6-5 所示。

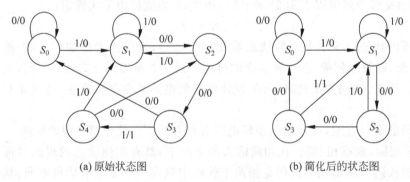

(a) 原始状态图　　(b) 简化后的状态图

图 6-13　例 6-4 的状态转移图

(2) 状态化简。由表 6-5 可知,对于状态 S_1 和 S_4,在 x 为 0 和 1 时,其对应的输出和次态都完全相同,它们是等效状态,故可将其合并为状态 S_1,简化后的状态图、状态表分别如图 6-13(b)和表 6-6 所示。

表 6-5 例 6-4 原始状态表

现 态	次态/输出 Z	
	$x=0$	$x=1$
S_0	$S_0/0$	$S_1/0$
S_1	$S_2/0$	$S_1/0$
S_2	$S_3/0$	$S_1/0$
S_3	$S_0/0$	$S_4/1$
S_4	$S_2/0$	$S_1/0$

表 6-6 例 6-4 简化状态表

现 态	次态/输出 Z	
	$x=0$	$x=1$
S_0	$S_0/0$	$S_1/0$
S_1	$S_2/0$	$S_1/0$
S_2	$S_3/0$	$S_1/0$
S_3	$S_0/0$	$S_1/1$

(3) 状态分配。由于简化状态表中只有 4 种状态,即 $N=4$,根据 $n \geqslant \log_2 N$,取 $n=2$,即只要用两个触发器就可以描述所有的状态。按前面介绍的一般状态分配原则,取 $S_0=00, S_1=01, S_2=11, S_3=10$,可得到相应的二进制状态表,如表 6-7 所示。

表 6-7 例 6-4 编码后的状态表

现 态		次态 $Q_2^{n+1}Q_1^{n+1}$/输出 Z	
Q_2	Q_1	$x=0$	$x=1$
0	0	00/0	01/0
0	1	11/0	01/0
1	1	10/0	01/0
1	0	00/0	01/1

(4) 确定触发器数目和类型并求出激励函数和输出函数最简表达式。

问题要求用 JK 触发器,由于二进制状态表中有 2 个状态变量,故电路中需要 2 个 JK 触发器。

根据二进制状态表和 JK 触发器的激励表,可列出驱动变量和输出函数表,如表 6-8 所示。

表 6-8 例 6-4 的驱动变量和输出函数表

输入	现 态		次 态		驱动变量				输出
x	Q_2	Q_1	Q_2^{n+1}	Q_1^{n+1}	J_2	K_2	J_1	K_1	Z
0	0	0	0	0	0	×	0	×	0
0	0	1	1	1	1	×	×	0	0
0	1	1	1	0	×	1	×	1	0

续表

输 入	现 态		次 态		驱 动 变 量				输出
x	Q_2	Q_1	Q_2^{n+1}	Q_1^{n+1}	J_2	K_2	J_1	K_1	Z
0	1	0	0	0	×	0	0	×	0
1	0	0	0	1	0	×	1	×	0
1	0	1	0	1	0	×	×	0	0
1	1	1	0	1	×	1	×	0	0
1	1	0	0	1	×	1	1	×	1

根据表 6-8 可以作出各触发器 J、K 端和输出端的卡诺图,如图 6-14 所示。

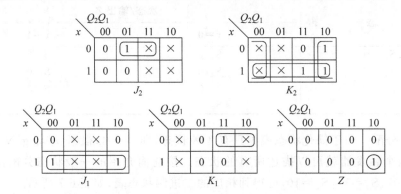

图 6-14 驱动变量和输出函数卡诺图

化简后的驱动变量和输出函数表达式为

$$\begin{cases} J_2 = \bar{x}Q_1 = \overline{x+\bar{Q}_1}, & K_2 = x+\bar{Q}_1 \\ J_1 = x, & K_1 = \bar{x}Q_2 = \overline{x+\bar{Q}_2} \\ Z = xQ_2\bar{Q}_1 \end{cases}$$

(5) 画出逻辑电路图。根据触发器的类型和数目,以及所得驱动变量和输出函数最简表达式,可画出实现预定功能的逻辑电路图,如图 6-15 所示。

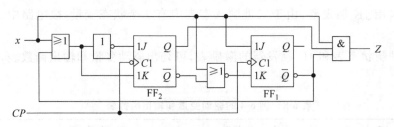

图 6-15 例 6-4 逻辑电路图

例 6-5 试用 JK 触发器设计一个模 6 递增同步计数器。

解:(1) 建立原始状态图。以计数脉冲 CP 作为输入信号,直接驱动各触发器的 CP 端,故不必另设输入变量。设 Z 为进位输出端,模 6 计数器要求有 6 个不同状态,且逢六进一,由此可画出如图6-16所示的原始状态图。由于六进制计数器必须有6个不同状态,所以不需要状态化简。

(2) 状态分配。因状态数 $N=6$,根据 $n \geqslant \log_2 N$,取 $n=3$,即需要3个触发器。按题意选用JK触发器,由于要设计递增计数器,因此取 $S_0=000$,$S_1=001$,$S_2=010$,$S_3=011$,$S_4=100$,$S_5=101$,由此可以作出编码后的状态表,如表6-9所示。

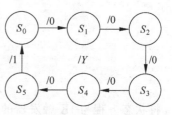

图 6-16 例 6-5 的原始状态图

表 6-9 例 6-5 编码后的状态表

现态			次态			输出
Q_3	Q_2	Q_1	Q_3^{n+1}	Q_2^{n+1}	Q_1^{n+1}	Z
0	0	0	0	0	1	0
0	0	1	0	1	0	0
0	1	0	0	1	1	0
0	1	1	1	0	0	0
1	0	0	1	0	1	0
1	0	1	0	0	0	1

(3) 求状态方程、驱动变量和输出函数。按照表6-9画出次态卡诺图和输出函数卡诺图,如图6-17所示。

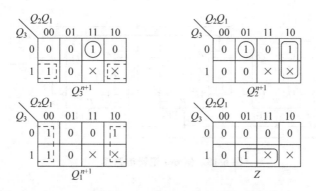

图 6-17 例 6-5 次态和输出函数卡诺图

求状态方程的目的是求出触发器输入端的驱动变量,因此,在卡诺图进行圈选化简时就要预先考虑到这点。现选用JK触发器,应使圈选的结果尽可能出现:

$$Q_i^{n+1} = \underline{\quad}\bar{Q}_i + \underline{\quad}Q_i$$

的形式,这样就可以由状态方程直接求出 J_i 和 K_i。为此,应将 $Q_i=0$ 的方格化为一个区域,而将 $Q_i=1$ 的方格化为另一个区域,然后在每个区域内按圈选相邻最小项的原则进行圈选。由分区圈选方法所得的状态方程,并不一定是最简"与-或"式,但是式中的 J、K 表达式却是最简的。

按照上述圈选原则,由图6-17得出状态方程和输出方程分别为

$$\begin{cases} Q_3^{n+1} = Q_2 Q_1 \bar{Q}_3 + \bar{Q}_1 Q_3 \\ Q_2^{n+1} = \bar{Q}_3 Q_1 \bar{Q}_2 + \bar{Q}_1 Q_2 \\ Q_1^{n+1} = \bar{Q}_1 \end{cases}$$

$$Z = Q_3 Q_1$$

将状态方程与 JK 触发器的特性方程比较得出各触发器的驱动方程为

$$\begin{cases} J_3 = Q_2 Q_1, & K_3 = Q_1 \\ J_2 = \bar{Q}_3 Q_1, & K_2 = Q_1 \\ J_1 = 1, & K_1 = 1 \end{cases}$$

(4) 检查电路能否自启动。根据状态方程，将无效状态的状态情况填入表 6-10 中，可知该电路能够自启动。

表 6-10 无效状态的状态表

现态			次态			输出
Q_3	Q_2	Q_1	Q_3^{n+1}	Q_2^{n+1}	Q_1^{n+1}	Z
1	1	0	1	1	1	0
1	1	1	0	0	0	1

(5) 画逻辑电路图。根据上述驱动变量和输出函数表达式，可画出逻辑电路图如图 6-18 所示。

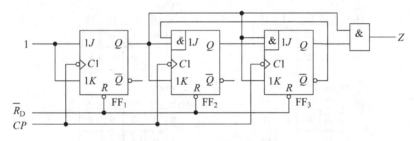

图 6-18 例 6-5 逻辑电路图

6.3.2 异步时序逻辑电路的设计

异步时序逻辑电路设计的一般过程与同步时序逻辑电路设计大体相同。但由于在异步时序逻辑电路中没有统一的时钟脉冲信号，异步时序逻辑电路中的触发器也不是同时动作的，因而在设计异步时序逻辑电路时，除了需要完成设计同步时序逻辑电路所应做的各项工作外，还要为每个触发器选定合适的时钟信号。这就是设计异步时序逻辑电路时所遇到的特殊问题。

在设计异步时序逻辑电路时，应把触发器的 CP 信号也作为状态方程中的变量。选择或确定时钟脉冲 CP 有两种方法：一是根据时序图选择各触发器的时钟脉冲，二是由状态转移确定时钟脉冲。下面通过例子具体介绍设计方法和步骤。

例 6-6 试用 JK 触发器设计一个异步模 7 加 1 计数器。

解：(1) 确定触发器的级数。

根据逻辑功能 $N=7, 2^2 < N < 2^3$，所以选 $N=3$，用 3 个 JK 触发器。

(2) 作状态转移图和状态转移表。

计数器的状态数目和状态转换关系均非常清楚，故可直接画出二进制状态图并列出相应的状态转移表。因为是异步电路，所以必须考虑时序关系，但不管是什么时序都必须满足现态和次态之间的状态转换关系。所以先满足逻辑关系条件后再考虑时序，根据逻辑关系即得到如图 6-19 所示的状态转移图和如表 6-11 所示的状态转移表。

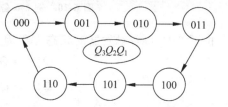

图 6-19 例 6-6 的状态转移图

表 6-11 例 6-6 状态转移表

序号	现 态			次 态			时 序		
	Q_3	Q_2	Q_1	Q_3^{n+1}	Q_2^{n+1}	Q_1^{n+1}	CP_3	CP_2	CP_1
0	0	0	0	0	0	1	0	↓	↓
1	0	0	1	0	1	0	0	↓	↓
2	0	1	0	0	1	1	0	↓	↓
3	0	1	1	1	0	0	↓	↓	↓
4	1	0	0	1	0	1	0	↓	↓
5	1	0	1	1	1	0	0	↓	↓
6	1	1	0	0	0	0	↓	↓	↓

对于每个触发器的翻转除了满足触发器的逻辑功能外，还需要触发脉冲。对于异步逻辑电路，外触发时钟通常连到第一级触发器，后级一般把前级的输出翻转信号作为触发脉冲。所以可以通过考察状态表确定所选用的触发时钟是否合理。在电路里任何一级触发器输出都可以被定为后级触发器的触发脉冲，原则是满足后级全部的触发要求。

从状态表中可以看出，Q_1 本身是第一级触发器，可以确定 $CP_1=CP$。Q_2 翻转所需要的触发点在 CP 的第 2、4、6、7 四个状态，显然若选用 Q_1 作为触发脉冲可以发现第 7 个脉冲时 Q_1 没有高→低电平的跳跃，所以 Q_1 作为触发脉冲无法完全提供第二级触发器所需要的全部脉冲，则 Q_1 不作考虑。Q_1 的前级只有 CP，因此只有选 CP 作为第二级的触发脉冲。同理，第三级触发器在第 4、7 两个状态跳跃，首先从前级 Q_2 的输出考察，正好在第 4、7 有两个高→低电平的跳跃，能够提供所需触发脉冲，所以第三级触发器确定 $CP_3=Q_2$，然后将时序触发补充进状态表，如表 6-11 所示。

在异步时序逻辑电路的设计中，只要各触发器的触发脉冲确定，其他设计方法就基本与同步时序逻辑电路相同。

(3) 求状态方程和驱动方程。

按表 6-11 画出次态方程卡诺图，如图 6-20 所示。

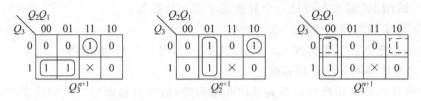

图 6-20 例 6-6 各触发器次态方程的卡诺图

由图 6-19 得各触发器的状态方程为

$$Q_3^{n+1} = Q_2 Q_1 \bar{Q}_3 + \bar{Q}_2 Q_3$$
$$Q_2^{n+1} = Q_1 \bar{Q}_2 + \bar{Q}_3 \bar{Q}_1 Q_2$$
$$Q_1^{n+1} = \overline{Q_2 Q_3 \bar{Q}_1}$$

由次态方程与 JK 触发器的特性方程得到各触发器的驱动方程为

$$J_3 = Q_2 Q_1, \quad K_3 = Q_2$$
$$J_2 = Q_1, \quad K_2 = \overline{\bar{Q}_3 \bar{Q}_1}$$
$$J_1 = \overline{Q_3 Q_2}, \quad K_1 = 1$$

（4）检查电路能否自启动。

根据状态方程,将无效状态的状态情况填入表 6-12 中,可知该电路能够自启动,对应的完整状态转移图如图 6-21 所示。

表 6-12 例 6-6 无效状态的状态转移表

现 态			次 态			时 序		
Q_3	Q_2	Q_1	Q_3^{n+1}	Q_2^{n+1}	Q_1^{n+1}	CP_3	CP_2	CP_1
1	1	1	0	0	0	↓	↓	↓

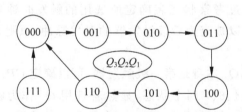

图 6-21 例 6-6 完整状态转移图

（5）画逻辑电路图。

根据上述驱动方程及时钟脉冲信号,可画出例 6-6 的逻辑电路图,如图 6-22 所示。

对于时序逻辑电路的一般性设计可以采用上述方法解决。但是随着大规模集成电路系列化、标准化,常用电路的设计已经大大减少,设计的重点均放在电路逻辑功能的实现关系上,系统级的设计增加,设计更加标准化和模块化,器件的选用更为系列化和商品化,使设计和制作周期大大缩短。

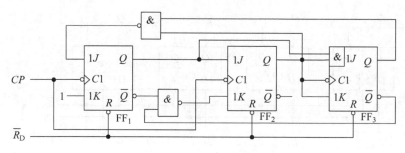

图 6-22　例 6-6 逻辑电路图

6.4 常用中规模时序逻辑器件及应用

数字系统中最常用的中规模时序逻辑器件主要有寄存器、计数器、序列信号发生器等,本节将分别举例介绍其外部特性以及在逻辑设计中的应用。要求在掌握外部特性的基础上,能够根据需要对器件进行灵活使用。

6.4.1 寄存器和移位寄存器

数字系统中的数值或运算结果有时需要暂时保存,常用若干触发器、门电路和控制时钟构成的具有保存信号功能的器件称为寄存器。寄存器的主要组成部分是触发器,一个触发器能存储 1 位二进制代码,所以要存放 n 位二进制代码的寄存器应包含 n 个触发器。

中规模集成寄存器除了具有接收数据、保存数据和传送数据等基本功能外,通常还具有左移位、右移位,串行输入、并行输入,串行输出、并行输出,预置、清零等多种功能,属于多功能寄存器。

1. 寄存器

寄存器(Register)主要由触发器构成,只能接收、存放、传送和清除数码,而不能移动数码。

(1) 寄存器

图 6-23 是由 4 个边沿 D 触发器构成的 4 位寄存器。时钟脉冲加入 CP 端作为寄存器指令,只有在 CP 上升沿的触发下,可以接收并暂存 4 位二进制码 $D_3 D_2 D_1 D_0$,使 $Q_3 Q_2 Q_1 Q_0 = D_3 D_2 D_1 D_0$,直到下一个 CP 到来为止,而且在任何时刻向 $\overline{R}_D$ 端送入清 0 脉冲,均可清除寄存器中的数码,使 $Q_3 Q_2 Q_1 Q_0 = 0000$。

(2) 中规模集成寄存器

中规模集成寄存器有 4 位、6 位、8 位等,一般都具有清除、接收、寄存和输出等功能。也有一些器件为了适应设计者的实际需要和简化电路,只具有清除或使能功能。图 6-24(a)是 4 位 D 寄存器 74LS175 的逻辑符号,该电路仅具有清除端,设置了互补输出端。图 6-24(b)

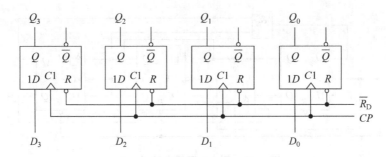

图 6-23 4 位寄存器

是 8 位 D 寄存器 74LS377 的逻辑符号,该电路具有使能端 $\overline{G}$,低电平有效。当 $\overline{G}=1$ 时,寄存器状态不变;当 $\overline{G}=0$ 时,寄存器接收数据(即使能信号相当于接收指令),在时钟脉冲作用下完成数据的寄存功能。

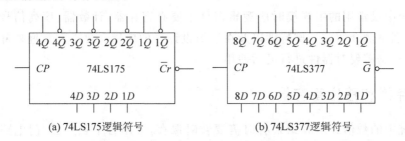

(a) 74LS175逻辑符号   (b) 74LS377逻辑符号

图 6-24 中规模集成寄存器逻辑符号

2. 移位寄存器

具有移位逻辑功能的寄存器称为移位寄存器。为了使寄存数码移位,需要加移位指令信号。在移位指令信号的作用下,使数码向左或向右依次顺移一位。移位寄存器(Shift Register)可分为单向移位寄存器和双向移位寄存器。单向移位寄存器是指仅具有左移功能或右移功能的寄存器。而双向移位寄存器是指既能左移又能右移的移位寄存器。

(1) 单向移位寄存器

图 6-25 是由 4 个边沿 D 触发器构成的 4 位左移移位寄存器。移位脉冲直接加到各触发器的 CP 端,所以它是同步时序逻辑电路;各触发器的输出端 Q 分别接到下一个触发器的输入端 D;D_0 为串行输入端;Q_3 为串行输出端;$Q_3Q_2Q_1Q_0$ 端为并行输出端。由图 6-25 可得

$$Q_0^{n+1}=D$$
$$Q_1^{n+1}=Q_0$$
$$Q_2^{n+1}=Q_1$$
$$Q_3^{n+1}=Q_2$$

由上述状态方程可见,在移位脉冲的作用下,输入数码 D 将存入触发器 FF_0,同时 FF_0 的原始数码 Q_0 将移至 FF_1,FF_1 内的原始数码 Q_1 将移至 FF_2,FF_2 内的原始数码 Q_2 将移至 FF_3,这样就实现了数码在移位脉冲的作用下向左逐位移存。

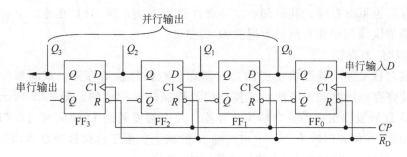

图 6-25　4 位左移移位寄存器

设 $Q_3Q_2Q_1Q_0 = 0000$，由串行输入端 D 输入一组与移位脉冲同步的数码 1011，则 Q_3、Q_2、Q_1、Q_0 的工作波形图和相应的状态表分别如图 6-26 和表 6-13 所示。

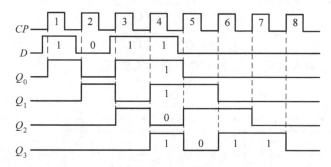

图 6-26　4 位左移移位寄存器的工作波形图

表 6-13　4 位左移移位寄存器的状态表

CP	Q_3	Q_2	Q_1	Q_0	D
0	0	0	0	0	1
1	0	0	0	1	0
2	0	0	1	0	1
3	0	1	0	1	1
4	1	0	1	1	
并行输出	1	0	1	1	

由状态转移表可知，经过 4 个移位脉冲作用后，输入数码 1011 逐位移存到各触发器中，使 $Q_3Q_2Q_1Q_0 = 1011$。这样就实现了串行输入（从 D 端输入）的数码转换成并行输出（从 Q_3、Q_2、Q_1、Q_0 端输出）的数码。因此，移位寄存器可以用于数码的串行－并行转换。

如果要从 Q_3 端串行输出，则只要再输入 3 个移位脉冲，移位寄存器中存放的 4 位数码便可由串行输出端 Q_3 依次输出，这样就完成了串行输入到串行输出的操作。因此，可以把图 6-25 所示的电路叫作串行输入—串/并输出的左移移位寄存器。

利用这种串入—串出功能，可以实现对串行码的时间延迟。因为一组串行码经过 n 级串入—串出移位寄存器，传输到串行输出端，需要 n 个移位脉冲作用，所以这组数码被移位寄存器延迟了 nT 时间（T 为移位脉冲周期）。

移位寄存器也可以右移。其原理和左移寄存器无本质差别,只是在连线上将每个触发器的输出端依次接到相邻右侧触发器的 D 端即可。

(2) 双向移位寄存器

具有既能左移又能右移逻辑功能的寄存器称为双向移位寄存器。双向移位寄存器是在一般移位寄存器的基础上增加一些控制门及控制信号构成的。图 6-27 所示电路是一种利用边沿 D 触发器组成的双向移位寄存器。每个触发器的 D 端同与或非门组成的转换控制门相连,移位方向取决于移位控制端 X 的状态。由于移位脉冲直接加到各触发器的 CP 端,所以是同步时序逻辑电路。由图 6-27 可得

$$Q_0^{n+1} = \overline{X\overline{D}_{SR} + \overline{X}\overline{Q}_1}$$
$$Q_1^{n+1} = \overline{X\overline{Q}_0 + \overline{X}\overline{Q}_2}$$
$$Q_2^{n+1} = \overline{X\overline{Q}_1 + \overline{X}\overline{Q}_2}$$
$$Q_3^{n+1} = \overline{X\overline{Q}_2 + \overline{X}\overline{D}_{SL}}$$

其中 D_{SR} 为右移串行输入数据,D_{SL} 为左移串行输入数据。

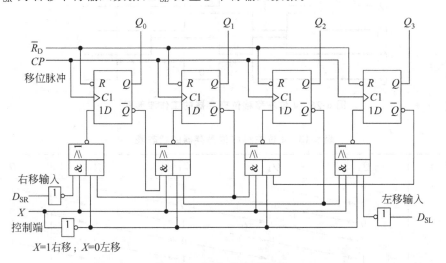

图 6-27 双向移位寄存器

当 $X=1$ 时,$Q_0^{n+1}=D_{SR}$,$Q_1^{n+1}=Q_0$,$Q_2^{n+1}=Q_1$,$Q_3^{n+1}=Q_2$,因此,在移位脉冲的作用下,实现数码向右移位;当 $X=0$ 时,$Q_0^{n+1}=Q_1$,$Q_1^{n+1}=Q_2$,$Q_2^{n+1}=Q_3$,$Q_3^{n+1}=D_{SL}$,因此,在移位脉冲的作用下,实现数码向左移位。

综上所述,在图 6-27 所示电路中,当 $X=1$ 时,数码右移,当 $X=0$ 时,数码左移。该电路可以实现双向移位功能。

(3) 中规模集成移位寄存器

集成移位寄存器的种类较多,从位数看有 4 位、8 位之分;从移位的方向看有单向、双向之分;从输入输出方式看又有并入/并出、并入/串出、串入/串出、串入/并出之分等。常用的集成器件有 4 位移位寄存器 74LS194、74LS175、74LS95 等,以及 8 位移位寄存器 74LS91 等。

集成器件 74LS194 是一种常用的 4 位双向移位寄存器,其引脚排列图和逻辑符号如图 6-28 所示。

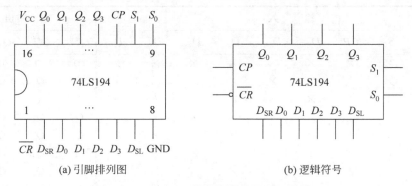

图 6-28 74LS194 的引脚排列图和逻辑符号

图 6-29 为 74LS194 的逻辑电路图。电路采用边沿 D 触发器作为存储单元,时钟脉冲 CP 的上升沿使移位寄存器进行右移、左移或并行送数等操作。$\overline{CR}$ 为异步清零端,当 $\overline{CR}=0$ 时,移位寄存器被清零,即 $Q_3Q_2Q_1Q_0=0000$,正常工作时 $\overline{CR}=1$。S_0、S_1 为工作模式控制端;D_{SR} 和 D_{SL} 分别是右移和左移串行数据输入端;D_3、D_2、D_1、D_0 是并行数据输入端;Q_3、Q_2、Q_1、Q_0 是并行数据输出端。

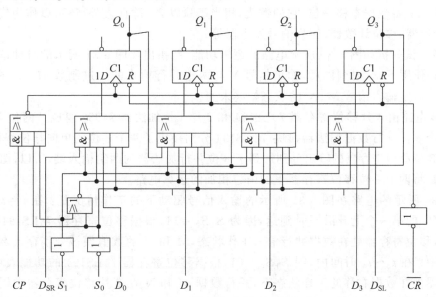

图 6-29 4 位双向移位寄存器 74LS194

当 $S_1S_0=00$ 时,CP 被封锁,无触发脉冲,各触发器的状态保持不变;当 $S_1S_0=01$ 时,进行右移操作,时钟脉冲 CP 的上升沿使 $Q_0^{n+1}=D_{SR}$,$Q_1^{n+1}=Q_0$,$Q_2^{n+1}=Q_1$,$Q_3^{n+1}=Q_2$;当 $S_1S_0=10$ 时,进行左移操作,时钟脉冲 CP 的上升沿使 $Q_0^{n+1}=Q_1$,$Q_1^{n+1}=Q_2$,$Q_2^{n+1}=Q_3$,$Q_3^{n+1}=D_{SL}$;当 $S_1S_0=11$ 时,移位寄存器进行并行置数,时钟脉冲 CP 的上升沿将数据 D_3、D_2、D_1、D_0 存入寄存器,即使 $Q_0^{n+1}=D_0$,$Q_1^{n+1}=D_1$,$Q_2^{n+1}=D_2$,$Q_3^{n+1}=$

D_3。综上所述,可得 74LS194 的功能表如表 6-14 所示。

表 6-14　4 位双向移位寄存器 74LS194 的功能表

输　入										输　出			
$\overline{CR}$	S_1	S_0	CP	D_{SL}	D_{SR}	D_3	D_2	D_1	D_0	Q_3^{n+1}	Q_2^{n+1}	Q_1^{n+1}	Q_0^{n+1}
0	×	×	×	×	×	×	×	×	×	0	0	0	0
1	×	×	0	×	×	×	×	×	×	Q_3	Q_2	Q_1	Q_0
1	1	1	↑	×	×	d	c	b	a	d	c	b	a
1	0	1	↑	×	1	×	×	×	×	Q_2	Q_1	Q_0	1
1	0	1	↑	×	0	×	×	×	×	Q_2	Q_1	Q_0	0
1	1	0	↑	1	×	×	×	×	×	1	Q_3	Q_2	Q_1
1	1	0	↑	0	×	×	×	×	×	0	Q_3	Q_2	Q_1
1	0	0	×	×	×	×	×	×	×	Q_3	Q_2	Q_1	Q_0

功能表中的每一行表示一项,第一项表示给寄存器清零;第二项表示寄存器仍处于原来状态;第三项为并行输入;第四、第五项为串行输入右移;第六、第七项为串行输入左移;第八项是保持状态。

移位寄存器除了能对数据进行寄存和移位外,还有许多用途,例如,用来实现除 2 或乘 2 运算。对于二进制数进行乘法和除法运算时,将数据左移一位,它的数值增大一倍,相当于乘以 2;将数据右移一位,它的数值,相当于除以 2。除此之外,还可以作为代码的串/并行转换器、移位计数器、序列信号发生器等。

例 6-7　试分析如图 6-30 所示电路的逻辑功能,并指出在图 6-31 所示的时钟信号及 S_1、S_0 状态作用下,t_4 时刻以后,输出信号 Y 与两组并行输入的二进制数 M、N 在数值上的关系。假定输入信号 M、N 的状态始终未变。

解:该电路由 4 片移位寄存器 79LS194 和 2 片 4 位加法器 74283 组成。两片 74283 接成了一个 8 位并行数据加法器,4 片 74LS194 分别接成了两个 8 位的单向移位寄存器。由于两个 8 位移位寄存器的输出分别加到了 8 位并行加法器的两组输入端,所以,图 6-30 所示电路是将两个 8 位移位寄存器里的内容相加的运算电路。

图 6-30 所示的电路在图 6-31 所示的输入信号驱动下的工作情况是:在 $t=t_1$ 时,CP_1 和 CP_2 的第一个上升沿同时到达,因为 $S_1 S_0 = 11$,根据移位寄存器 74LS194 的功能表可知,移位寄存器处在数据并行输入工作状态,M 和 N 的数值便被分别存入 2 个移位寄存器中;在 $t_2 \sim t_3$ 时间内,因 $S_1 S_0 = 01$,根据移位寄存器 74LS194 的功能表可知,移位寄存器处在数据右移的工作状态下,并行数据 M 和 N 在 2 片移位寄存器中同时将原输入的并行数据向高位移一位,原数据变成 $2M$ 和 $2N$;在 t_3 以后的时间内,因 $S_1 S_0 = 01$ 保持不变,移位寄存器还处在数据右移的工作状态下,但在此期间 CP_2 没有上升沿的触发脉冲,所以并行数据 $2N$ 保持不变,CP_1 连续输入两个脉冲上升沿,将 $2M$ 的数据再右移两位变成 $8M$;在 t_4 以后的时间内,因没有了触发脉冲的作用,移位寄存器中的数据保持 $8M$ 和 $2N$ 不变。$8M$ 和 $2N$ 的数据输入加法器中进行并行数据的相加,最后的输出结果 Y 为

$$Y = 8M + 2N$$

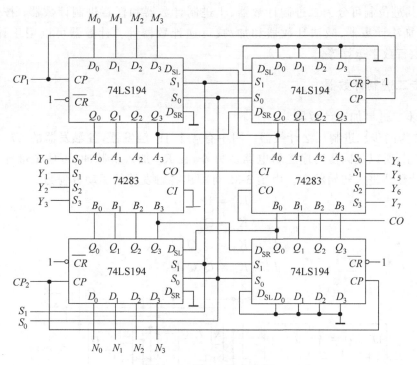

图 6-30 例 6-7 的电路图

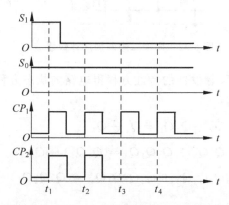

图 6-31 例 6-7 电路的输入信号波形图

6.4.2 计数器

计数器是一种能在输入信号作用下依次通过预定状态的时序逻辑电路。计数器中的"数"是用触发器的状态组合来表示的,在计数脉冲的作用下,使一组触发器的状态依次转换成不同的状态组合来表示数的变化,即可达到计数的目的。计数器在运行时,所经历的状态是周期性的,总是在有限个状态中循环,通常将一次循环所包含的状态总数称为计数器的"模"。

计数器的种类很多,通常有不同的分类方法。按触发方式可分为同步计数器和异步计数器；按其进位制可分为二进制计数器、十进制计数器和任意进制计数器；按计数的规则可分为加法计数器、减法计数器和加/减可逆计数器等。计数器可以用于计数、定时、分频及执行数字运算等。

1. 同步二进制计数器

（1）同步二进制加法计数器

图 6-32 为同步二进制加法计数器。图中有 4 个 JK 触发器，各触发器的 CP 端由同一个时钟控制，所以是同步时序逻辑电路。另外，在 $\bar{R}_D$ 加入负脉冲，可使全部触发器异步清零，使计数器进入初始状态。由图 6-32 可写出各触发器的驱动方程为

$$J_1 = K_1 = 1$$
$$J_2 = K_2 = Q_1$$
$$J_3 = K_3 = Q_2 Q_1$$
$$J_4 = K_4 = Q_3 Q_2 Q_1$$

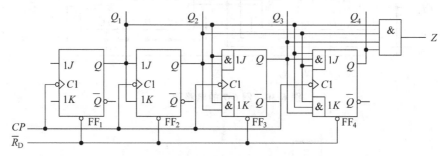

图 6-32 同步二进制加法计数器

将驱动方程分别代入 JK 触发器的特性方程得电路的状态方程为

$$Q_1^{n+1} = \overline{Q_1}$$
$$Q_2^{n+1} = Q_1 \bar{Q}_2 + \bar{Q}_1 Q_2 = Q_1 \oplus Q_2$$
$$Q_3^{n+1} = Q_2 Q_1 \bar{Q}_3 + \overline{Q_2 Q_1} Q_3 = (Q_2 Q_1) \oplus Q_3$$
$$Q_4^{n+1} = Q_3 Q_2 Q_1 \bar{Q}_4 + \overline{Q_3 Q_2 Q_1} Q_4 = (Q_3 Q_2 Q_1) \oplus Q_4$$

输出方程为

$$Z = Q_4 Q_3 Q_2 Q_1$$

将电路的现态代入上述的状态方程和输出方程中，可以得到状态转移表，如表 6-15 所示。

表 6-15　4 位二进制加法计数器的状态转移表

计数脉冲 CP 序号	现　态				次　态				输出
	Q_4	Q_3	Q_2	Q_1	Q_4^{n+1}	Q_3^{n+1}	Q_2^{n+1}	Q_1^{n+1}	Z
0	0	0	0	0	0	0	0	1	0
1	0	0	0	1	0	0	1	0	0
2	0	0	1	0	0	0	1	1	0
3	0	0	1	1	0	1	0	0	0

续表

计数脉冲 CP 序号	现态				次态				输出
	Q_4	Q_3	Q_2	Q_1	Q_4^{n+1}	Q_3^{n+1}	Q_2^{n+1}	Q_1^{n+1}	Z
4	0	1	0	0	0	1	0	1	0
5	0	1	0	1	0	1	1	0	0
6	0	1	1	0	0	1	1	1	0
7	0	1	1	1	1	0	0	0	0
8	1	0	0	0	1	0	0	1	0
9	1	0	0	1	1	0	1	0	0
10	1	0	1	0	1	0	1	1	0
11	1	0	1	1	1	1	0	0	0
12	1	1	0	0	1	1	0	1	0
13	1	1	0	1	1	1	1	0	0
14	1	1	1	0	1	1	1	1	0
15	1	1	1	1	0	0	0	0	1

由状态转移表可见：若用各触发器的状态 $Q_4Q_3Q_2Q_1$ 代表 4 位二进制数，那么从初始状态 0000 开始，每输入一个 CP 脉冲，计数器加 1，计数器所显示的二进制数恰好等于输入计数脉冲（CP）的个数，所以该计数器具有加法计数的功能；当第 16 个脉冲输入后，计数器由"1111"转移到"0000"，即回到初始状态，这表示完成一次状态转移的循环，这时输出端输出一个脉冲 $Z=1$，Z 为计数器的进位输出信号。以后每输入 16 个计数脉冲，计数器的状态转换循环一次，因此，这种计数器通常称为模 16 加法计数器，或称为 4 位二进制加法计数器。

(2) 同步二进制减法计数器

图 6-33 为同步二进制减法计数器。根据电路可写出各触发器的驱动方程为

$$J_1 = K_1 = 1$$

$$J_2 = K_2 = \bar{Q}_1$$

$$J_3 = K_3 = \bar{Q}_2\bar{Q}_1$$

$$J_4 = K_4 = \bar{Q}_3\bar{Q}_2\bar{Q}_1$$

将驱动方程分别代入 JK 触发器的特性方程得电路的状态方程为

$$Q_1^{n+1} = \bar{Q}_1$$

$$Q_2^{n+1} = \bar{Q}_1\bar{Q}_2 + Q_1Q_2 = Q_1 \odot Q_2$$

$$Q_3^{n+1} = \bar{Q}_2\bar{Q}_1\bar{Q}_3 + \overline{\bar{Q}_2\bar{Q}_1}Q_3 = \bar{Q}_2\bar{Q}_1 \oplus Q_3$$

$$Q_4^{n+1} = \bar{Q}_3\bar{Q}_1\bar{Q}_2\bar{Q}_4 + \overline{\bar{Q}_3\bar{Q}_2\bar{Q}_1}Q_4 = \bar{Q}_3\bar{Q}_2\bar{Q}_1 \oplus Q_4$$

输出方程为

$$Z = \bar{Q}_4\bar{Q}_3\bar{Q}_2\bar{Q}_1$$

Z 为借位信号。减法计数器的状态转移表见表 6-16。

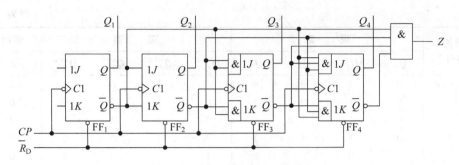

图 6-33 同步二进制减法计数器

表 6-16 4 位二进制减法计数器的状态转移表

计数脉冲 CP 序号	现态				次态				输出
	Q_4	Q_3	Q_2	Q_1	Q_4^{n+1}	Q_3^{n+1}	Q_2^{n+1}	Q_1^{n+1}	Z
0	0	0	0	0	1	1	1	1	1
1	1	1	1	1	1	1	1	0	0
2	1	1	1	0	1	1	0	1	0
3	1	1	0	1	1	1	0	0	0
4	1	1	0	0	1	0	1	1	0
5	1	0	1	1	1	0	1	0	0
6	1	0	1	0	1	0	0	1	0
7	1	0	0	1	1	0	0	0	0
8	1	0	0	0	0	1	1	1	0
9	0	1	1	1	0	1	1	0	0
10	0	1	1	0	0	1	0	1	0
11	0	1	0	1	0	1	0	0	0
12	0	1	0	0	0	0	1	1	0
13	0	0	1	1	0	0	1	0	0
14	0	0	1	0	0	0	0	1	0
15	0	0	0	1	0	0	0	0	0

(3) 同步二进制可逆计数器

将同步加法计数器和同步减法计数器合并,再增加一些控制电路就可以组成同步二进制可逆计数器,如图 6-34 所示。其中,M 为加/减控制端,当 $M=0$ 时,该计数器进行加法计数;当 $M=1$ 时,该计数器进行减法计数。

2. 同步二-十进制计数器

二-十进制计数器就是按照二-十进制码(BCD 码)的规律进行计数,其输出二-十进制码,且逢十进一,所以可简称为十进制计数器。采用不同的 BCD 码,其相应的十进制计数器的结构各不相同。现分析常用的 8421BCD 码同步十进制加法计数器,如图 6-35 所示。

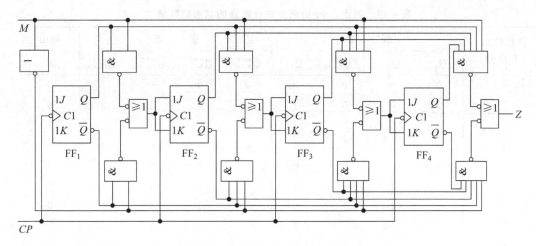

图 6-34　4 位二进制可逆计数器

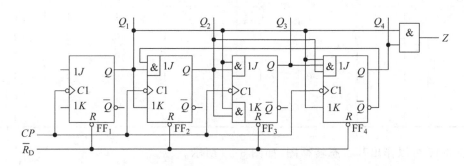

图 6-35　同步二-十进制加法计数器

根据电路可写出各触发器的驱动方程为

$$J_1 = K_1 = 1$$
$$J_2 = \bar{Q}_4 Q_1, \quad K_2 = Q_1$$
$$J_3 = K_3 = Q_2 Q_1$$
$$J_4 = Q_3 Q_2 Q_1, \quad K_4 = Q_1$$

将驱动方程分别代入 JK 触发器的特性方程可得电路的状态方程为

$$Q_1^{n+1} = \bar{Q}_1$$
$$Q_2^{n+1} = \bar{Q}_4 Q_1 \bar{Q}_2 + \bar{Q}_1 Q_2$$
$$Q_3^{n+1} = Q_2 Q_1 \bar{Q}_3 + \overline{Q_2 Q_1} Q_3$$
$$Q_4^{n+1} = Q_3 Q_2 Q_1 \bar{Q}_4 + \bar{Q}_1 Q_4$$

输出方程为

$$Z = Q_4 Q_1$$

由上述状态方程和输出方程可得状态转移表,如表 6-17 所示。

表 6-17 同步二-十进制加法计数器的状态转移表

计数脉冲 CP 序号	现态				次态				输出
	Q_4	Q_3	Q_2	Q_1	Q_4^{n+1}	Q_3^{n+1}	Q_2^{n+1}	Q_1^{n+1}	Z
0	0	0	0	0	0	0	0	1	0
1	0	0	0	1	0	0	1	0	0
2	0	0	1	0	0	0	1	1	0
3	0	0	1	1	0	1	0	0	0
4	0	1	0	0	0	1	0	1	0
5	0	1	0	1	0	1	1	0	0
6	0	1	1	0	0	1	1	1	0
7	0	1	1	1	1	0	0	0	0
8	1	0	0	0	1	0	0	1	0
9	1	0	0	1	0	0	0	0	1
无效状态	1	0	1	0	1	0	1	1	0
	1	0	1	1	0	1	0	0	1
	1	1	0	0	1	1	0	1	0
	1	1	0	1	0	1	0	0	1
	1	1	1	0	1	1	1	1	0
	1	1	1	1	0	0	0	0	1

由表 6-17 可以作出其状态转移图,如图 6-36 所示。

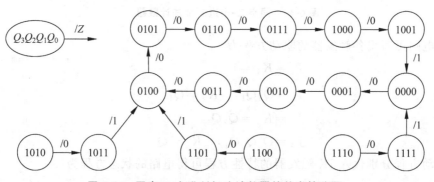

图 6-36 同步二-十进制加法计数器的状态转移图

由状态转移图可见,从 0000 到 1001 的计数顺序和二进制递增计数器是相同的。当进入 1001 状态后,下一个计数脉冲下降沿到来时,计数器又回到 0000 状态,完成一次状态转移循环。因此,图 6-35 是按照 8421BCD 码进行加法计数的同步十进制计数器。

由图 6-36 所示的状态转移图可以看出,计数器有从 0000 到 1001 共 10 个有效状态,而计数器由 4 个触发器组成,共有 16 种不同的状态,剩余的 6 个为无效状态(即 1010 到 1111)。由状态转移图可知,该计数器一旦进入无效状态,最多经过两个计数脉冲的触发,就可以返回有效状态,所以该计数器具有自启动功能。

由状态转移图可以画出时序图,如图 6-37 所示。

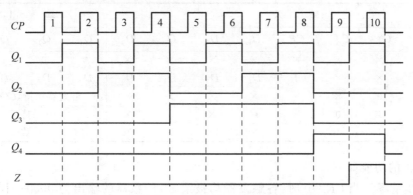

图 6-37 同步二-十进制加法计数器的时序图

从时序图可见,进位信号 Z 在计数器状态为 1001 时(即第 9 个脉冲下降沿到来时,变为高电平,但并不是马上起作用,而是在第 10 个计数脉冲下降沿到来时),进位输出 Z 由 1 变为 0,从而发出进位信号,使计数器高位触发器翻转(即进位),同时,本位回到 0000 状态,完成逢十进一的功能。

3. 集成计数器

集成计数器的种类很多,其电路结构都是在基本计数器的基础上增加一些附加电路,以扩展电路的功能。集成计数器一般具有计数、保存、清零、预置等功能。

1) 集成二进制计数器

常用的二进制计数器有 4 位二进制同步加法计数器 74161、74163;单时钟 4 位二进制同步可逆计数器 74191;双时钟 4 位二进制同步可逆计数器 74193 等。下面以 74LS161 为例对其外部特性进行介绍,图 6-38 是 74LS161 的引脚排列图及逻辑符号。

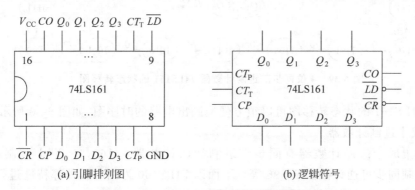

图 6-38　74LS161 的引脚排列图和逻辑符号

74LS161 除了具有二进制加法计数的功能外,还有异步清零、预置数和保持功能。$\overline{CR}$(低电平有效)为异步清零端,$\overline{LD}$(低电平有效)为预置数控制端,CT_P、CT_T 为计数控制端,D_3、D_2、D_1、D_0 是预置数的数据输入端,CO 为进位输出端,Q_3、Q_2、Q_1、Q_0 是计数器的输出端,表 6-18 是 74LS161 的功能表。

表 6-18 4 位同步二进制加法计数器 74LS161 的功能表

输入									输出			
$\overline{CR}$	$\overline{LD}$	CT_T	CT_P	CP	D_3	D_2	D_1	D_0	Q_3	Q_2	Q_1	Q_0
0	×	×	×	×	×	×	×	×	0	0	0	0
1	0	×	×	↑	D_3	D_2	D_1	D_0	D_3	D_2	D_1	D_0
1	1	0	×	×	×	×	×	×	触发器保持,$CO=0$			
1	1	1	0	×	×	×	×	×	保持			
1	1	1	1	↑	×	×	×	×	计数			

74LS161 的功能如下。

(1) 异步清零。当 $\overline{CR}=0$ 时,各触发器均被清零,计数器的输出为 0000;不需要对计数器置零时,应使 $\overline{CR}=1$。

(2) 预置数。当 $\overline{LD}=0$ 时,在 CP 的上升沿计数器被置数,即计数器的输出等于数据输入端的数据,这样计数器就可以从被指定的计数值开始进行计数。

(3) 计数。当 $CT_P=1,CT_T=1$,且 $\overline{CR}=\overline{LD}=1$ 时,计数器处于计数工作状态。在计数到 $Q_3Q_2Q_1Q_0=1111$ 时,进位输出 $CO=1$。如果再来一个计数脉冲,计数器的计数值将变为 0000,且 CO 由 1 变为 0,作为进位输出信号。

(4) 保持。当 $CT_P=0,CT_T=1$,且 $\overline{CR}=\overline{LD}=1$ 时,计数器处于保持工作状态,此时计数器输出状态保持不变,且进位输出 CO 也不变。如果 $CT_T=0,CT_P=×$,且 $\overline{CR}=\overline{LD}=1$ 时,计数器也处于保持工作状态,但进位输出 $CO=0$。

集成中规模芯片 74LS161 的状态转移图如图 6-39 所示。

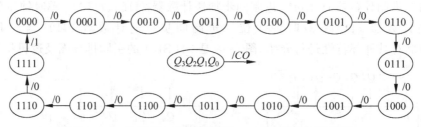

图 6-39 4 位同步二进制计数器 74LS161 的状态转移图

根据 74LS161 的状态转移图可以很方便地画出电路的时序图,如图 6-40 所示。

2) 集成十进制计数器

常用的集成十进制计数器有同步十进制加法计数器 74160、二-五-十进制计数器 74290、十进制同步可逆计数器 74696 等。下面以 74LS160 为例对其外部特性进行介绍,图 6-41 是 74LS160 的引脚排列图及逻辑符号。

74LS160 除了具有十进制加法计数的功能外,还有异步清零、预置数和保持功能。$\overline{CR}$(低电平有效)为异步清零端,$\overline{LD}$(低电平有效)为预置数控制端,CT_P、CT_T 为计数控制端,D_3、D_2、D_1、D_0 是预置数的数据输入端,CO 为进位输出端,Q_3、Q_2、Q_1、Q_0 是计数器的输出端,表 6-19 是 74LS160 的功能表。

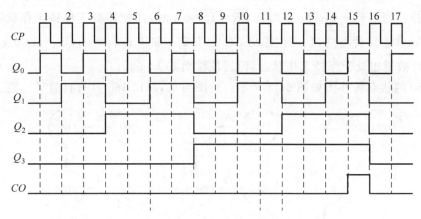

图 6-40　4 位同步二进制计数器 74LS161 的时序图

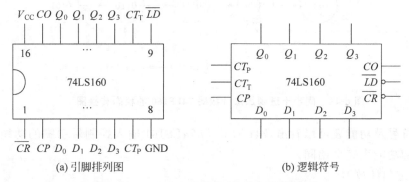

(a) 引脚排列图　　　　　　　　　(b) 逻辑符号

图 6-41　74LS160 的引脚排列图和逻辑符号

表 6-19　同步十进制加法计数器 74LS160 的功能表

$\overline{CR}$	$\overline{LD}$	CT_T	CT_P	CP	D_3	D_2	D_1	D_0	Q_3	Q_2	Q_1	Q_0
输入									输出			
0	×	×	×	×	×	×	×	×	0	0	0	0
1	0	×	×	↑	D_3	D_2	D_1	D_0	D_3	D_2	D_1	D_0
1	1	0	×	×	×	×	×	×	触发器保持,CO=0			
1	1	1	0	×	×	×	×	×	保持			
1	1	1	1	↑	×	×	×	×	计数			

74LS160 的功能如下。

(1) 异步清零。当 $\overline{CR}=0$ 时,各触发器均被清零,计数器的输出为 0000;不需要对计数器置零时,应使 $\overline{CR}=1$。

(2) 预置数。当 $\overline{LD}=0$ 时,在 CP 的上升沿计数器被置数,即计数器的输出等于数据输入端的数据,这样计数器就可以从被指定的计数值开始进行计数。

(3) 计数。当 $CT_P=CT_T=1$ 且 $\overline{CR}=\overline{LD}=1$ 时,计数器处于计数工作状态。在计数到 $Q_3Q_2Q_1Q_0=1001$ 时,进位输出 $CO=1$。如果再来一个计数脉冲,计数器的计数值将变为 0000,且 CO 由 1 变为 0,作为进位输出信号。

(4) 保持。当 $CT_P=0$,$CT_T=1$,且 $\overline{CR}=\overline{LD}=1$ 时,计数器处于保持工作状态。此时计数器输出状态保持不变,且进位输出 CO 也不变。如果 $CT_T=0$,$CT_P=\times$,且 $\overline{CR}=\overline{LD}=1$ 时,计数器也处于保持工作状态,但进位输出 $CO=0$。

74LS160 的状态转移图如图 6-42 所示。由图可见,74LS160 具有自启动功能。

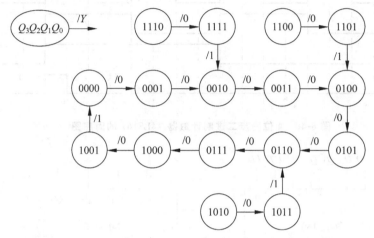

图 6-42　同步十进制加法计数器 74LS160 的状态转换图

从逻辑符号及功能表可以看出,74LS160 与 74LS161 输入控制端引脚的功能及输入控制端引脚的功能表完全相同。

3) 任意进制计数器

能够实现 N 进制计数功能的计数器称为任意进制计数器。任意进制计数器可以利用前面介绍的时序逻辑电路的设计方法来设计实现,也可以利用现有的二进制计数器或十进制计数器通过适当的连接来实现。显然,利用现有的中规模集成计数器通过适当的连接来实现任意进制计数器比较简单。

应用中规模 M 进制计数器实现任意模值 N 的计数器,当 $N<M$ 时,可以从 M 进制计数器的状态转移图中跳跃 $M-N$ 个状态,从而得到 N 个状态转移的 N 进制计数器;当 $N>M$ 时,可采用两个或多个中规模集成计数器串联的方法实现。

实现状态跳跃有复位法(置零法)和置位法(置数法)两种。

(1) 利用复位法

复位法的原理是:当中规模 M 进制计数器从起始状态 S_0 开始计数并接收了 N 个脉冲后,电路进入 S_N 状态。如果这时利用 S_N 状态产生一个复位脉冲将计数器置成 S_0 状态,这样就可以跳跃 $M-N$ 个状态,从而实现模值为 N 的计数器。

例 6-8　试用复位法将 74LS161 接成模 7 的计数器。

解: 已知 74LS161 是一个 4 位二进制同步计数器,其功能表如表 6-18 所示。在 74LS161 的状态图上设法将 9(16-7=9)个状态跳跃掉,即可组成七进制计数器,七进制计数器的状态转移图如图 6-43 所示。

选择异步复位端 $\overline{CR}$ 为跳跃控制信号的输入端,当 $\overline{CR}=0$ 时,计数器内部的触发器全部复位,输出为 $Q_3Q_2Q_1Q_0=0000$。根据 74LS161 的动作特点,计数器状态转换图中

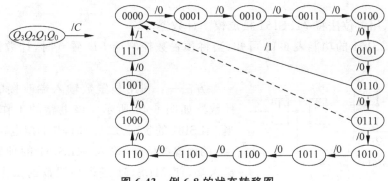

图 6-43 例 6-8 的状态转移图

的状态 0111 为七进制计数器的暂稳态,当该状态出现时,74LS161 异步复位端 $\overline{CR}=0$,将计数器复位,计数器回到初态,输出为 0000,图 6-43 中的虚线箭头即代表异步复位的跳跃过程。

异步复位控制信号可利用与非门电路自动生成,利用 74LS161 异步复位端 $\overline{CR}$ 改接的七进制计数器如图 6-44 所示。

由图 6-44 可见,当 74LS161 的输出为 0111 时,与非门 G 输出为"0",该信号输入 74LS161 的异步复位端 $\overline{CR}$,使 $\overline{CR}=0$,将计数器内部的全部触发器复位,计数器将 0111 到 1111 的 9 个状态跳跃掉,计数器的输出为 0000,形成七进制计数器。

图 6-44 所示电路产生 $\overline{CR}=0$ 的状态是电路的暂稳态,该状态在电路工作的过程中仅短暂出现,以产生 $\overline{CR}=0$ 的置零信号,随着触发器置零工作的完成,该状态自动消失。由于置零信号持续的时间极短,在触发器复位的速度不相同的情况下,可能出现复位动作慢的触发器复位动作还未完成时,复位信号已经消失,导致电路产生没有完全复位的误动作,所以,图 6-44 所示电路的工作可靠性较差,改进的电路如图 6-45 所示。

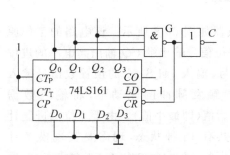

图 6-44 例 6-8 逻辑电路图

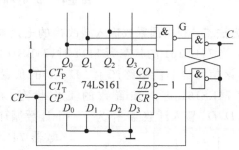

图 6-45 延长复位信号的连接图

(2) 利用置位法

置位法和复位法不同。它是利用中规模集成器件的预置数控制端,给计数器重复置入某一固定二进制值的方法,从而使 M 进制计数器跳跃 $M-N$ 个状态,实现模值为 N 的计数。置数操作可以从任意状态开始,既可以在计数到最大值时置入某个最小值,作为下一个计数循环的起始状态;也可以在计到某个数值时给计数器置入最大值,中间跳过若干状态。

例 6-9 试用置位法将 74LS161 接成模 7 计数器。

解：由 74LS161 的功能表 6-18 可知，当将预置数控制端 $\overline{LD}$ 置 0 时，计数器执行同步置数功能。

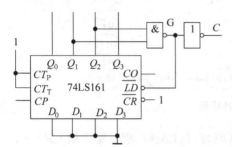

图 6-46 例 6-9 逻辑电路图一

方法一：利用预置数输入端改接的七进制计数器如图 6-46 所示。该电路的工作原理是：当 74LS161 的状态为 0110 时，与非门电路产生 $\overline{LD}=0$ 的预置数信号，输入 74LS161 的预置数信号输入端，使 74LS161 进入预置数的工作状态，在 CP 触发脉冲的驱动下，将输入数据 $D_3D_2D_1D_0$ 置入计数器，作为下一个计数循环的起始值（即最小值）。由于 4 位二进制计数器 74LS161 共有 16 种状态，现需要实现模 7 计数，因此需要跳跃掉 $M-N=16-7=9$ 个状态，如果置入 0 作为起始值，则取 $D_3D_2D_1D_0=0000$ 为输入数据。其状态转移图如图 6-47 所示。

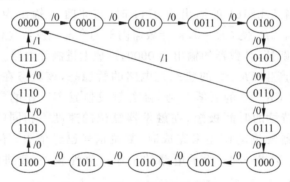

图 6-47 例 6-9 的状态转移图一

方法二：利用预置数输入端改接的七进制计数器如图 6-48 所示。该电路的工作原理是：当 74LS161 的状态为 1111 时，74LS161 的进位信号输出端 CO 输出高电平的进位信号，该信号经非门电路产生 $\overline{LD}=0$ 的预置数信号，输入 74LS161 的预置数信号输入端，使 74LS161 进入预置数的工作状态，在 CP 触发脉冲的驱动下，将输入数据 $D_3D_2D_1D_0$ 置入计数器，作为下一个计数循环的起始值（即最小值）。由于 4 位二进制计数器 74LS161 共有 16 种状态，现需要实现模 7 计数，因此需要跳跃掉 $M-N=16-7=9$ 个状态，应置入 9 作为起始值，故取 $D_3D_2D_1D_0=1001$ 为输入数据。其状态转移图如图 6-49 所示。

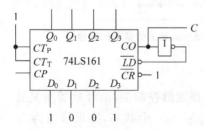

图 6-48 例 6-9 逻辑电路图二

这种置位法，在改变模值 N 时，只需要改变预置输入端 $D_3D_2D_1D_0$ 的输入数据即可。其预置的输入数据为 $M-N$ 的二进制代码。

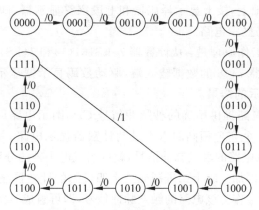

图 6-49 例 6-9 的状态转移图二

例 6-10 试将 74LS161 接成同步六十进制加法计数器。

解： 因六十进制计数器的 N 大于十六进制计数器的 M，故需要选用两片 74LS161。

因 60 可写成 10×6，也可写出 5×12 等。这种情况说明，在 N 可分解为两个小于 M 的因数 M_1 和 M_2 相乘时，可采用串行进位或并行进位的方式将进制分别为 M_1 和 M_2 的两个计数器串联组成 N 进制的计数器。现以 10×6 为例，用并行进位方式组成六十进制计数器如图 6-50 所示。

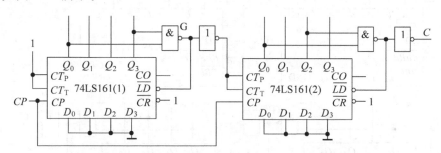

图 6-50 用并行进位方式组成的六十进制计数器

该计数器的工作原理是：在工作的过程中，因芯片 74LS161(1) 的 CT_T 和 CT_P 控制端接高电平信号"1"，该芯片始终工作在计数状态下；因芯片 74LS161(2) 的 CT_T 和 CT_P 控制端通过非门与芯片 74LS161(1) 译码电路与非门 G 的输出信号连接，只有当与非门 G 输出低电平时，芯片 74LS161(2) 才进入计数的工作状态，反之，芯片 74LS161(2) 不计数。

由图 6-50 可见，芯片 74LS161(1) 为十进制计数器，芯片 74LS161(2) 为六进制计数器。当芯片 74LS161(1) 的状态为 1001 时，与非门 G 输出低电平，该信号通过非门电路成为高电平，使芯片 74LS161(2) 的 CT_T 和 CT_P 控制端为高电平，芯片 74LS161(2) 进入计数状态，在触发脉冲的驱动下，芯片 74LS161(1) 回到初始状态 0000 的同时，芯片 74LS161(2) 计数一个输入脉冲后退出计数状态。

综上所述，第一个芯片计数 10 个脉冲，第二个芯片只计数 1 个脉冲，两片计数器进制数相乘的结果为 60，故图 6-50 所示电路为六十进制计数器。

在图 6-50 电路的基础上,接上显示译码器和七段字符显示器,即可组成如图 6-51 所示的六十进制计数器数码显示电路。

图 6-51 所示电路的工作原理是:从计数器 74LS161(1) 和 74LS161(2) 输出的二进制代码,分别输入显示译码器 7448 的数据输入端,驱动数码显示器显示 $0\sim9$ 和 $0\sim5$ 的数码,给出六十进制数码显示的结果。

若给图 6-51 所示的电路提供精确的秒脉冲信号 CP,图示电路即可组成电子钟秒针时间显示电路。再搭建一个完全相同的六十进制计数器显示电路,并将秒针时间显示电路的进位输出信号作为该电路的触发脉冲信号,就可组成电子钟的分针时间显示电路。在分针时钟显示电路的前面再加一级十二进制或二十四进制的计数器显示电路,并将分针时间显示电路的进位输出信号作为该电路的触发脉冲信号,即可组成时针时间显示电路。

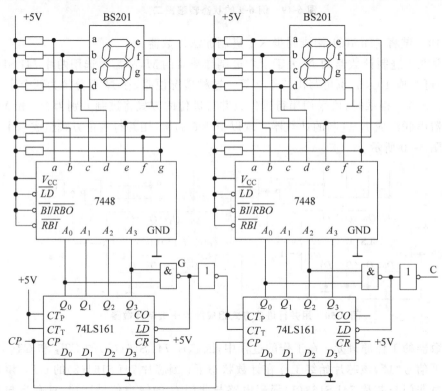

图 6-51　六十进制计数器数码显示电路

时针时间显示电路、分针时间显示电路和秒针时间显示电路组合起来,就可以组成数码显示的电子钟。

例 6-10 介绍的是 $N=M_1\times M_2$ 的情况,如果 $N\neq M_1\times M_2$,必须用整体置数或整体置零的方法来组成任意进制计数器。

整体置零的特点:多个计数器芯片采用并行进位的连接方式,且各计数器置零输入控制端 $\overline{CR}$ 连接在一起。

整体置数的特点:多个计数器芯片采用并行进位的连接方式,且各计数器预置数输入控制端 $\overline{LD}$ 连接在一起。

因整体置数电路较整体置零电路工作的可靠性高,所以实际电路大多采用整体置数的连接方式。

例 6-11 试分析如图 6-52 所示电路的进制数。

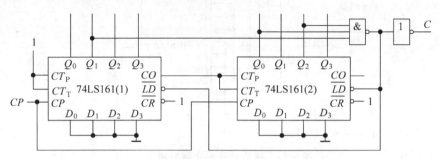

图 6-52 整体置数连接方法的任意进制计数器

解:图 6-52 所示的电路是由两级并行进位方式组成的任意进制计数器,其中的 74LS161(1)芯片的 CT_T 和 CT_P 控制端为高电平,该芯片在任何时刻都处在计数的工作状态下,该芯片的输出信号为任意进制计数器输出的低位二进制数;因 74LS161(2)芯片的 CT_T 和 CT_P 控制端接 74LS161(1)芯片的进位信号输出端 CO,所以 74LS161(2)芯片只有在 74LS161(1)芯片有进位输出信号时才处在计数的工作状态下,该芯片的输出信号为任意进制计数器输出的高位二进制数。因 74LS161 为十六进制计数器,所以 74LS161(2)芯片计数状态的特点是 CP 端输入 16 个脉冲,74LS161(2)芯片只计数一个脉冲。

因图 6-52 所示电路的两个计数器芯片的预置数输入控制端 $\overline{LD}$ 相连接在一起,所以电路为整体置数连接方式的任意进制计数器。预置数信号由与非门电路提供。由图 6-52 所示电路可见,当 74LS161(2)芯片的输出为 0101,74LS161(1)芯片的输出为 0010 时,与非门电路输出低电平 0 信号。在该信号的作用下,图 6-52 所示的计数器电路将进入预置数的工作状态,在 CP 信号的驱动下,电路回到初态 00000000。综上所述,图 6-52 所示计数器电路的进制数 N 为

$$N = 01010010 + 1 = (53)_{16} = (83)_{10}$$

6.4.3 序列信号发生器

在数字信号的传输和数字系统的测试中,有时需要用到一组特定的串行数字信号。这种特定的串行数字信号通常称为序列信号,能够产生序列信号的电路称为序列信号发生器。

序列信号发生器的构成方法有多种。一种比较简单、直观的方法是用计数器和数据选择器组成。

例如,需要产生一个 8 位序列信号 00011101(时间顺序为自左而右),则可用一个八进制计数器和一个 8 选 1 数据选择器组成,如图 6-53 所示。其中八进制计数器取自 74LS161 的低 3 位,74LS152 是 8 选 1 数据选择器。

当 CP 脉冲信号连续不断地加到计数器上时,$Q_2Q_1Q_0$ 的状态(也就是加到 74LS152

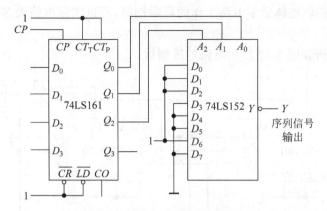

图 6-53 序列信号发生器电路

上的地址输入代码 $A_2A_1A_0$)便按照如表 6-20 所示的顺序不断循环,$\overline{D}_0 \sim \overline{D}_7$ 的状态就循环不断地依次出现在 $\overline{Y}$ 端。只要令 $D_0=D_1=D_2=D_6=1, D_3=D_4=D_5=D_7=0$,便可在 $\overline{Y}$ 端得到不断循环的序列信号 00011101。在需要修改序列信号时,只要修改加到 $D_0 \sim D_7$ 的高、低电平即可实现,而不需要对电路的结构做任何改动。因此,使用这种电路既灵活又方便。

表 6-20 图 6-53 电路的状态转移表

CP 序号	Q_2 (A_2	Q_1 A_1	Q_0 A_0)	$\overline{Y}$
0	0	0	0	$\overline{D}_0(0)$
1	0	0	1	$\overline{D}_1(0)$
2	0	1	0	$\overline{D}_2(0)$
3	0	1	1	$\overline{D}_3(1)$
4	1	0	0	$\overline{D}_4(1)$
5	1	0	1	$\overline{D}_5(1)$
6	1	1	0	$\overline{D}_6(0)$
7	1	1	1	$\overline{D}_7(1)$
8	0	0	0	$\overline{D}_0(0)$

本 章 小 结

时序逻辑电路与组合逻辑电路不同,在逻辑功能及其描述方法、电路结构、分析方法和设计方法等方面都有区别于组合逻辑电路的明显特点。

时序逻辑电路的特点是在任一时刻的输出,不仅取决于该时刻的输入,而且还依赖于过去的输入。因此,在其电路结构上包含组合逻辑电路和存储电路两部分,并且从组合逻辑电路输出经存储电路回到组合逻辑电路的回路中,至少存在一条反馈支路。

时序逻辑电路分为同步时序逻辑电路和异步时序逻辑电路两大类。在同步时序逻辑电路中,有一个统一的时针脉冲,使所有的触发器同步工作;在异步时序逻辑电路中,存储电路状态的改变是与时针异步的。

通常用于描述时序逻辑电路逻辑功能的方法有方程组(状态方程、驱动方程、输出方程)、状态转移表、状态转移图和时序图等。它们各具特色,在不同场合各有应用。其中方程组是与具体电路结构直接对应的一种表达方式。在分析时序逻辑电路时,一般首先根据电路图写出方程组;在设计时序逻辑电路时,也是从方程组入手最后画出逻辑电路图。状态转移表、状态转移图的特点是给出了电路工作的全部过程,能使电路的逻辑功能一目了然,这也正是在得到方程组以后往往还要列出状态转移表或画出状态转移图的原因。时序图的表示方法便于进行波形观察,因而最适合用在实验调试中。

本章在对时序逻辑电路基本概念介绍的基础上,较详细地讨论了时序逻辑电路的分析与设计方法,举例说明了时序逻辑电路分析和设计的全过程及实现方法;在此基础上,介绍了几种常用的中规模时序逻辑器件及其应用。要求了解时序逻辑电路的定义、类型和结构特点,重点掌握时序逻辑电路的分析方法和设计方法。

具体的时序逻辑电路种类繁多,本章介绍的寄存器、移位寄存器、计数器、序列信号发生器等只是其中常用的几种。因此,必须掌握常用中规模时序逻辑器件——计数器、寄存器的功能、特性和使用方法,以及时序逻辑电路的一般分析方法、设计方法,才能综合运用各类逻辑器件完成各种实际问题的设计。

习　　题

6-1　什么是时序逻辑电路?它与组合逻辑电路的主要区别是什么?试举例说明。

6-2　时序逻辑电路按其工作方式可以分为哪两种类型?主要区别是什么?

6-3　分析图 6-54 所示时序电路的逻辑功能,并给出时序图。

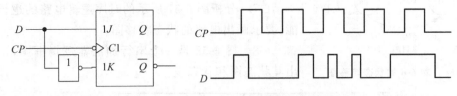

图 6-54　习题 6-3 电路图及输入波形图

6-4　分析时序逻辑电路的功能。

(1) 具体分析图 6-55(a)所示的时序逻辑电路,写出驱动方程、状态方程、输出方程,画出状态表、状态图并说明逻辑功能。

(2) 具体分析图 6-55(b)所示的时序逻辑电路,写出驱动方程、状态方程、输出方程,画出状态表、状态图并说明逻辑功能。

6-5　已知状态表如表 6-21 所示,画出相应的状态图。

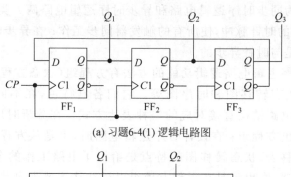

(a) 习题6-4(1) 逻辑电路图

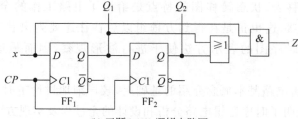

(b) 习题6-4(2) 逻辑电路图

图 6-55

表 6-21 习题 6-5 状态表

现态 Q	次态 Q^{n+1}/输出 Z			
	$x_2 x_1 = 00$	$x_2 x_1 = 01$	$x_2 x_1 = 10$	$x_2 x_1 = 11$
A	$A/0$	$B/0$	$C/1$	$D/0$
B	$B/0$	$C/1$	$A/0$	$D/1$
C	$C/0$	$B/0$	$D/0$	$D/0$
D	$D/0$	$A/1$	$C/0$	$C/0$

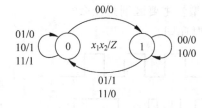

图 6-56 题 6-6 的状态转移图

6-6 已知状态图如图 6-56 所示,作出相应的状态表。

6-7 分析图 6-57 所示的时序逻辑电路的逻辑功能,要求画出电路的状态转移图。

6-8 图 6-58 是一个串行加法器逻辑框图,试画出其状态图和状态表。

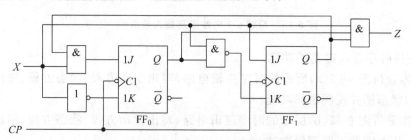

图 6-57 习题 6-7 逻辑电路图

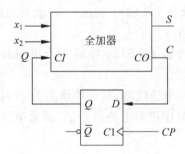

图 6-58 习题 6-8 逻辑电路图

6-9 画出"1010"序列检测器的状态图,已知输入、输出序列如下。

输入:0010100101010110

输出:0000010000101000

6-10 设移位寄存器 A 和 B 均由 4 个维持阻塞 D 触发器组成,A 寄存器的初始状态为 $Q_{A4}Q_{A3}Q_{A2}Q_{A1}=1010$,B 寄存器的初始状态为 $Q_{B4}Q_{B3}Q_{B2}Q_{B1}=1011$,主从 JK 触发器的初始状态为 0。电路逻辑图及时钟脉冲信号 CP 波形如图 6-59 所示,试画出在 CP 作用下 Y 的波形图。

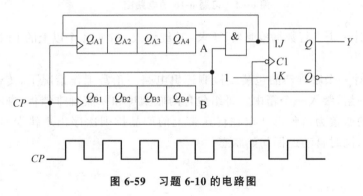

图 6-59 习题 6-10 的电路图

6-11 逻辑电路以及 CP 波形如图 6-60 所示,画出 Q_0、Q_1、Q_2 的波形,并说明电路的功能。

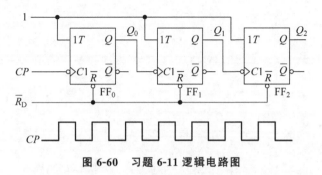

图 6-60 习题 6-11 逻辑电路图

6-12 用 JK 触发器和必要的逻辑门设计一个五进制同步计数器,要求电路能够自启动。

6-13 试用 4 位二进制计数器 74LS161 接成：(1)十三进制计数器；(2)二十四进制计数器。可以附加必要的门电路。

6-14 试用集成十进制计数器 74LS160 接成六十进制计数器,可以附加必要的门电路。

6-15 试用 74LS161 设计一个计数器,其计数状态为 0111～1111。

6-16 分析图 6-61 所示的时序逻辑电路的功能,说明电路的输出 Y 与时钟输入 CP 的频率之比是多少。

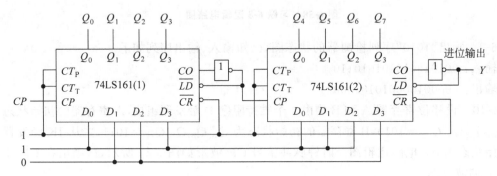

图 6-61 习题 6-16 的电路图

6-17 试设计一个串行数据检测器,要求：连续输入 4 个或 4 个以上的 1 时,输出为 1,其他情况下输出为 0。

6-18 试设计一个咖啡产品包装线检测逻辑电路。正常工作情况下,传送带顺序送出成品,每 3 瓶一组,装入一个箱中。每组包含两瓶咖啡和一瓶咖啡伴侣,咖啡的瓶盖为棕色,咖啡伴侣的瓶盖为白色。要求在传送带上的产品排列次序出现错误时,逻辑电路能发出故障信号,同时自动返回初始状态。

第 7 章 可编程逻辑器件

可编程逻辑器件(Programmable Logic Device,PLD)是大规模甚至超大规模集成电路技术的飞速发展与计算机辅助设计(CAD)、计算机辅助生产(CAM)和计算机辅助测试(CAT)相结合的一种产物。

各类 PLD 的出现,给逻辑设计带来了一种全新的方法。人们不再用常规硬线连接的方法去构造电路,而是借助丰富的计算机软件对器件进行编程烧录来实现各种逻辑功能,给逻辑设计带来了极大的方便,因而在不同应用领域中受到广泛重视。

7.1 概述

数字系统中常用的集成电路可分为三大类,分别是非定制电路、全定制电路和半定制电路。

(1) 非定制电路(通用集成电路):逻辑功能由制造厂家规定的标准芯片,用户只能使用而不能更改,如逻辑门、多路开关、译码器、触发器、寄存器、计数器等中小规模标准芯片。

(2) 全定制电路(专用集成电路):完全按用户要求设计的 VLSI 器件,一般称专用集成电路(ASIC)。它对用户来讲是优化的,但设计费用高,通用性差。

(3) 半定制电路(现场编程集成电路):用户通过编程可更改其内容或逻辑功能的集成电路,如 PROM、EPROM、FPLA、PAL、GAL、FPGA、ISP 等,它们都属于可编程逻辑器件。

PLD 是泛指一类现场编程集成电路。一片 PLD 所容纳的逻辑门可达数百、数千甚至更多,其逻辑功能可由用户编程指定。由于 PLD 具有结构灵活、性能优越、设计简单等特点,是构成数字系统的理想器件。PLD 尤其适宜于科研开发和小批量生产的系统。它的应用和发展不仅简化了电路设计,降低了成本,提高了系统的可靠性和保密性,而且给数字系统设计方法带来了重大变化。

7.1.1 PLD 的发展

20 世纪 70 年代初期出现的可编程只读存储器(PROM)虽然绝大多数情况下都是作为存储器使用,但它实际上也是一种 PLD。PROM 由一个"与"阵列和一个"或"阵列组成,"与"阵列是固定的,"或"阵列是可编程的。20 世纪 70 年代中期出现了可编程逻辑阵列(PLA)，PLA 同样由一个"与"阵列和一个"或"阵列组成，但其"与"阵列和"或"阵列都是可编程的。

到了 20 世纪 70 年代末期，出现了可编程阵列逻辑(PAL)。PAL 器件的"与"阵列是可编程的，而"或"阵列是固定的。有些 PAL 其输出电路中设置有触发器及触发器输出到"与"逻辑阵列的反馈结构，因而给逻辑设计带来了很大的灵活性。但 PAL 器件一般采用熔丝工艺，一旦编程后便不能改写，且电路结构形式较多，给使用带来不便。

20 世纪 80 年代初期，通用阵列逻辑(GAL)器件问世。GAL 器件采用高速电可擦 CMOS 工艺，能反复擦除和改写。特别是在结构上采用了"输出逻辑宏单元"电路，使一种型号的 GAL 器件可以对几十种 PAL 器件做到全兼容，给逻辑设计者带来了更大的灵活性。

20 世纪 80 年代中期，Xilinx 公司提出了现场可编程概念，同时生产了世界上第一片现场可编程门阵列(FPGA)器件，它是一种新型的高密度 PLD，采用 CMOS-SRAM 工艺制作，内部由许多独立的可编程逻辑模块组成，逻辑块之间可以灵活的相互连接，具有密度高、编程速度快、设计灵活和可再配置设计能力等许多优点。同一时期，Altera 公司推出可擦除可编程逻辑器件(EPLD)，它比 GAL 器件有更高的集成度，但内部互连能力比较弱。

20 世纪 80 年代末，Lattice 提出了在系统可编程(ISP)技术。此后相继出现了一系列具备在系统编程能力的复杂可编程逻辑器件(CPLD)。ISP 是指用户具有在自己设计的目标系统中或线路板上为重构逻辑而对逻辑器件进行编程或反复改写的能力。ISP 器件为用户提供了传统的 PLD 技术无法达到的灵活性，带来了极大的时间效益和经济效益，使可编程逻辑技术发生了实质性飞跃。

进入 20 世纪 90 年代后，高密度 PLD 在生产工艺、器件的编程和测试技术等方面都有了飞速发展，出现了内嵌复杂功能模块的可编程片上系统(SOPC)。

PLD 的发展和应用，简化了数字系统设计过程、降低了系统的体积和成本、提高了系统的可靠性和保密性，从根本上改变了系统设计方法，使各种逻辑功能的实现变得灵活、方便。

7.1.2 PLD 的一般结构

PLD 的基本组成为一个"与"阵列和一个"或"阵列，每个或门输出都是输入的"与-或"函数。其一般结构如图 7-1 所示。

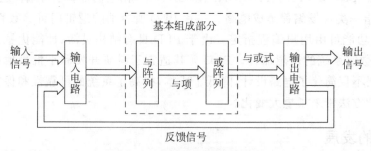

图 7-1　PLD 的基本结构框图

在基本组成部分的基础上，附加一些其他逻辑元件，如输入缓冲器、输出寄存器、内部反馈、输出宏单元等，便可构成各种不同的 PLD。

7.1.3 PLD 的电路表示法

对于 PLD 器件，用逻辑电路的一般表示法很难描述其内部电路。为此，对描述 PLD 基本结构的有关逻辑符号和规则作出一些约定。

1. 与门和或门

图 7-2 给出了 3 输入与门和 3 输入或门在 PLD 中的表示方法。

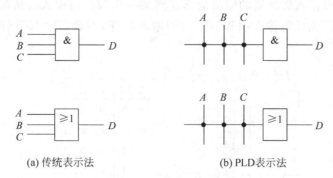

(a) 传统表示法　　　　　　(b) PLD表示法

图 7-2　与门和或门的表示法

2. 输入/反馈单元表示法

PLD 的输入缓冲器和反馈缓冲器都采用互补的输出结构，以产生两个互补的信号。典型输入缓冲器的 PLD 表示法如图 7-3 所示。它的两个输出 B、C 分别是其输入 A 的"原"和"反"，即 $B=A$，$C=\bar{A}$。

3. 连接方式

PLD 阵列交叉点上的 3 种连接方式为：
(1) 符号"·"表示固定连接点，出厂时已连接好，不可编程。
(2) 符号"×"表示由用户定义的可编程连接点，出厂时是接通的，用户可将其断开，即擦去"×"；也可保持接通，仍用"×"表示。
(3) 既无"·"也无"×"表示没有连接或被用户擦除（断开），即该变量不是其输入量。如图 7-4 中的输出 $D=A \cdot C$。

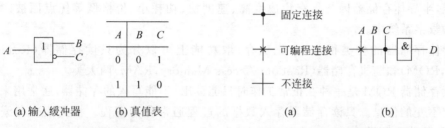

(a) 输入缓冲器　(b) 真值表　　　　　(a)　　　　　(b)

图 7-3　PLD 的输入缓冲器　　　图 7-4　PLD 的连接方式示意图

4. 与门不执行任何功能时的连接表示

图 7-5 列出了与门不执行任何功能的连接表示。图中，输出为 D 的"与"门连接了所有的输入项，其输出方程为

$$D = \overline{A} \cdot A \cdot \overline{B} \cdot B = 0$$

它表示将输入缓冲器的互补输出全部连接到同一个"与"门的输入端，该"与"门的输出总为逻辑"0"，有时称这种状态为"与"门的缺省状态。为了方便，通常用标有"×"标记的"与"门来表示所有输入缓冲器的输出全部连到某一个"与"门输入的情况，如图中输出 E。而图中的 F 表示无任何输入项和"与"门的输入相连，因此，该"与"门的输出总是处于"浮动"的逻辑"1"。

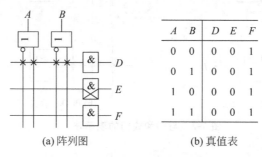

图 7-5 PLD 中与门的缺省表示

7.2 低密度可编程逻辑器件

根据 PLD 中阵列和输出结构的不同，常用的低密度 PLD 有可编程只读存储器（PROM）、现场可编程逻辑阵列（FPLA）、可编程阵列逻辑（PAL）、通用阵列逻辑（GAL）四种主要类型。

7.2.1 可编程只读存储器

1. 半导体存储器的分类和特点

存储器是数字计算机和其他数字系统中存放信息的重要部件。随着大规模集成电路的发展，半导体存储器因其具有集成度高、速度快、功耗小、价格低等优点而被广泛应用于各种数字系统中。

半导体存储器的种类很多，首先从存、取功能上可以分为只读存储器（Read-only Memory，ROM）和随机存储器（Random Access Memory，RAM）两大类。

只读存储器 ROM 是一种在正常工作时只能读出、不能写入的存储器，通常用来存放那些固定不变的信息。只读存储器存入数据的过程通常称为编程。根据工艺和编程方法的不同，可分为两类。

掩膜编程 ROM（简称 MROM）：存放的内容是由生产厂家在芯片制造时利用掩膜

技术写入的。优点是可靠性高,集成度高,批量生产时价格便宜;缺点是用户不能重写或改写,不灵活。

用户可编程 ROM(简称 PROM):存放的内容是由用户根据需要在编程设备上写入的。优点是使用灵活方便,适宜于用来实现各种逻辑功能。

2. PROM 的结构

PROM 的结构框图如图 7-6 所示。它主要由地址译码器、存储体和读出电路三部分组成。地址译码器的作用是将输入的地址译码成相应的控制信号,利用这个控制信号从存储矩阵中把指定的单元选出,并把其中的数据送到读出电路。

存储矩阵中字线和位线交叉处能存储一位二进制信息的电路叫作一个存储元,如图 7-7 所示。而一个字线所对应的 m 个存储元的总体叫作一个存储单元。将一个 n 位地址输入和 m 位数据输出的 PROM 的存储容量表示为 $2^n \times m$(位),意味着存储体中有 $2^n \times m$ 个存储元,每个存储元的状态代表一位二进制代码。

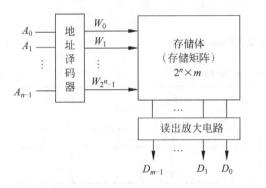

图 7-6　PROM 的结构框图　　　　图 7-7　存储体的结构示意图

PROM 中的存储元不用触发器而用一个半导体二极管或三极管构成,但更多的是由 MOS 场效应管组成。这种存储元虽然写入不方便,但电路结构简单,有利于提高集成度。

3. PROM 在组合逻辑设计中的应用

用 PROM 实现组合逻辑电路的基本原理可从存储器和"与或"形式逻辑电路两个角度来理解。用 PROM 实现组合逻辑函数时,具体的做法就是将逻辑函数的输入变量作为 PROM 的地址输入,将每组输出对应的函数值作为数据写入相应的存储单元中即可,这样按地址读出的数据便是相应的函数值。

从"与或"逻辑网络的角度看,PROM 中的地址译码器形成了输入变量的所有最小项,即实现了逻辑变量的"与"运算。PROM 中的存储矩阵实现了最小项的"或"运算,即实现了各个逻辑函数。

4×4 的 PROM 的结构如图 7-8 所示,其中图 7-8(a)为 PROM 的框图,图 7-8(b)为 PROM 的阵列图。在图 7-8(b)中,"与"阵列中的小圆点表示各逻辑变量之间的"与"运算,"或"阵列中的小圆点表示各个最小项之间的"或"运算。四个存储单元中写入的数据见表 7-1 所示。

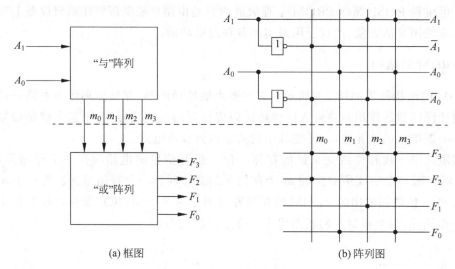

(a) 框图 (b) 阵列图

图 7-8 PROM 的与或阵列图

表 7-1 对应地址中存入的数据

A_1A_0	F_3	F_2	F_1	F_0
00	1	1	0	0
01	1	0	0	1
10	1	0	1	0
11	1	1	0	1

从逻辑电路的角度看,图 7-8 是一个二输入四输出的逻辑电路,其实现的逻辑函数为

$$F_0 = \overline{A}_1 A_0 + A_1 A_0 = m_1 + m_3$$
$$F_1 = \overline{A}_1 \overline{A}_0 = m_2$$
$$F_2 = \overline{A}_1 \overline{A}_0 + A_1 A_0 = m_0 + m_3$$
$$F_3 = \overline{A}_1 \overline{A}_0 + \overline{A}_1 A_0 + A_1 \overline{A}_0 + A_1 A_0 = m_0 + m_1 + m_2 + m_3$$

用 PROM 实现逻辑函数时,需列出它的真值表或最小项表达式,然后画出 PROM 的符号矩阵图。工厂根据用户提供的阵列图,便可生产出所需的 PROM,或由用户通过编程器把相应数据写入存储器中。PROM 不仅可用于实现逻辑函数(特别是多输出函数),而且可以用作序列信号发生器、字符发生器以及存放各种数学函数表(如快速乘法表、指数表、对数表及三角函数表等)。

用 PROM 实现逻辑函数一般按以下步骤进行:
① 根据逻辑函数的输入、输出变量数,确定 PROM 容量,选择合适的 PROM。
② 写出逻辑函数的最小项表达式(或者列出真值表),画出 PROM 阵列图。
③ 根据阵列图对 PROM 进行编程。

例 7-1 用 PROM 设计一个代码转换电路，将 4 位二进制码转换为格雷码。

解：设 4 位二进制码为 $B_3B_2B_1B_0$，4 位格雷码为 $G_3G_2G_1G_0$，其转换真值表如表 7-2 所示。

表 7-2　4 位二进制码与格雷码对照表

二进制码 $B_3 B_2 B_1 B_0$	格雷码 $G_3 G_2 G_1 G_0$	二进制码 $B_3 B_2 B_1 B_0$	格雷码 $G_3 G_2 G_1 G_0$
0 0 0 0	0 0 0 0	1 0 0 0	1 1 0 0
0 0 0 1	0 0 0 1	1 0 0 1	1 1 0 1
0 0 1 0	0 0 1 1	1 0 1 0	1 1 1 1
0 0 1 1	0 0 1 0	1 0 1 1	1 1 1 0
0 1 0 0	0 1 1 0	1 1 0 0	1 0 1 0
0 1 0 1	0 1 1 1	1 1 0 1	1 0 1 1
0 1 1 0	0 1 0 1	1 1 1 0	1 0 0 1
0 1 1 1	0 1 0 0	1 1 1 1	1 0 0 0

将 4 位二进制码作为 PROM 的输入，格雷码作为 PROM 的输出，可选容量为 16×4 的 PROM 实现给定功能。根据真值表可画出该电路的阵列图如图 7-9 所示。

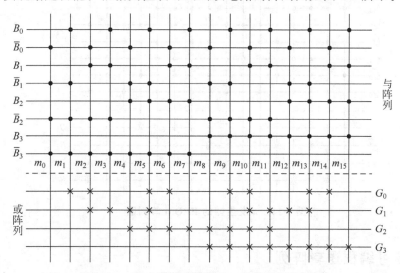

图 7-9　4 位二进制码转换为 4 位格雷码阵列图

例 7-2 用 PROM 设计一个 π 发生器，其输入为 4 位二进制码，输出为 8421 码。该电路串行地产生常数 π，取小数点后 15 位数字，即 π＝3.141592653589793。

根据题意，可用一个 4 位同步计数器控制 PROM 的地址输入端，使其地址码按 4 位二进制码递增的顺序进行周期性地变化，以便对所有存储单元逐个进行访问，存储单元中依次存放 π 的值，输出则为 π 的 8421 码。其结构框图如图 7-10 所示。

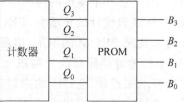

图 7-10　π 发生器的结构框图

PROM 的输入输出关系如表 7-3 所示。

表 7-3 PROM 输入输出关系图

计数器状态 $Q_3Q_2Q_1Q_0$	8421 码 $B_3B_2B_1B_0$	π	计数器状态 $Q_3Q_2Q_1Q_0$	8421 码 $B_3B_2B_1B_0$	π
0000	0011	3	1000	1101	5
0001	0001	1	1001	0011	3
0010	0100	4	1010	0101	5
0011	0001	1	1011	1000	8
0100	0101	5	1100	1001	9
0101	1001	9	1101	0111	7
0110	0010	2	1110	1001	9
0111	0110	6	1111	0011	3

根据表 7-3 可画出 π 发生器的 PROM 阵列图，如图 7-11 所示。

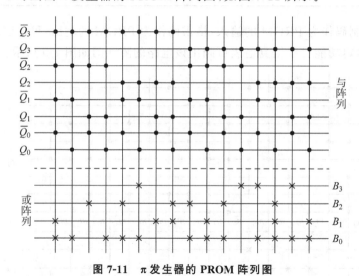

图 7-11 π 发生器的 PROM 阵列图

7.2.2 现场可编程逻辑阵列

从实现逻辑函数的角度看，对于大多数逻辑函数而言，并不需要使用全部最小项，尤其对于包含约束条件的逻辑函数，许多最小项是不可能出现的。而 PROM 中的"与"阵列是一个产生 2^n 个输出的译码器，即产生全部 2^n 个最小项。如果我们用 PROM 进行逻辑设计，从逻辑设计的角度看，PROM 中总有一部分最小项未使用，造成芯片面积浪费。

为了克服 PROM 的不足，出现了现场可编程逻辑阵列（FPLA）。在 FPLA 器件中，ROM 中的地址译码器改为乘积项发生器。"与"阵列的内容不再是固定的，而是完全按用户的要求来设计，它产生的乘积项的数目小于 2^n 个，且每一个乘积项不一定是全部 n 个输入信号的组合，可以完全按用户使用的要求来设计，即"与"阵列是可编程的。"或"阵列与 PROM 相似，同样是可编程的，因此使用 FPLA 设计组合逻辑电路比使用 PROM

更为合理。

1. FPLA 逻辑结构

FPLA 由一个可编程的"与"阵列和一个"或"阵列构成。在 FPLA 中，n 个输入变量的"与"阵列通过编程提供需要的 P 个"与"项，"或"阵列通过编程形成"与-或"函数式。由 FPLA 实现的函数式可以是最简"与-或"表达式。

一个具有 3 个输入变量、可提供 6 个"与"项、产生 3 个输出函数的 FPLA 逻辑结构图及其相应阵列图如图 7-12 所示。

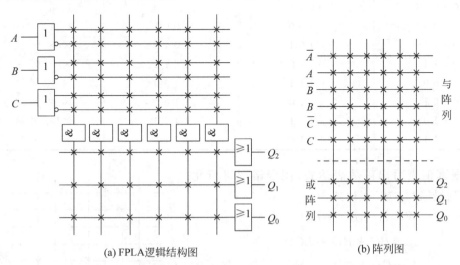

(a) FPLA逻辑结构图   (b) 阵列图

图 7-12 容量为 3×6×3 的 FPLA

FPLA 的存储容量不仅与输入变量个数和输出端个数有关，而且还和它的"与"项数（即"与"门数）有关，存储容量用输入变量数(n)、"与"项数(p)、输出端个数(m)来表示，记为 $n \times p \times m$。图 7-12 的 FPLA 结构为 3 个变量输入端，"与"逻辑阵列能产生 6 个乘积项，"或"逻辑阵列有 3 个输出端。

图 7-12 的 FPLA 电路不包含触发器，因此这种结构的 FPLA 只能用于设计组合逻辑电路，也称为组合逻辑型 FPLA。为了便于设计时序逻辑电路，在有些 FPLA 芯片内部增加了由若干触发器构成的寄存器，这种 FPLA 称为时序逻辑型 FPLA。

2. 应用举例

采用 FPLA 进行逻辑设计，可以十分有效地实现各种逻辑功能。相对 PROM 而言，FPLA 更灵活、更经济、结构更简单。

用 FPLA 设计组合逻辑电路时，一般分为两步：

(1) 将给定问题的逻辑函数按多输出逻辑函数的化简方法简化成最简"与-或"表达式；

(2) 根据最简表达式中的不同"与"项以及各函数最简"与-或"表达式 确定"与"阵列和"或"阵列，并画出阵列逻辑图。

例 7-3 用 FPLA 设计一个代码转换电路，将一位十进制数的 8421 码转换成余 3 码。

解：设 $ABCD$ 表示 8421 码，$WXYZ$ 表示余 3 码，可列出转换电路的真值表如表 7-4 所示。

表 7-4 8421 到余 3 码的转换真值表

8421 码 $ABCD$	余 3 码 $WXYZ$	8421 码 $ABCD$	余 3 码 $WXYZ$
0 0 0 0	0 0 1 1	1 0 0 0	1 0 1 1
0 0 0 1	0 1 0 0	1 0 0 1	1 1 0 0
0 0 1 0	0 1 0 1	1 0 1 0	× × × ×
0 0 1 1	0 1 1 0	1 0 1 1	× × × ×
0 1 0 0	0 1 1 1	1 1 0 0	× × × ×
0 1 0 1	1 0 0 0	1 1 0 1	× × × ×
0 1 1 0	1 0 0 1	1 1 1 0	× × × ×
0 1 1 1	1 0 1 0	1 1 1 1	× × × ×

根据真值表写出函数表达式，用卡诺图进行化简，可得到最简"与-或"表达式为

$$W = A + BC + BD$$
$$X = \overline{B}C + \overline{B}D + B\overline{C}\overline{D}$$
$$Y = CD + \overline{C}\overline{D}$$
$$Z = \overline{D}$$

由此可见，全部输出函数只包含 9 个不同"与"项，所以，该代码转换电路可用一个容量为 $4 \times 9 \times 4$ 的 FPLA 实现，其阵列图如图 7-13 所示。

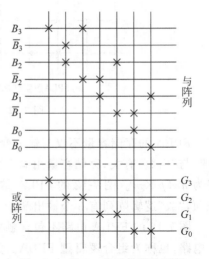

图 7-13 例 7-3 代码转换阵列图

7.2.3 可编程阵列逻辑

可编程阵列逻辑（PAL）器件由可编程的"与"逻辑阵列、固定的"或"逻辑阵列和输出电路三部分组成。通过对"与"逻辑阵列编程可以获得不同形式的组合逻辑函数。另外，在有些型号的 PAL 器件中，输出电路中设置有触发器和从触发器输出到"与"逻辑阵列的反馈线，利用这种 PAL 器件可以很方便地构成各种时序逻辑电路。它相对于 PROM 而言，使用更灵活，且易于完成多种逻辑功能，同时又比 FPLA 工艺简单，易于实现。

1. PAL 的逻辑结构

PAL 由一个可编程的"与"阵列和一个固定连接的"或"阵列组成。图 7-14(a)给出了一个三输入三输出 PAL 的逻辑结构图，通常将其表示成图 7-14(b)所示形式。

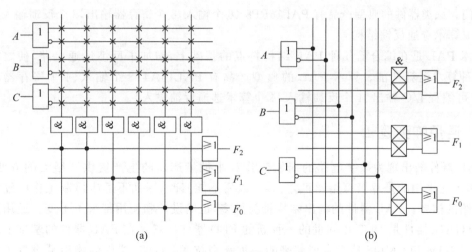

图 7-14 PAL 逻辑结构图

PAL 每个输出包含的"与"项数目是由固定连接的"或"阵列提供的。一般 PAL 器件可为每个输出提供 8 个"与"项,使用这种器件能很好地完成各种常用逻辑电路的设计。

2. PAL 的输出电路结构和反馈形式

根据 PAL 器件的输出电路结构和反馈方式的不同,可将它们大致分为专用输出结构、可编程输入/输出结构、寄存器输出结构、"异或"输出结构和运算选通反馈五种基本类型。

(1) 专用输出的基本门阵列结构

专用输出结构的共同特点是所有设置的输出端只能用作输出使用,这种结构类型适用于实现组合逻辑函数。该类 PAL 器件的典型产品有 PAL10H8(10 个输入,8 个输出,输出高电平有效),PAL12L6(12 个输入,6 个输出,输出低电平有效)等。

(2) 带反馈的可编程 I/O 结构

带反馈的可编程 I/O 结构,通常又称为异步可编程 I/O 结构。它的输出端是一个具有可编程控制端的三态缓冲器,控制端由"与"逻辑阵列的一个乘积项给出。同时,输出端又经过一个互补输出的缓冲器反馈到"与"逻辑阵列。该类 PAL 器件的典型产品有 PAL16L8(10 个输入,8 个输出,6 个反馈输入)以及 PAL20L10(12 个输入,10 个输出,8 个反馈输入)。

(3) 带反馈的寄存器输出结构

PAL 的寄存器输出结构,是在输出三态缓冲器和"与-或"逻辑阵列之间串进了由 D 触发器组成的寄存器。同时,触发器的状态又经过一个互补输出的缓冲器反馈到"与"逻辑阵列的输入端。带反馈的寄存器输出结构使 PAL 能方便地构成各种时序逻辑电路。该类器件的典型产品有 PAL16R8(8 个输入、8 个寄存器输出、8 个反馈输入、1 个公共时钟和 1 个公共选通)。

(4) 带有"异或"门的寄存器输出结构

这种结构与带反馈寄存器输出结构类似,只是在"与-或"逻辑阵列的输出端增加了一个

"异或"门。该类器件的典型产品有 PAL16RP8（8 个输入，8 个寄存器输出，8 个反馈输入）。

（5）算术选通反馈结构

算术 PAL 是在综合前几种 PAL 结构特点的基础上，增加了反馈选通电路，使之能实现多种算术运算功能。算术 PAL 的典型产品有 PAL16A4（8 个输入、4 个寄存器输出、4 个可编程 I/O 输出、4 个反馈输入、4 个算术选通反馈输入）。

7.2.4 通用阵列逻辑

PAL 器件的出现为数字电路的研制工作和小批量产品的生产提供了很大的方便。但是，由于它采用的是双极型熔丝工艺，编程以后不能修改，因而不适应研制工作中经常修改电路的需要。PAL 器件的输出结构种类繁多，也给设计和使用带来了不变。通用阵列逻辑（GAL）器件是 1985 年问世的一种新的 PLD 器件。它是在 PAL 器件的基础上综合了 E^2PROM 和 CMOS 技术发展起来的一种新型技术。GAL 器件的输出端设置了可编程的输出逻辑宏单元 OLMC，通过编程可将 OLMC 设置成不同的工作状态，这样就可以用同一种型号的 GAL 器件实现 PAL 器件所有的各种输出电路工作模式，从而增强了器件的通用性。

1. GAL 的基本逻辑结构

GAL 除一个可编程的"与"阵列和一个固定连接的"或"阵列之外，在每一个输出端都集成有一个输出逻辑宏单元（Output Logic Macro Cell, OLMC），允许使用者定义每个输出的结构和功能，其典型产品有 GAL16V8。

GAL16V8 芯片有一个 32×64 位的可编程"与"逻辑阵列。其中，32 列表示 8 个输入的原变量和反变量及 8 个输出反馈信号的原变量和反变量，64 行表示"与"阵列可产生 64 个"与"项，对应 8 个输出，每个输出包括 8 个"与"项。

它还具有 8 个 OLMC、10 个输入缓冲器、8 个三态输出缓冲器和 8 个反馈/输入缓冲器以及系统时钟、输出选通信号等。从引脚上看，它具有 8 个固定输入引脚、最多可达 16 个输入引脚，8 个输出引脚，输出可编程。GAL16V8 逻辑结构图如图 7-15 所示。

2. 输出逻辑宏单元 OLMC

OLMC 由一个 8 输入"或"门、极性选择"异或"门、D 触发器、4 个多路选择器等组成。其结构如图 7-16 所示。

在图 7-16 中，AC_0、$AC_1(n)$、$XOR(n)$ 都是结构控制字中的一位数据，通过结构控制字编程，便可设定 OLMC 的工作模式。其中 n 表示 OLMC 的编号，这个编号与每个 OLMC 连接的引脚号码一致。

"或"门：有 8 个输入端，每个输入对应一个来自"与"阵列的"与"项，输出形成不超过 8 项的"与-或"逻辑函数。

"异或"门："异或"门由控制变量 $XOR(n)$（其中 n 为 OLMC 输出引脚号）控制输出信号的极性选择。当 $XOR(n)=0$ 时，"异或"门的输出和"或"门的输出相同；当 $XOR(n)=1$ 时，"异或门"的输出和"或"门的输出相反。

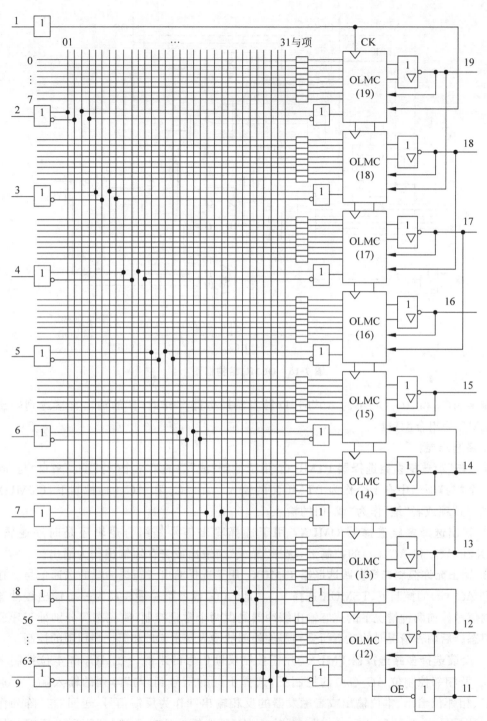

图 7-15 GAL16V8 逻辑结构图

D 触发器：D 触发器存储了"异或"门的输出状态。D 触发器的输出接到输出多路开关 OMUX。当控制字 AC_0 和 $AC_1(n)$ 为"10"时，D 触发器的输出作为 OMUX 的输出。

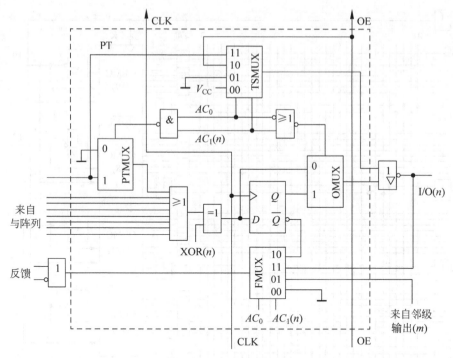

图 7-16 OLMC 结构框图

当控制字 AC_0 和 $AC_1(n)$ 不为"10"时,D 触发器被旁路,"异或门"的输出直接送到输出端,OLMC 为组合型输出。

多路选择器:

① **"与"项选择多路选择器 PTMUX**:用于控制"或"门的第一个"与"项。来自"与"阵列的 8 个"与"项当中有 1 个作为 PTMUX 的输入。在 AC_0 和 $AC_1(n)$ 控制下,PTMUX 选择该"与"项或者"地"作为"或"门的输入。

② **输出选择多路选择器 OMUX**:用于选择输出信号是组合逻辑还是时序逻辑。OMUX 在 AC_0 和 $AC_1(n)$ 的控制下,选择"异或"门输出或寄存器输出作为输出。

③ **输出允许控制选择多路选择器 TSMUX**:用于选择输出三态缓冲器的选通信号。在 AC_0 和 $AC_1(n)$ 的控制下,TSMUX 选择 V_{CC}、"地"、OE 或者第一乘积项为三态输出缓冲器的控制信号。前两种情况下的三态输出缓冲器是由两个常量控制,使三态门分别处于导通和高阻态。后两种情况时的三态门受到器件外部的输入变量 OE 和第一乘积项的控制。

④ **反馈选择多路选择器 FMUX**:用于控制反馈信号的来源。在 AC_0 和本位控制字 $AC_1(n)$ 及相邻控制位 $AC_1(m)$ 的控制下,选择不同的信号到"与"阵列的输入端。可选择"地"、相邻位输出、本位输出或者触发器的反相输出端作为反馈信号,送回"与"阵列作为输入信号。当 AC_0 和 $AC_1(m)$ 为 00 时,FMUX 选择接地电平,"与"阵列无反馈信号输入。当 AC_0 和 $AC_1(m)$ 为 01 时,FMUX 选择相邻 OLMC 的输出作为输入,反馈到"与"阵列。当 AC_0 和 $AC_1(n)$ 为 10 时,FMUX 选择选择本位 OLMC 的 D 触发器反相端作为"与"阵列的反馈输入。当 AC_0 和 $AC_1(n)$ 为 11 时,FMUX 选择本位 OLMC 的输出

作为"与"阵列的反馈输入。

需要指出的是各 OLMC 的具体配置由相应的 GAL 开发软件根据具体设计输入要求自动完成,无需人工配置。GAL 开发软件及其使用不作具体介绍,读者可通过有关技术资料进一步学习掌握。

7.2.5 高密度可编程逻辑器件

目前广泛使用的高密度可编程逻辑器件有复杂可编程逻辑器件(CPLD)、现场可编程门阵列(FPGA)和在系统可编程逻辑器件(ISPLD)等主要类型。其中在系统可编程逻辑器件是目前最流行的高密度可编程逻辑器件。

ISP 逻辑器件采用先进的 E^2CMOS 工艺,综合了简单 PLD、CPLD 和 FPGA 的易用性、灵活性、高性能、高密度等特点,具有集成度高、可靠性高、速度快、功耗低、可反复改写和在系统内进行编程等优点。ISP 技术是 PLD 设计技术发展中的一次重要变革,ISP 器件以其优越的综合性能,使数字系统设计更加灵活方便,为用户带来了显著的经济效益和时间效益。

7.2.6 可编程逻辑器件设计过程

可编程逻辑器件的编程工作是利用 PLD 开发工具来完成的。开发工具包括硬件(编程器)和软件(专用编程语言、汇编语言等)两部分。基本设计步骤为:

(1) 对实际问题进行逻辑抽象,并采用逻辑函数式、真值表、状态转换图等形式表示出来。
(2) 选定 PLD 的类型和型号。
(3) 选定开发系统。
(4) 编写源程序。
(5) 上机调试与运行,并生产 PLD 数据的标准格式文件(JEDEC 格式)。
(6) 将 JEDEC 文件传入编程器,并由编程器写入 PLD 中。
(7) 测试 PLD。

本 章 小 结

1. 可编程逻辑器件的特点和形式

(1) 可编程逻辑器件的特点
- 硬件系统规模降低,功耗减少。
- 系统的稳定性和可靠性都得到提高。
- 系统设计简化,使成本降低、工作速度提高。
- 逻辑设计的灵活性得到提高,设计周期缩短。

(2) 可编程逻辑器件的形式
- "与"阵列固定,"或"阵列可编程,如 PROM 结构。

- "与"阵列可编程,"或"阵列固定,如 PAL 结构。
- "与"阵列可编程,"或"阵列可编程,如 PLA 结构。

2. 可编逻辑器件的分类

(1) 按实现编程的方式分类
- 一次性编程的熔丝或反熔丝器件。
- 紫外线擦除、电可编程的 EPROM 存储单元。
- 电擦除、电可编程存储单元,包含 E^2PROM 和 Flash ROM。
- 基于静态存储器(SRAM)的编程单元。

(2) 按集成度和结构分类
- FPLA(现场可编程逻辑阵列)——其结构与 ROM 相似,都是由"与"逻辑阵列、"或"逻辑阵列和输出缓冲器组成。两者的区别在于:①ROM 的"与"逻辑阵列是固定的,而 FPLA 的"与"逻辑是可编程的;②ROM 的"与"逻辑阵列将输入变量的全部最小项都译出了,而 FPLA 则是先进行函数化简,再用最简"与或"式中的"与"项对"与"阵列编程,用到的"与"项更少。
- PAL(可编程阵列逻辑)——其由可编程的"与"阵列、固定的"或"阵列和输出电路 3 部分组成。通过对"与"逻辑阵列的编程,可以得到不同形式的组合逻辑函数。还有些 PAL 其输出电路中设置有触发器及由触发器输出到"与"逻辑阵列的反馈线,利用这种 PAL 可以构成各种时序逻辑电路。它采用熔丝结构,一旦编程后就不能改写,且电路结构形式较多,给使用带来不便。
- GAL(通用阵列逻辑)——其由可编程的"与"阵列、固定的"或"阵列、输出逻辑宏单元(OLMC)及输入/输出缓冲器等部分组成。通过编程可将 OLMC 设置成不同的输出方式,其好处是可用同一型号的 GAL 器件实现 PAL 器件所有的输出模式,增强了器件的通用性。编程后可擦除可再次写入。
- EPLD(可擦除可编程逻辑器件)——其基本结构与 PAL、GAL 类似,但优点明显:采用 CMOS 工艺,具有低功耗、高噪声容限的优点;可靠性高,可改写;集成度高,造价低;OLMC 中的触发器可实现预置数和异步置零功能;有些器件的"或"逻辑阵列还引入可编程逻辑结构。
- FPGA(现场可编程门阵列)——其电路结构与前述不同,是由若干独立的可编程逻辑模块组成(通常由三种可编程单元和存放编程数据的 SRAM 组成),通过编程可将这些模块连接成所需的数字系统。其最大特点是实现了现场可编程的功能,即芯片在系统板上工作时即可对它进行修改,避免了必须从系统板上取下芯片再单独写入的麻烦。

习 题

7-1 可编程逻辑器件一般包括哪些基本组成部分?

7-2 低密度 PLD 器件有哪几种主要类型?

7-3 用 PROM 实现逻辑函数时，应将逻辑函数表示成什么形式？

7-4 可编程阵列逻辑 PAL 在结构上与可编程逻辑阵列 PLA 有什么不同？

7-5 已知多输出组合电路的输出函数表达式如下所示，用 FPLA 实现该电路，并画出相应的阵列结构图。

$$F_1(A,B,C,D) = \sum m(2,5,6,7,8,10,12,13,14,15)$$
$$F_2(A,B,C,D) = \sum m(5,8,9,10,11,12,13,14,15)$$
$$F_3(A,B,C,D) = \sum m(2,6,7,9,11,13,15)$$

7-6 用组合 FPLA 及维持阻塞 D 触发器构成时序电路，如题 7-17 电路图所示，分析该电路的逻辑功能。

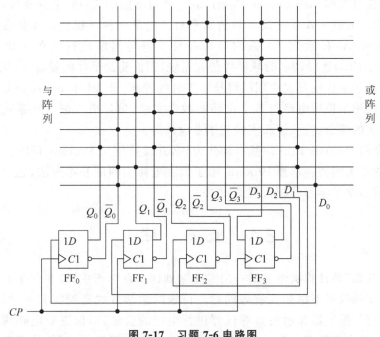

图 7-17 习题 7-6 电路图

7-7 用 PLA 和 D 触发器设计一个 8421BCD 码加法计数器和七段译码显示电路，并画出阵列图。

7-8 GAL 中的输出逻辑宏单元 OLMC 由哪几部分组成？

第 8 章

Proteus 在数字电路仿真实验中的应用

Proteus 软件是英国 Lab Center Electronics 公司出版的 EDA 工具软件,是目前世界上得到广泛应用的嵌入式系统设计与仿真平台。它是一种可视化的支持多种型号单片机(如 PIC 系列、AVR 系列、51 系列等),并且支持与当前流行的单片机开发环境 (MPLAB、IAR、KEIL)连接调试的软硬件仿真系统,因而受到单片机爱好者、从事单片机教学的教师、致力于单片机开发应用的科技工作者的青睐。同时,Proteus 还是一个巨大的教学资源,可以用于模拟电路与数字电路的教学实验、单片机与嵌入式系统的教学实验、微控制器系统的综合实验、创新实验与毕业设计等。

本章主要介绍 Proteus ISIS 的基本操作方法,并通过使用 Proteus ISIS 进行电子线路设计与仿真的相关实例。掌握 Proteus 用于数字电路实验的基本方法,也可以帮助我们进一步理解前面章节学习的相关理论知识。

8.1 概 述

"电子技术基础"是计算机专业的一门专业基础课。在学习中,许多学生存在内容抽象、难以理解和实验效果不尽如人意等问题。传统的教学方式是到实验室做实验,使用统一的实验箱、信号发生器和示波器等仪器进行电路的验证,以促进对电路理论知识的理解。这种做法经常会碰到各种参数不易控制,元件调换不便的问题,从而导致实验效率差。同时由于仪器设备的局限,一些重要的实验难以组织,只能纸上谈兵,实验现象也仅是通过教师描述,由学生想象,效果也难以把握。

Proteus 是一种可以有效地用于"电子技术基础"教学的电路分析和仿真软件。它提供了 30 多个元件库,数千种涉及数字和模拟、交流和直流的元器件。Proteus 还提供不同种类的虚拟仪器和仪表,如示波器、逻辑分析仪、信号发生器和电压/电流表等。

将 Proteus 电路仿真用于"电子技术基础"教学中,会使学习内容变得生动、直观,有助于激发学生的学习兴趣和热情。

Proteus 主要由 ISIS 和 ARES 两部分组成。ISIS 的主要功能是原理图设计及与电路原理图的交互仿真,而 ARES 主要用于印制电路板的设计。

在应用 Proteus ISIS 仿真软件时,其仿真环境采用默认设置即可,也可根据需要设置自己的仿真环境。ISIS7 启动后,出现如图 8-1 所示界面。Proteus ISIS 的工作界面是标

第 章　Proteus 在数字电路仿真实验中的应用

准的 Windows 界面，包括标题栏、菜单栏、主工具栏、工具箱、状态栏、方向工具栏、仿真控制按钮、预览窗口、对象选择器（器件选择窗口）和编辑窗口等。其中工具箱包括以下三组工具，模式选择工具、仿真设备（配件）选择工具和 2D 图形选择工具。

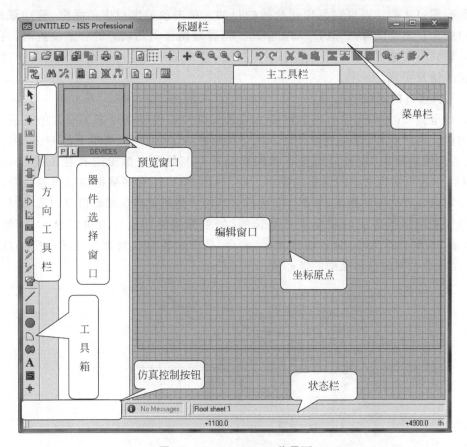

图 8-1　Proteus ISIS 工作界面

1. 工作界面中基本元素简介

1）编辑窗口

编辑窗口为点状网格区域，用于电路设计和仿真操作，包括放置元件、进行连线、绘制原理图、输出运行结果等，是 ISIS 中最直观的操作区域。编辑窗口内的网格可以帮助对齐元件，蓝色方框表示当前页的边界，电路设计需在蓝色方框内完成。编辑窗口没有滚动条，可以用预览窗口来改变原理图的可视范围。

（1）编辑窗口的缩放和移动

设计电路时，经常需要将原理图某部分进行放大以方便放置元件，或者需要将整个电路缩放至最合适位置以获得一目了然的全局观察视野，这时就需要使用编辑窗口的缩放命令。在菜单栏的 View（查看）菜单下有 4 个命令：Zoom In（放大）、Zoom Out（缩小）、Zoom All（全局缩放）、Zoom To Area（区域缩放）。单击这些命令可以达到所需的视野,通过前面主工具栏内 4 个关于缩放的图标 也可以进行缩放,还可以通过快捷键 F6(放大)、F7(缩小)、F8(缩放至全局),或者鼠标的滚轮达到缩放效果。

当原理图规模达到一定程度后,即使 ISIS 最大化也不能显示原理图的全部,必须通过移动编辑窗口才能达到观察原理图全貌的目的。单击预览窗口中的绿框,移动鼠标,编辑窗口的原理图会随着鼠标的移动而移动。当原理图移动到视野的合适位置时,再次单击预览窗口中的绿框,原理图不再随鼠标移动。移动原理图也可以在编辑窗口中通过单击鼠标的滚轮实现。

(2) 编辑窗口的网格

在设计电路图时,编辑窗口内的网格为放置元件和连接线路带来了很大的帮助,也使电路图中元件的对齐、排列更加方便。执行菜单栏 View(查看)菜单下的 Grid(网格)命令,或者使用快捷键 G,可以设置点状网格的显示与隐藏。单击工具栏中的 Toggle Grid 图标 ,也可实现对点状网格的操作。在下拉菜单中还有网格捕捉值设置命令,能够用来设定点与点之间的距离,如图 8-2 所示。当用户使用鼠标在编辑窗口内移动时,坐标值就是凭着网格捕捉值的固定步长增长的,如果需要确切地知道位置坐标,则使用 View(查看)菜单下的 X-Cursor(切换光标)命令,选中后将会在捕捉点显示一个小的交叉十字,而状态栏则会显示准确的坐标值。

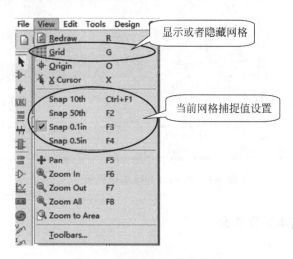

图 8-2 编辑窗口栅格的设置

2) 预览窗口

预览窗口用于显示全部原理图。窗口内的绿框表示编辑窗口中当前显示的区域。在预览窗口中单击某一位置时,将会以单击位置为中心刷新编辑窗口的显示区域。但当从器件显示窗口中选中一个新的对象时,预览窗口将显示选中的对象。

3) 器件显示窗口

该窗口用于显示当前编辑窗口中加载的各个元件的相关情况。器件显示窗口有一个 P(切换按钮),单击 P 按钮将会弹出元件选取窗体,通过该窗体可以选择元件并将其置入器件显示窗口中,在后续绘制电路原理图过程中,再介绍其使用方法。器件显示窗口还有一个L按钮，用于管理库元件。

4）菜单栏与主工具栏

菜单栏与主工具栏是绘制原理图的控制中心。图8-3为Proteus ISIS的菜单栏与主工具栏。菜单栏包括File（文件）、View（查看）、Edit（编辑）、Tools（工具）、Design（设计）、Graph（绘图）、Source（源文件）、Debug（调试）、Library（库）、Template（模板）、System（系统）和Help（帮助）菜单。主工具栏以图标形式给出，形象地表明每个按钮的作用，主工具栏中每一个按钮都对应一个具体的菜单命令。

File View Edit Tools Design Graph Source Debug Library Template System Help

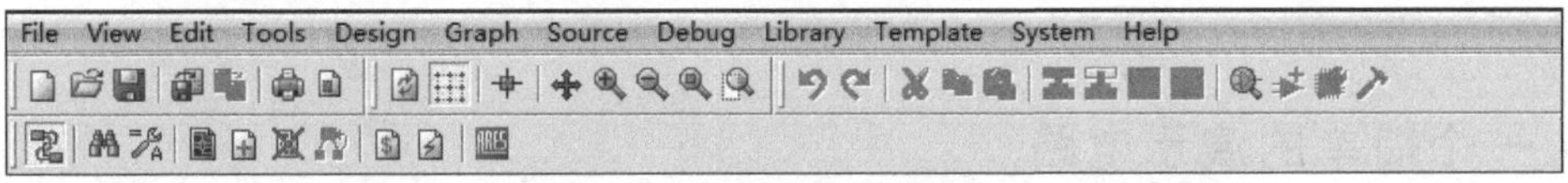

图8-3 菜单栏与主工具栏

5）仿真控制按钮

对仿真过程施加控制的按钮如图8-4所示。

6）模式选择工具栏

通过模式选择工具栏，可以选择相应的工作模式，如图8-5所示。如放置元器件，可单击图标；绘制总线，可单击图标。

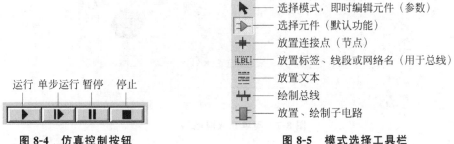

运行
单步运行
暂停
停止

图8-4 仿真控制按钮

选择模式，即时编辑元件（参数）
选择元件（默认功能）
放置连接点（节点）
LBL
放置标签、线段或网络名（用于总线）
放置文本
绘制总线
放置、绘制子电路

图8-5 模式选择工具栏

7）仿真设备选择工具栏

通过仿真设备选择工具栏，可挑选需要的仿真设备，如电源终端、虚拟仪器和分析图表等。

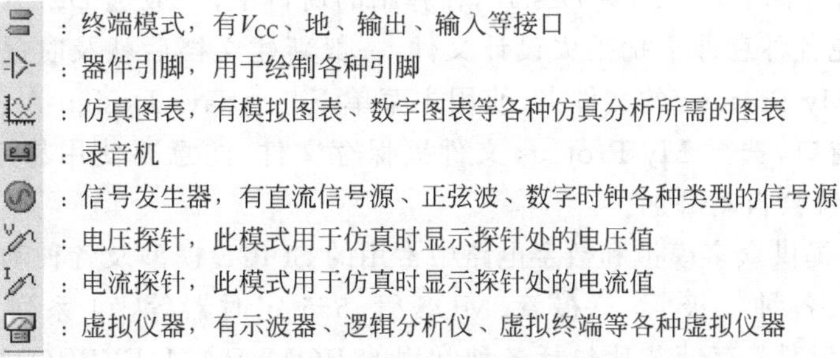

：终端模式，有V_{CC}、地、输出、输入等接口
：器件引脚，用于绘制各种引脚
：仿真图表，有模拟图表、数字图表等各种仿真分析所需的图表
：录音机
：信号发生器，有直流信号源、正弦波、数字时钟各种类型的信号源
：电压探针，此模式用于仿真时显示探针处的电压值
：电流探针，此模式用于仿真时显示探针处的电流值
：虚拟仪器，有示波器、逻辑分析仪、虚拟终端等各种虚拟仪器

图8-6 仿真设备选择工具栏

8.2 电路设计与仿真的基本过程

对于初学者,我们学习的目的是用 Proteus 进行数字电路课程的仿真实验,不必了解软件的全部功能,只需把握它的核心和基本使用过程。更加详尽的功能,可以在后续的学习和工作中参阅有关资料,深入探究。

下面从几个简单的电路入手,学习用 Proteus 进行电路设计与仿真的基本方法与过程。

8.2.1 一个简单的演示电路

用 Proteus 设计一个简单的演示电路,通过开关位置分别控制电容的充电和放电过程,如图 8-7 所示,并通过电路仿真观察其电流流向和灯的亮灭。

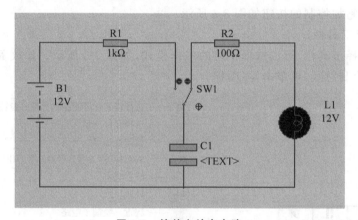

图 8-7 简单充放电电路

1. 元件的拾取

单击蓝色图标 ISIS 打开应用程序,出现前面所介绍的编辑界面。在弹出的对话框中选择 NO,选中"以后不在显示此对话框"复选框,关闭弹出提示。

在 ISIS 窗口,选择 File→New Design,在弹出的窗口中,一般选 DEFAULT,则新建一个设计。为避免各种意外干扰丢失设计文件,一般新建文档后就及时保存设计文件。先建立一个名为 My Proteus 的文件夹,使用主菜单 File→Save Design As 命令,会弹出选择保存路径的窗口,选择 My Proteus 文件夹保存文件,注意要使用易于识记的文件名,文件扩展名系统会自动添加。

Proteus ISIS 提供众多模拟和数字电路中常用的 SPICE 模型及各种动态元件(基本元件如电阻、电容、各种二极管、三极管、MOS 管、555 定时器等,74 系列 TTL 元件和 4000 系列 CMOS 元件;存储芯片包括各种常用的 ROM、RAM、EEPROM,以及常见的 I^2C 器件等)。本例用到的元件清单如表 8-1 所示。

表 8-1　简单充放电电路元件清单

元 件 名	类	子 类	备 注	参 数
RES	Resistors	Generic	电阻	$1k\Omega, 100\Omega$
CAPACITOR	Capacitors	Animated	电容	$1000\mu F$
LAMP	Optoelectronics	Lamps	灯泡	12V
SW-SPDT	Switches and Relays	Switches	开关,可单击操作	
BATTERY	Simulator Primitives	Sources	电池	12V

(1) 按类别查找和拾取元件

元件通常以其英文名称或器件代号在库中存放。在选取一个元件时,首先要清楚它属于哪一大类,还要知道它属于哪一子类,这样就可以缩小查找范围,然后在子类所列出的元件中逐个查找,根据显示的元件符号、参数判断是否找到了需要的元件。双击元件名,该元件被拾取到编辑界面的对象选择器(器件显示窗口)中。

按照表 8-1 的顺序依次拾取元件。首先选取电阻,在工作界面中,单击左侧预览窗口下的 P 按钮后出现 Pick Devices(器件选择)对话框,如图 8-8 所示。

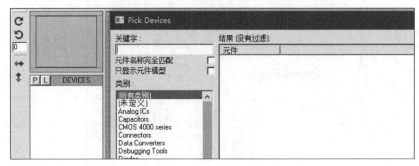

图 8-8　元件选取对话框

在元件选择窗口中,在"类别"中选中 Resistors 类,在下方的子类中选中 Generic,在查询结果元件列表中找到 RES,如图 8-9 所示。双击元件名,元件即被选入编辑界面的器件显示窗口中。选择一个元件后单击右下角的 OK 按钮,元件拾取后对话框关闭。连续选取元件时不要单击 OK 按钮,直接双击元件名即可继续选取。

拾取元件对话框共分四部分,左侧从上到下分别为直接查找时的名称输入和分类查找时的大类列表、子类列表、生产厂家列表,中间为查到的元件列表,右侧自上而下为元件图形和元件封装。

(2) 直接查找和拾取元件

把元件名的全称或部分输入到元件拾取对话框中的 Keywords 栏,在中间的查找结果栏中显示对应元件列表。这种方法主要用于对元件名熟悉以后,为加快速度而直接查找。对于初学者来说,建议采用分类查找方法。一是不用记太多的元件名,二是对元件的分类有一个清晰的概念,有利于以后对大量元件的拾取。

按照电阻的拾取方法,依次把其他元件拾取到编辑界面的对象选择器中,然后关闭元件拾取对话框。元件拾取后的界面如图 8-10 所示。

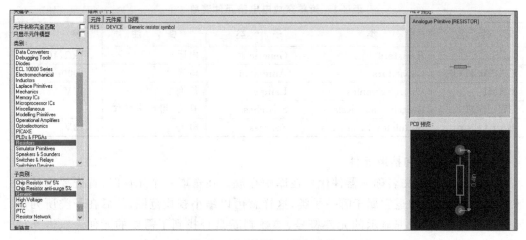

图 8-9 分类拾取元件示意图

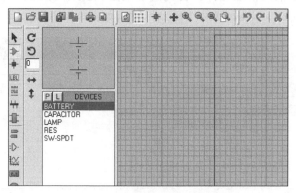

图 8-10 元件拾取后的界面

单击对象选择器中的某一元件名,把鼠标指针移动到编辑区,双击,元件即被放置到编辑区中。放置元件后的编辑窗口如图 8-11 所示。

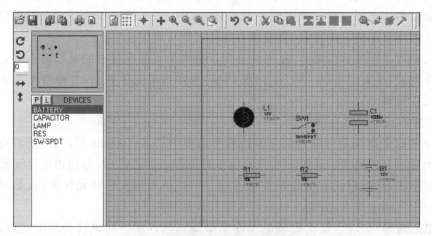

图 8-11 放置元件后的编辑窗口

2. 元件位置调整和参数修改

在编辑区的元件上单击选中元件(红色)，按住鼠标左键可以拖动该元件到合适的位置。使用方向工具栏中的图标可改变元件的方向及对称性。调整后的位置如图 8-12 所示。

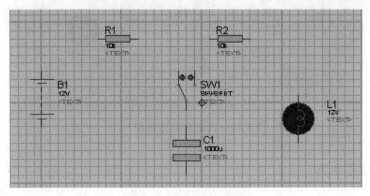

图 8-12 元件布置图

双击原理图编辑区的电阻 R1，弹出"编辑元件属性"对话框，把 R1 的阻值由 $10\text{k}\Omega$ 改为 $1\text{k}\Omega$，如图 8-13 所示。

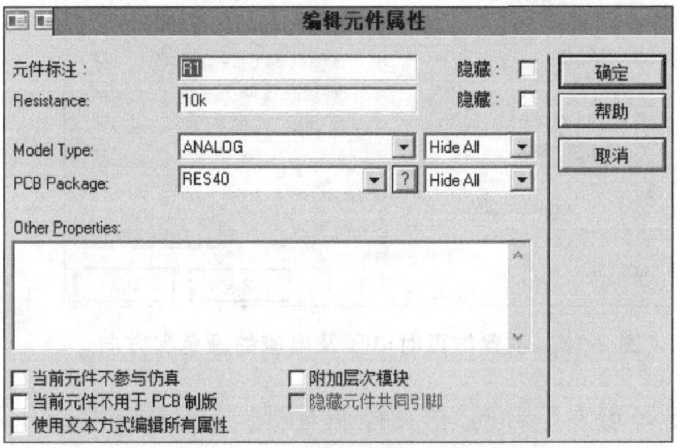

图 8-13 "编辑元件属性"对话框

每个元件旁边显示灰色的"<TEXT>"，可以取消该文字显示。双击该文字，出现属性设置对话框，在该对话框中选择 Style(类型)，先取消选择 Visible(可见)右边的 Follow Global(遵从全局设定)选项，再取消选择 Visible 选项，单击 OK 按钮即可。

3. 电路连线

电路连线采用按格点捕捉和自动连线形式，首先要确定编辑窗口上方的自动连线图标为按下状态。在 操作中，只需按住鼠标左键将编辑区元件的一个端点拖动到需连接的另外一个元件的端点，先松开鼠标左键后再单击，即完成一根连线。要删除一根连线，右键双击连线即可。可通过工具栏中 图标取消背景格点显示，如图 8-14 所示。

连线完成后，如果再想回到拾取元件状态，单击左侧工具栏的元件图标 即可。

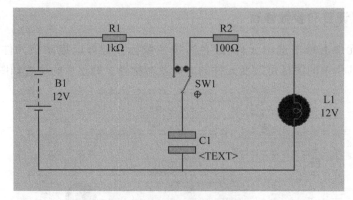

图 8-14　连接后的电路图

4. 电路的动态仿真

首先在主菜单 System（系统）→Set Animation Options（设置动画选项）中设置仿真时电压及电流的颜色和方向，如图 8-15 所示。

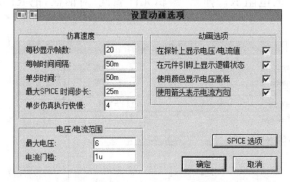

图 8-15　设置仿真时电压及电流的颜色和方向

单击 Proteus ISIS 环境左下方的"仿真控制"按钮 ▶ ▶ ▮▮ ■ 中的"运行"按钮，开始仿真。单击图中的开关，使电容与电源接通，能直观地看到电容充电的过程，如图 8-16 所示。同样也可以观察电容的放电过程。

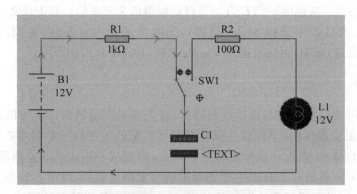

图 8-16　电容充电过程

8.2.2 周期为 1s 的时钟信号发生器

在数字电路中经常要用到一定周期的时钟信号，下面用 555 定时器设计一个周期为 1s 的多谐振荡器，电路如图 8-17 所示。

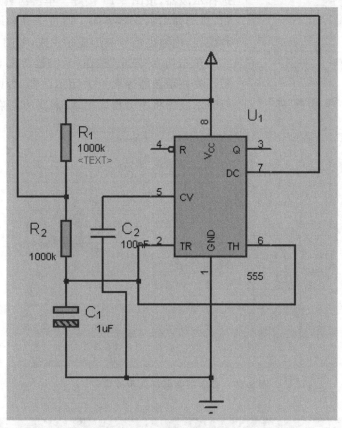

图 8-17 555 定时器构成的秒信号发生器

根据计算公式 $T = \dfrac{(R_1 + 2R_2)C_1}{1.4}$，取 $R_1 = R_2 = 1000\text{k}$，$C_1 = 1\mu\text{F}$，$C_2 = 100\text{nF}$。多谐振荡器元件清单如表 8-2 所示。

表 8-2 多谐振荡器元件清单

元件名	类	子类	备注	参数
RES	Resistors	Generic	电阻	1000kΩ
CAP	Capacitors	Generic	电容	100nF
CAP-ELEC	Capacitors	Generic	电解电容	1μF
555	Analog ICs	Timers	定时器	

表中元件的拾取和前例相同，在本例中还使用 5V 电源终端和接地终端。单击左边工具栏中的 图标，出现各种终端模式列表，单击列表中的某终端名，分别选 POWER 和

GROUND。把鼠标指针移动到编辑区，双击，即可把"电源"和"地"分别放置到编辑区中，如图8-18所示。

为了便于观察，也可接入示波器以观察输出波形。单击左侧工具箱中的 图标，从虚拟仪器列表中选择示波器，按图8-19接好。单击仿真运行"开始"按钮，自动弹出示波器界面。通过选择和调整相应按钮和旋钮，把输出信号波形显示出来，如图8-20所示。

单击仿真"停止"按钮，示波器界面自动关闭。一般不要在示波器界面上关闭示波器，否则下次仿真运行时示波器将不会自动出现，需要从主菜单中调出。

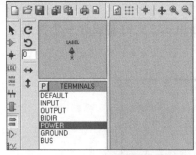

图8-18 选择"电源"和"地"

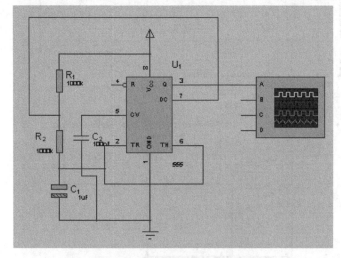

图8-19 多谐振荡器接入示波器

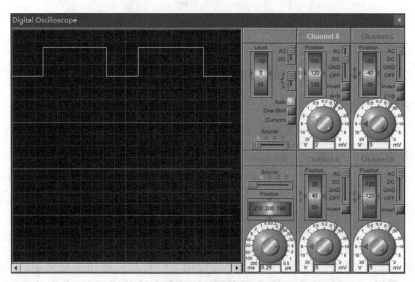

图8-20 示波器界面

8.2.3 同步五进制加法计数器

设计一个同步五进制加法计数器,其状态转移过程如表 8-3 所示。

表 8-3 五进制加法计数器状态表

Q_2^n	Q_1^n	Q_0^n	Q_2^{n+1}	Q_1^{n+1}	Q_0^{n+1}
0	0	0	0	0	1
0	0	1	0	1	0
0	1	0	0	1	1
0	1	1	1	0	0
1	0	0	0	0	0

利用约束项化简后,得到:$Q_2^{n+1}=\overline{Q}_2 Q_1 Q_0$

$$Q_1^{n+1}=\overline{Q}_1 Q_0 + Q_1 \overline{Q}_0$$

$$Q_0^{n+1}=\overline{Q}_2 \overline{Q}_0$$

JK 触发器的特性方程为:$Q^{n+1}=J\overline{Q}^n + \overline{K}Q^n$

得到驱动方程: $J_2=Q_1^n Q_0^n \quad K_2=1$

$$J_1=K_1=Q_0^n$$

$$J_0=\overline{Q}_2^n \quad K_0=1$$

由以上驱动方程即可画出同步五进制计数器的电路图,所需元件如表 8-4 所示。

表 8-4 同步五进制计数器元件清单

元 件 名	类	子 类	备 注
7SEG-BCD	Optoelectronics	7-Segment Display	七段显示器
74LS08	TTL 74LS series		二输入四与门
74LS112	TTL 74LS series		双 JK 触发器

在连接电路时,TTL 电路的"电源"与"地"是自动连通的,在图上并不显示出来。周期为 1s 的时钟信号,通过左边工具栏的 图标选取,如图 8-21 所示。

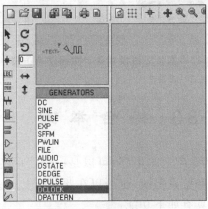

图 8-21 选取时钟信号

其中 7SEG-BCD 是一个虚拟的显示器件,在实际使用七段数码显示器时,需要与 BCD 码到七段码译码器配合使用,如图 8-22 所示。

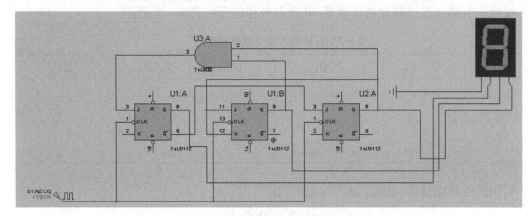

图 8-22　同步五进制加法计数器电路图

进行仿真时,也可通过示波器把输出信号波形显示出来,观察计数器每一位的变化规律,如图 8-23 所示。

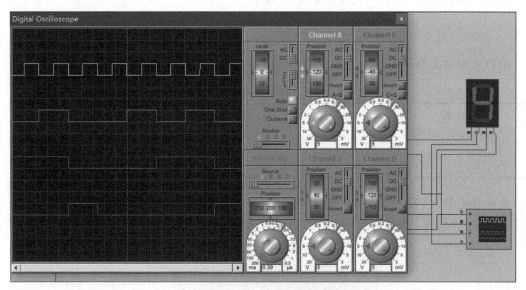

图 8-23　同步五进制加法计数器动态仿真

8.3　综合举例

数字钟电路是一个典型的数字逻辑电路,可以是一个简单的秒表,也可以按 24 小时制计时、分、秒,可以加入校准和整点提醒,也可以在此基础上更进一步扩充其功能。

在本例中,要求数字时钟具有如下功能:

① 按 24 小时制显示时、分、秒；
② 能够校对时和分；
③ 实现整点报时。

8.3.1 主要器件功能

本设计的核心是计数器。计数器种类很多，按构成计数器中的各触发器是否使用一个时钟脉冲源来分，有同步计数器和异步计数器。根据计数制的不同，分为二进制计数器，十进制计数器和任意进制计数器。根据计数的增减趋势，又分为加法、减法和可逆计数器。还有可预置数和可编程序功能计数器等。这里选用二、五、十进制计数器芯片。

74LS90 的引脚图及在 Proteus 中的逻辑图如图 8-24 所示。

74LS90 内部由两部分组成。一部分是由时钟 CKA 和一位触发器组成的二进制计数器；另外一部分是由时钟与三个触发器 Q_1、Q_2、Q_3 组成的五进制计数器。把 Q_0 连到 CKB，即 CKB 信号取自 Q_0，外部时钟信号接到 CKA 上，这样由时钟 CKA 和 Q_0、Q_1、Q_2、Q_3 组成一个十进制计数器，如图 8-25 所示。74LS90 的功能表如表 8-5 所示。

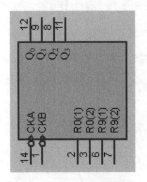

图 8-24　74LS90 引脚图

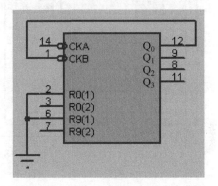

图 8-25　74LS90 构成十进制计数器

表 8-5　74LS90 功能表

$R0(1)$	$R0(2)$	$R9(1)$	$R9(2)$	Q_3	Q_2	Q_1	Q_0
1	1	0	×	0	0	0	0
1	1	×	0	0	0	0	0
0	×	1	1	1	0	0	1
×	0	1	1	1	0	0	1
0	×	×	0	计数			
0	×	0	×	计数			
×	0	×	0	计数			
×	0	0	×	计数			

$R0(1)$ 和 $R0(2)$ 是异步清零端,两个同时为高电平有效。$R9(1)$ 和 $R9(2)$ 是置 9 端,两个同时为高电平时,$Q_3Q_2Q_1Q_0=1001$。正常计数时,必须保证 $R0(1)$ 和 $R0(2)$ 中至少一个接低电平,$R9(1)$ 和 $R9(2)$ 中至少一个接低电平。

8.3.2 基本功能设计

1. 计时电路

(1) 六十进制计数器

分和秒部分都为六十进制,即到 59 后回到 00。采用两片 74LS90 时,个位自动从 9 回到 0。十位采用异步清 0,当 6 出现的瞬间,即 $Q_3Q_2Q_1Q_0=0110$ 时,同时给十位 74LS90 的 $R0(1)$ 和 $R0(2)$ 高电平,使该状态直接变为 0。也就是把 Q_2 和 Q_1 分别接到 74LS90 的 $R0(1)$ 和 $R0(2)$,如图 8-26 所示。

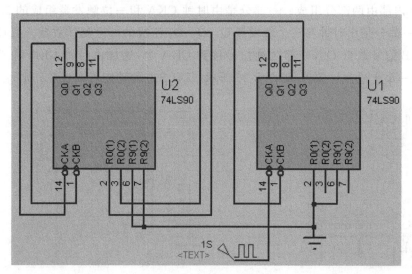

图 8-26 六十进制计数器

(2) 秒向分的进位信号

当秒信号计到 59s 时,产生一个高电平,在计到 60s 时变为低电平,以此下降沿送给计分电路做时钟脉冲。

计秒电路计到 59s 时,十位和个位的状态分别为 0101 和 1001,即把十位的 Q_2 和 Q_0,个位的 Q_3 和 Q_0 相"与"作为秒向分的进位信号,使用四输入与非门 74LS20 和反相器 74LS04 相串实现,如图 8-27 所示。

计分电路与计秒电路一样,产生的分向时的进位信号标注为"59 分"。

(3) 计时电路

计时部分是一个 24 进制计数器,两片 74LS90 可以先接成一百进制计数器,当计到 24 时,十位和个位同时清零。计到 24 时,十位的 $Q_1=1$,个位的 $Q_2=1$,把这两个信号分别接到两个 74LS90 的 $R0(1)$ 和 $R0(2)$ 清零端。

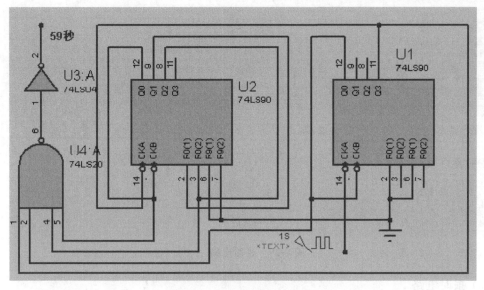

图 8-27 分钟计数的时钟信号

计时电路的低位时钟信号通过"59 分"和"59 秒"两个信号相"与"产生，如图 8-28 所示。

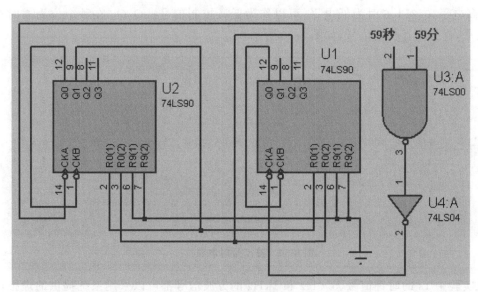

图 8-28 二十四进制计时电路

(4) 校时电路

校时电路完成校对分和时。校分时拨动一次开关，分自动加一；如选择校时，拨动一次开关，时自动加一。校时前，要切断秒、分、时计数电路之间的进位连线。为使开关电路工作可靠，加入由"与非门"构成的基本 RS 触发器，去除开关抖动，如图 8-29 所示。

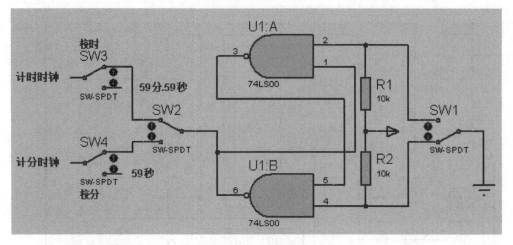

图 8-29 校时电路

(5) 报时电路

要求 59 分 50 秒时开始报时,报时声音四个低音和一个高音。59 分和 50 秒(计秒电路中的 Q_2Q_0)相"与",作为报时开始控制信号。

分析从 50 秒到 59 秒之间秒的个位变化过程,可以看出 $\overline{Q}_3Q_0$ 在秒个位计到 1、3、5、7 时为高电平,0、2、4、6 时为低电平,可以作为低音控制信号。Q_3Q_0 在秒个位为 9 时产生高电平,作为高音控制信号,如图 8-30 所示。

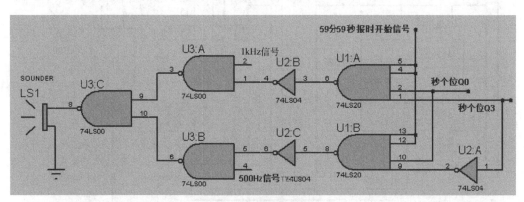

图 8-30 整点报时电路

在实验中 1s 的时钟信号、500Hz 和 1kHz 的方波信号都可以采用系统提供的虚拟信号源。实际连接电路时,可用 555 定时器产生 1kHz 的方波,再由触发器构成二分频电路得到 500Hz 的方波。1s 的时钟信号也可由 555 定时器产生,但信号的误差比较大,也可采用精确度更高的振荡电路实现。

本例完整的电路如图 8-31 所示。

本例只是供学习参考,而且功能可以进一步地扩充和发挥。例如,对时电路,通过改进可以按实际电子钟的方式实现。

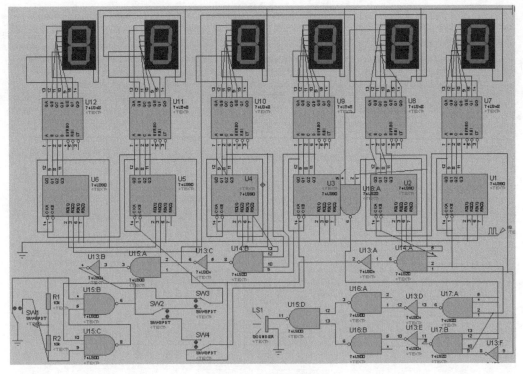

图 8-31 时钟电路图

Proteus 是一个功能非常强大的 EDA 软件,本章所述只是用于数字电路实验的基本方法和过程。